土木建筑类"*1+X证书*"课证融通教材

建筑设备BIM建模与应用

——水暖工程

JIANZHU SHEBEI BIM JIANMO YU YINGYONG

SHUINUAN GONGCHENG

主　编　陈毅俊　广州市城市建设职业学校
　　　　高　晶　北京华茂云信息科技有限责任公司

副主编　杨　敏　重庆工程职业技术学院
　　　　杨凯钧　广州市城市建设职业学校
　　　　刘　帅　广东工程职业技术学院

主　审　边凌涛　重庆电子工程职业学院

重庆大学出版社

内容提要

本书是"1 + X"建筑信息模型(BIM)职业技能等级(初级、中级)证书考评的课证融通教材,对"1 + X"相关概述、建筑设备的管道专业基础理论知识、3 种管道系统的模型创建,由浅入深地进行了讲解。本书在模型创建部分所采用的项目案例为"广联达办公大厦",所使用的软件版本为 Autodesk Revit 2018 和 MagiCAD 2020。全书分为 6 个模块,模块 1 为 BIM 概述及"1 + X"等级认证;模块 2 为建筑给排水基础理论与识图;模块 3 为建筑消防给水基础理论与识图;模块 4 为建筑采暖系统基础理论与识图;模块 5 为软件界面及常用基本设置;模块 6 为机电 MEP-管道系统建模。

本书适合应用型本科、高等职业教育土木建筑类专业相关专业课程的教学使用,也适合建设工程从业人员培训和自学使用。

图书在版编目(CIP)数据

建筑设备 BIM 建模与应用. 水暖工程 / 陈毅俊,高晶主编. -- 重庆:重庆大学出版社,2022.7
土木建筑类"1 + X 证书"课证融通教材
ISBN 978-7-5689-3349-0

Ⅰ. ①建… Ⅱ. ①陈… ②高… Ⅲ. ①给排水系统—建筑设计—计算机辅助设计—应用软件—教材②采暖设备—建筑设计—计算机辅助设计—应用软件—教材 Ⅳ. ①TU8-39

中国版本图书馆 CIP 数据核字(2022)第 097585 号

土木建筑"1 + X 证书"课证融通教材
建筑设备 BIM 建模与应用——水暖工程
主 编:陈毅俊 高 晶
策划编辑:林青山
责任编辑:张红梅 版式设计:林青山
责任校对:夏 宇 责任印制:赵 晟

*

重庆大学出版社出版发行
出版人:饶帮华
社址:重庆市沙坪坝区大学城西路 21 号
邮编:401331
电话:(023) 88617190 88617185(中小学)
传真:(023) 88617186 88617166
网址:http://www.cqup.com.cn
邮箱:fxk@ cqup.com.cn(营销中心)
全国新华书店经销
重庆紫石东南印务有限公司印刷

*

开本:787mm × 1092mm 1/16 印张:19.75 字数:493 千
2022 年 7 月第 1 版 2022 年 7 月第 1 次印刷
印数:1—2 000
ISBN 978-7-5689-3349-0 定价:49.00 元

前言
FOREWORD

Revit 的 MEP 模块是基于建筑信息模型的、面向机电设备及管道管线专业的信息化建模平台,利用该模块可以创建机械、电气和管道系统,通过模型分析协作可以实现模型的碰撞检查,并对模型进行整改优化,达到可出图、可漫游、可模拟、可指导顺利施工的标准。

本书作为"1 + X"建筑信息模型(BIM)职业技能等级(初级、中级)证书考评的课证融通配套教材,适合作为应用型本科、高等职业教育土木建筑相关专业课程教学使用,也适合建设工程行业技术人员自学使用。本书在模型创建部分所采用的项目案例为"广联达办公大厦",所使用的软件版本为 Autodesk Revit 2018 和 MagiCAD 2020。

本书分为六大模块。模块 1 为 BIM 概述及"1 + X"等级认证,主要介绍 BIM 基本概念和行业动态,以及"1 + X"等级认证相关政策和要求;模块 2 为建筑给排水基础理论与识图,主要介绍建筑给排水相关基础理论知识及相关识图知识;模块 3 为建筑消防给水基础理论与识图,主要介绍建筑消防给水相关基础理论知识及相关识图知识;模块 4 为建筑采暖系统基础理论与识图,主要介绍建筑采暖系统相关基础理论知识及相关识图知识;模块 5 为软件界面及常用基本设置,主要介绍 Revit 软件及 MagiCAD 软件的基本界面、选项设置及建模准备配套操作等;模块 6 为机电 MEP-管道系统建模,主要介绍 3 种建筑室内管道系统的建模方法、技巧和相关注意事项等。

本书创新特点如下:

①理论部分内容可用于建筑设备相关专业的基础课程学习,也可为后续建模学习提供理论支撑,同时也可供有一定基础的读者巩固专业理论知识。

②实操部分内容以阶段性任务形式开展,每项工作内容均包括任务目标、同步学习、解析拓展、巩固总结 4 部分内容。读者在进行建模操作的学习前首先要明确学习目标,然后跟随同步引导掌握实现目标的基本方法,完成基本目标后,通过对模型图元和相关功能进行拓展学习,提升对图元特性的认知,了解更多实现同一目标的功能以及相关的延展功能,在完成每一任务的学习后,有配套的巩固练习供读者检验自己的学习效果,还有供读者提炼学习要点的总结版面,可更好地培养读者

归纳总结的学习习惯。

为方便读者学习,本书在模块 5 和模块 6 中还配套提供了大量的实操微课,读者可扫描对应的二维码同步进行学习。本书共计 17 个项目,其中项目 1、2、17 由广州市城市建设职业学校杨凯钧、北京华茂云信息科技有限责任公司高晶共同编写;前言、项目 3—5、项目 12—16 及课程配套实操微课由广州市城市建设职业学校陈毅俊编写、制作;项目 11 由广州市城市建设职业学校李宛编写;项目 6、7 由重庆工程职业技术学院杨敏编写;项目 8—10 由广东工程职业技术学院刘帅编写。全书由陈毅俊担任第一主编并进行统稿,高晶担任第二主编,重庆电子工程职业学院边凌涛担任主审。

由于编者水平有限,书中难免存在疏漏和不妥之处,望各位读者不吝赐教,以期再版时完善。

编　者

2022 年 3 月

目录
CONTENTS

模块 6　机电 MEP-管道系统建模

附录

模块 1
BIM 概述及 "1 + X" 等级认证

模块简述:本模块主要介绍 BIM 基本概念及行业动态和 "1 + X" 建筑信息模型(BIM)职业技能等级(初级、中级)标准,后者是国家中等专业学校及以上在校学生和工程从业人员复习备考的依据。建筑信息模型(BIM)职业技能等级考评是对 BIM 技术应用人员实际工作能力的一种考核,是人才的选拔过程,是知识水平和综合素质提高的过程。

学习背景:随着我国科技的发展,各行各业实际生产效率都有了很大程度的提升,在信息时代的背景之下,工程软硬件技术在我国的建筑工程中有了更加普遍的应用,极大地提高了实际的工作质量及工作效率,为促进行业的发展做出了巨大的贡献。BIM 技术是对行业有着革新作用的新颖性技术。该技术促使相关项目的实际成本得到了更好的控制,促使建筑行业由传统信息化、数字化的互联网和物联网走向人工智能化。因此,学习和提高 BIM 技术,不断完善和加强相关领域的技术人才培养,对我国建筑行业的发展有着十分重要的意义。

能力标准:熟悉 BIM 的基本概念和内涵、技术特征,掌握 BIM 软件操作和基本 BIM 建模方法。BIM 建模考核重点在模型的创造能力,即能够创建建筑工程的基本模型,并进行标注、成果输出等应用;能够熟悉施工工艺,读取施工设计说明中的基本参数,识读建筑施工图和结构施工图;能够组织编制和控制 BIM 技术应用实施规划,综合组织 BIM 技术多专业协同等。

项目 1 BIM 概述

BIM(building information modeling,建筑信息模型)技术是全球建筑行业现阶段的主要发展趋势,目前北美建筑行业一半以上的机构在应用 BIM 及相关技术,在欧洲各国、日本及我国香港地区,BIM 技术也已广泛应用。利用 BIM 技术,推动建筑行业信息化发展,对解决工程建造中的信息孤岛、实现参建各方协同运作,进而实现智慧建造,可起到极大的作用,对提高建筑业的劳动生产率有重大意义。我国建筑行业各领域与 BIM 的结合将是未来的必然趋势。

1.1 BIM 基本定义

在美国,BIM 被定义为兼具物理特性与功能特性的数字化模型,且是从建设项目的最初概念设计开始的整个生命周期里做出任何决策的可靠共享信息资源。建筑信息模型如图 1.1 所示。

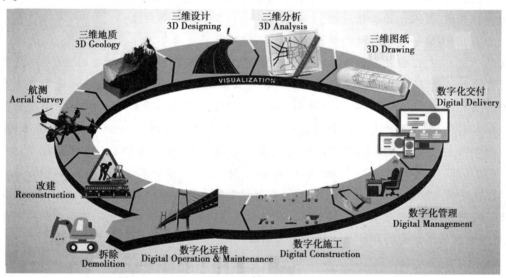

图 1.1 建筑信息模型

1.2　BIM 应用范围

BIM 技术广泛应用于工程建设行业的各个阶段,从项目类型来说,BIM 技术覆盖了建筑、市政道路、水利水电、石油石化等不同类型的项目,从项目全寿命周期来看,BIM 技术覆盖了从项目规划、概念设计、方案设计、初步设计、施工图设计、施工、物业运营、项目改造等方面,具体内容包括:

①现地状况建模(Existing Conditions Modeling):项目团队根据建置基地现况、设施或设施内特定区域的现况,建立 3D 模型。

②设计表达(Design Authoring):通过 BIM 建模软件,并根据标准规范建立的 3D 模型可正确传递建筑设计理念及想法。

③成本估算(Cost Estimation):利用 BIM 协助项目全寿命周期的数量计算及成本估算。

④基地分析(Site Analysis):BIM 结合 GIS 可评估区域属性,并选择最佳的项目位置。

⑤设计成果审核(Design Review):利益关系人检视 3D 模型,并提供各个设计面向的回馈意见,回馈内容包含评估会议程序、虚拟环境的空间配置与美观预览,以及光线、照明、安全、人体工学、隔音、纹路及颜色等设定标准。

⑥历时规划(Phase Planning):利用 4D 模型(BIM 模型结合施工进度),可更新、改善、提升及呈现建筑工地各阶段的施工顺序及空间配置,产生更有效的施工规划。

⑦空间规划(Programming):评估设计方案空间性能的过程。项目团队可通过 BIM 模型分析空间配置,并了解空间标准及规定的复杂性。

⑧结构分析(Structural Analysis):结合智能型 BIM 建模软件,可依据设计规范决定有效的工程设计方式。

⑨其他工程分析(Other Engineering Analysis):结合智能型 BIM 建模软件,配合其他技术的分析,决定有效的工程设计方式。

⑩3D 整合协作(3D Coordination):利用碰撞检测软件,比较建筑系统各项专业(建筑、结构及机电)的 BIM 模型,可发现设计不一致的位置,避免施工时主要建筑系统的冲突。

⑪3D 控制与规划(3D Control and Planning):利用 BIM 模型规划设备组件或自动控制设备的移动方式及位置,BIM 模型可建立详细控制点,以协助设备的配置。

⑫照明分析(Lighting Analysis):利用 BIM 模型,可分析人造光(室内及室外)及自然光(采光及遮阳)照明系统的设计适当性。

⑬能源分析(Energy Analysis):为设施设计时间的过程,利用 BIM 模型执行能源分析,可评估目前设计方案的能源效率,并改善设计方式。

⑭永续性分析(EEWH Evaluation):根据永续性评估标准[如台湾绿建筑(EEWH)、能源与环境设计先锋(LEED)]评估 BIM 项目。

⑮设计图审(Code Validation):利用法规检核软件,检查模型参数是否违反建筑技术规则的要求。

⑯灾害应变规划(Disaster Planning):救援人员可通过 BIM 模型及信息系统,提取关键建

筑信息。

⑰集成模型汇编（Record Modeling）：利用 BIM 模型，正确描述及记录设施的物理性质、环境及内含资产。

⑱数字制造（Digital Fabrication）：利用 BIM 模型参数化信息，协助建筑材料或组件的施工。

⑲工地利用规划（Site Utilization Planning）：利用 BIM 可视化功能，呈现工地现场各个施工阶段的永久性及临时性设施，亦可与施工作业进度链接，显示各个施工项目的空间及工序要求。此外，模型中可加入各工项的劳力资源、需要材料及设备位置等信息。

⑳施工系统设计（Construction System Design）：利用建模软件，设计及分析复杂建筑系统（如模板、玻璃窗）的施工过程，以提升施工计划的有效性。

㉑设施/建物维护计划（Maintenance Scheduling）：以 BIM 模型协助建筑结构（墙、楼板、屋顶等）及服务设备（机械、电力及管道等）营运期间的维护作业。

㉒资产管理（Asset Management）：建立记录模型与使用单位资产管理系统的双向链接，以协助设施及资产的营运维护。

㉓空间管理/追踪（Space Management/Tracking）：利用 BIM 有效分配、管理及追踪设施内的空间及资源。BIM 可使营运管理团队分析目前空间使用情况，并决定更合适的使用方式。

㉔设施/建物系统分析（Building System Analysis）：评估及比较各种设计方案的建筑绩效，评估内容除机械设备营运及建筑物营运需要的能源外，亦包括各种可能的分析，例如，立面通风、照明、内外部空气流场（CFD airflow）及太阳能分析。

1.3　BIM 行业现状

相较于许多欧美国家，我国的 BIM 技术目前仅处于起步阶段，应用流程还不够完善，因与现有建筑模式冲突，BIM 技术的应用受到了一定程度的制约。在部分 BIM 研究开展得比较早的国家，应用 BIM 的建筑项目数量已超过传统建筑项目数量。我国 BIM 技术的实际应用起步较晚，实际工程中应用 BIM 技术的实例较少，目前已应用 BIM 技术的实例大多是规模较大、造型与结构复杂、工期较长、安全要求较高、投资巨大的复杂项目；如北京奥运会部分场馆、上海中心大厦、上海世博会部分展馆等，而中小型建筑项目对 BIM 技术的需求较小。在这些复杂建筑实例中，BIM 技术的应用也往往没有覆盖建筑项目的全寿命周期，都只是主要应用在其中的某个阶段。

《2016—2020 年建筑业信息化发展纲要》指出：BIM 技术的研发与应用正在稳步探索中，自"十一五"以来，BIM 概念逐渐在建筑行业得到广泛支持。BIM 的重要性已在业界得到充分认可，并被视为支持建筑行业工业化、现代化的关键技术。在国家政策的大力扶持下，目前国家 BIM 标准体系计划中已出台 6 本标准，另外 1 本标准已发布意见稿，见表1.1。

表 1.1　国家 BIM 标准体系

标准类别	标准名称	标准号	实施日期
国家标准	《建筑信息模型应用统一标准》	GB/T 51212—2016	2017-07-01
国家标准	《建筑信息模型施工应用标准》	GB/T 51235—2017	2018-01-01
国家标准	《建筑信息模型分类和编码标准》	GB/T 51269—2017	2018-05-01
国家标准	《建筑信息模型设计交付标准》	GB/T 51301—2018	2019-06-01
国家标准	《制造工业工程设计信息模型应用标准》	GB/T 51362—2019	2019-10-01
国家标准	《建筑工程信息模型存储标准(意见稿)》	—	—
行业标准	《建筑工程设计信息模型制图标准》	JGJ/T 448—2018	2019-06-01

1.4　BIM 技术的发展趋势

1.4.1　BIM 技术与装配式建筑

BIM 技术与装配式建筑的结合是建筑行业的新兴发展热点。由于装配式建筑具有建筑垃圾少、扬尘污染低、节能环保、建造工期短等优点,国家正在大力推广。装配式建筑的两个重要功能是工程检测和协同施工,而 BIM 的一大特点就是协同化管理信息数据,将各学科的数据集中收集和反馈,为每个施工步骤提供沟通便利,所以二者完全契合,且 BIM 技术在装配式建筑设计与施工中的有效应用有助于提高建筑项目设计及施工效率、降低建筑能耗、减少施工对周边环境的污染、降低建筑设计及施工成本。

1.4.2　BIM 技术与绿色建筑

BIM 技术与绿色建筑设计的融合是建筑行业的主要发展方向。建筑活动对能源的消耗在人类社会中占比极高,对环境的影响较大,现今国家大力提倡绿色建筑,BIM 技术恰好能为绿色建筑的发展提供重要支撑,协助企业建立数字化信息管理系统,且 BIM 信息共享性能可提供大量数据信息,给未来设计与建造提供参考。如项目施工前期提供工程地质数据分析,设计阶段利用数据提供降低能耗的有效方案;再如,利用 BIM 技术可以对建筑模型进行空间环境模拟与分析,对光照、噪声、能耗进行模拟,对建设期施工管理、竣工运营后期维护等进行分析,从而制订整体方案,合理利用资源、降低能耗、减少对环境的影响,贯彻绿色、可持续发展的设计理念。

1.4.3　BIM 技术与物联网

BIM 技术在运维阶段的应用较其他阶段更少,运维周期长,涉多方参与,也无大量现场经验可供借鉴,但若与物联网结合,把感应器等嵌入管线、公路、隧道、油路等,则能实现与互联网的统一整合,且其最大亮点在于便捷化管理和巨大的储存能力。物联网的核心是数据库,而 BIM 是一个集成化的大平台,二者相辅相成,在拓宽物联网应用的同时,为广大用户带来更大效益。

项目2 "1+X"建筑信息模型（BIM）职业技能等级标准

2.1 总则、术语与基本规定

2.1.1 总则

①为适应当前建筑行业的变革和发展,满足社会对建筑信息模型(BIM)技能人员的迫切需求,提升建筑信息模型(BIM)职业技能水平,结合国际工程建设信息化人才培养方式和经验,统一建筑信息模型(BIM)职业技能基本要求,制定本标准。

②本标准适用于国家中等专业学校及以上在校学生和工程行业从业人员建筑信息模型(BIM)职能技能考核的相关活动。

③建筑信息模型(BIM)职业技能考核与评价,除应符合本标准外,尚应符合国家和行业现行有关标准的要求。

2.1.2 术语

(1)建筑信息模型 Building Information Model, Building Information Modeling, Building Information Management(BIM)

建筑信息模型(BIM)是指在建设工程及设施的规划、设计、施工以及运营维护阶段全寿命周期创建和管理建筑信息的过程,全过程应用三维、实时、动态的模型涵盖了几何信息、空间信息、地理信息、各种建筑组件的性质信息及工料信息。

(2)建筑信息模型(BIM)软件 BIM software

对建筑信息模型进行创建、使用、管理的软件,简称 BIM 软件。

(3)建筑信息模型(BIM)职业技能 BIM vocational skills

通过使用各类建筑信息模型(BIM)软件,创建、应用与管理适用于建设工程及设施规划、设计、施工及运维所需的三维数字模型的技术能力的统称(以下简称"BIM 职业技能")。

2.1.3 基本规定

①本标准面向国家中等专业学校及以上在校学生和工程行业从业人员。

②职业技能考核评价的结果分为合格、不合格,合格后可获得相应的建筑信息模型(BIM)职业技能等级证书。

③本标准 BIM 软件应符合职业技能等级考核评价的要求,相关方应根据职业技能要求选用具备相应功能的 BIM 软件。

④建筑信息模型(BIM)职业技能包含技术与管理层面,二者应相互融合,以促进建设工程全寿命周期各相关方的协同工作与信息共享。

2.2 职业技能等级与内容

2.2.1 职业技能等级与专业类别

BIM 职业技能等级划分为初级、中级、高级,见表2.1。

表2.1 BIM 职业技能等级与专业类别表

级别	适用工作领域	专业类别	证书名称
初级	BIM 建模	土木类专业	建筑信息模型(BIM)职业技能初级
中级	BIM 专业应用	土木类专业	建筑信息模型(BIM)职业技能中级
高级	BIM 综合应用与管理	土木类专业	建筑信息模型(BIM)职业技能高级

2.2.2 申报条件

1)初级(凡遵纪守法并符合以下条件之一者可申报本级别)

中等专业学校及以上在校学生、在校经过培训的行业从业人员。

2)中级(凡遵纪守法并符合以下条件之一者可申报本级别)

已取得建筑信息模型(BIM)职业技能初级证书在校学生、在校经过培训且具有 BIM 相关工作经验 1 年以上的行业从业人员。

3)高级(凡遵纪守法并符合以下条件之一者可申报本级别)

已取得建筑信息模型(BIM)职业技能中级证书,本科且具有建筑信息管理类知识 160 课时或硕士以上在校学生;在校经过培训且具有 BIM 相关工作经验 3 年以上的行业从业人员。

2.2.3 考核办法

①建筑信息模型(BIM)职业技能等级考核评价实行统一大纲、统一命题、统一组织的考

试制度,原则上每年举行多次考试。

②建筑信息模型(BIM)职业技能等级考核评价分为理论知识与专业技能两部分。初级、中级理论知识及技能均在计算机上考核,高级采取计算机考核与评审相结合。BIM 职业技能等级考核评价内容权重见表2.2。

表 2.2 BIM 职业技能等级考核评价内容权重表

内容	级别		
	初级	中级	高级
理论知识	20%	20%	60%
专业技能	80%	80%	40%

③建筑信息模型(BIM)职业技能等级考试的考评人员与考生配比不低于1:50,每个考场不少于 2 名考评人员。高级的评审不少于 3 名专家。

④各级别的考核时间均为 180 分钟。

 ## 2.3 职业技能等级要求

本标准描述的职业技能等级按初级、中级、高级依次递进,高级别涵盖低级别要求。

2.3.1 初级

BIM 职业技能初级:BIM 建模。BIM 职业技能初级要求见表2.3。

表 2.3 BIM 职业技能初级要求表

职业技能	技能要求
1. 工程图纸识读与绘制	(1)掌握建筑类专业制图标准,如图幅、比例、字体、线型样式、线型图案、图形样式表达、尺寸标注等; (2)掌握正投影、轴测投影、透视投影的识读与绘制方法; (3)掌握形体平面视图、立面视图、剖视图、断面图、局部放大图的识读与绘制方法; (4)掌握建筑平面图的绘制; (5)掌握建筑立面图的绘制; (6)掌握建筑剖面图的绘制; (7)掌握建筑详图的绘制
2. BIM 建模软件及建模环境	(1)掌握 BIM 建模的软件、硬件环境设置; (2)熟悉参数化设计的概念与方法; (3)熟悉建模流程; (4)熟悉相关软件功能

续表

职业技能	技能要求
3. BIM 建模方法	(1)掌握实体创建方法,如墙体、柱、梁、门、窗、楼地板、屋顶与天花板、楼梯、管道、管件、机械设备等; (2)掌握实体编辑方法,如移动、复制、旋转、偏移、阵列、镜像、删除、创建组、草图编辑等; (3)掌握在 BIM 模型生成平、立、剖、三维视图的方法; (4)掌握实体属性定义与参数设置方法; (5)掌握 BIM 模型的浏览和漫游方法; (6)了解不同专业的 BIM 建模方法
4. BIM 属性定义与编辑	(1)掌握标记创建与编辑方法; (2)掌握标注类型及其标注样式的设定方法; (3)掌握注释类型及其注释样式的设定方法
5. BIM 成果输出	(1)掌握明细表创建方法; (2)掌握图纸创建方法,包括图框,基于模型创建的平、立、剖、三维视图,表单等; (3)掌握视图渲染与创建漫游动画的基本方法; (4)掌握模型文件管理与数据转换方法

2.3.2 中级

BIM 职业技能中级:BIM 专业应用。BIM 职业技能中级要求见表 2.4。

表 2.4　BIM 职业技能中级要求表

职业技能	技能要求
1. BIM 模型构建	(1)掌握 BIM 建模工作环境设置; (2)掌握建模规则、设置建模样板的方法; (3)熟悉建模流程; (4)了解项目各专业工作特点; (5)掌握专业构件的建模及相关参数设定的方法; (6)掌握专业构件几何信息及非几何信息的增加、删除、修改操作的方法等
2. 专业协调	(1)掌握专业协调中模型链接方式、共享坐标系、项目样板、统一模型细度、出图标准等协同工作的方法; (2)掌握构件之间碰撞检查和问题标记管理的方法; (3)掌握项目各专业间专业协调的数据交换需求、协调流程和调整原则等

职业技能	技能要求
3. BIM 数据及文档的导入导出	(1)掌握相关 BIM 模型数据的导入方法; (2)掌握导出相关应用所需 BIM 模型数据的方法; (3)了解 BIM 数据标准、BIM 数据格式以及 BIM 数据相关标准,熟悉相关软件功能; (4)掌握视图设置及图纸布置方法,使之满足专业图纸规范; (5)掌握在图档中加入标注与注释的方法; (6)掌握图档输出设置方法; (7)熟悉相关软件功能、本专业的相关技术要求及规范等
4. 专业应用	(1)城乡规划与建筑设计类专业:应掌握通过应用 BIM 软件进行建筑方案推敲及方案展示的方法;掌握建筑光环境(自然采光)模拟分析的 BIM 应用方法;熟悉建筑能耗等绿色建筑模拟分析的 BIM 应用方法;了解建筑声环境、建筑室外风环境、建筑室内空气质量(空气龄)等绿色建筑模拟分析的 BIM 应用方法;了解总图设计中场地、视线及水力分析的 BIM 应用方法;了解 BIM 与 GIS 在规划分析中集成应用的方法等
	(2)结构工程类专业:应掌握通过应用 BIM 软件进行施工方案模拟和施工工艺展示的方法;掌握通过获取构件工程量、材质等明细,为工程项目预算提供基础数据的方法;掌握结构体系的加载方法;掌握框架结构、剪力墙结构、框架-剪力墙结构等常见结构的计算分析方法;掌握结构内力配筋设计计算方法及结构计算书的生成方法;了解土方计算等 BIM 应用方法
	(3)建筑设备类专业:应掌握通过应用 BIM 软件进行施工方案模拟和施工工艺展示的方法;掌握利用 BIM 模型完成所涵盖的各专业系统分析与校核计算的方法;掌握利用 BIM 模型进行管道系统运行工况参数信息录入方法;掌握本专业内管道及设备之间的软、硬碰撞检查方法;掌握利用 BIM 技术与其他专业间问题进行深化设计与优化的方法;掌握利用 BIM 模型进行管道系统安装与设备管理的方法
	(4)建设工程管理类专业:应掌握施工场地模型建立的方法,可进行合理性分析,适时调整方案;掌握施工方案、施工工序、施工工艺三维可视化模拟方法,能制作施工动画,可指导施工并进行合理性分析,适时调整方案;掌握运用模型进行施工动态管理的方法,将模型与安全、质量、进度、成本等因素进行关联;掌握基于 BIM 的算量和计价等操作方法,对工程造价进行动态管理;掌握项目各参与方运用 BIM 模型进行协同管理的方法;掌握运用 BIM 竣工模型进行竣工验收的方法;熟悉施工现场布置要求与规范及相关软件功能

2.3.3 高级

BIM 职业技能高级：BIM 综合应用与管理。BIM 职业技能高级要求见表2.5。

表 2.5　BIM 职业技能高级要求表

职业技能	技能要求
1. BIM 实施规划及控制	(1)掌握项目级 BIM 应用规划的编制内容与组织方法； (2)熟悉企业级 BIM 实施规划的编制内容和方法； (3)熟悉 BIM 实施标准的制定方法； (4)熟悉 BIM 技术应用的流程设计方法； (5)掌握建立 BIM 资源管理的方法； (6)掌握建设项目各阶段 BIM 交付标准； (7)熟悉 BIM 模型的创建、管理和共享的原理和方法； (8)熟悉 BIM 应用的软硬件系统方案的选择原则和方法； (9)掌握 BIM 应用各参与方任务分工与职责划分的原则和方法； (10)掌握 BIM 实施规划的控制原则和方法； (11)掌握 BIM 协同管理实施组织方法； (12)掌握工程招投标、合同中有关 BIM 技术应用、管理的条款内容
2. BIM 模型的质量管理与控制	(1)掌握 BIM 模型质量管理的基本内容、方法和流程； (2)熟悉 BIM 模型生成和使用过程中各参与方质量管理责任划分方法； (3)熟悉 BIM 模型事前、事中、事后控制和后评价的基本方法； (4)掌握 BIM 模型审阅的内容要点和方法； (5)掌握 BIM 模型文件浏览、场景漫游、构件选择、信息读取、记录和批注的方法； (6)熟悉 BIM 模型生成、使用的常用软件和文件格式； (7)熟悉版本管理的基本工具和方法； (8)掌握模型组成部分的版本属性读取和更替迭代方法
3. BIM 模型多专业综合应用	(1)掌握设计阶段多专业间的模型和数据共享、集成和协同管理的原则和方法； (2)掌握多专业碰撞检测规则制定、管理和控制的方法； (3)熟悉多专业 BIM 模型整合或划分的原则和方法； (4)掌握工程施工阶段 BIM 模型的共享、合成和管理的原则和方法； (5)掌握施工阶段软硬碰撞检测规则制定、管理控制的方法； (6)熟悉应用 BIM 技术进行施工方案模拟与优化分析的方法； (7)熟悉根据进度模拟结果调整施工方案的方法
4. BIM 的协同应用管理	(1)掌握设计阶段 BIM 模型协同管理的原理和方法； (2)掌握设计阶段 BIM 模型协同管理的组织和流程设计方法； (3)熟悉设计单位企业级协同管理平台的建立原则和方法； (4)熟悉常用的设计阶段基于 BIM 应用的协同管理平台和软件； (5)掌握施工阶段 BIM 模型协同管理的原理和方法； (6)掌握施工阶段 BIM 模型协同管理的组织和流程设计方法； (7)熟悉建立施工单位企业级协同管理平台的建立原则和方法；

职业技能	技能要求
4. BIM 的协同应用管理	(8)熟悉施工阶段基于 BIM 应用的常用协同管理平台和软件; (9)熟悉建设单位 BIM 技术应用和实施的组织模式类型及选择方法; (10)掌握建设单位 BIM 模型协同管理的原则和方法; (11)掌握建设单位 BIM 模型协同管理的组织和流程设计方法; (12)熟悉运维阶段 BIM 模型应用的组织模式与方法; (13)熟悉常用的基于 BIM 应用的协同管理平台和软件
5. BIM 集成扩展应用	(1)了解 BIM 云平台概念和原理; (2)熟悉整合 BIM 与移动设备的相关应用; (3)熟悉整合 BIM 与无线射频技术(RFID)的相关应用; (4)了解整合 BIM 与企业 ERP 的应用; (5)了解 BIM 和地理信息系统(GIS)集成整合应用; (6)了解整合 BIM 与其他信息通信技术应用的方法; (7)熟悉软件开发的一般程序和步骤; (8)熟悉 BIM 应用软件、平台开发的流程; (9)了解软件系统架构设计的常用方法; (10)熟悉绿色建筑与 BIM 技术应用结合的应用点和方法; (11)了解国内外绿色建筑评价体系; (12)了解建筑产业现代化的基本概念和内涵; (13)熟悉建筑信息化和工业化融合的概念和方法; (14)熟悉 BIM 技术在建筑产业现代化中应用的前景、应用点和应用方法; (15)熟悉工程总承包模式与 BIM 技术应用的组织模式; (16)熟悉工程总承包模式下 BIM 应用内容及成果要求

2.4 职业技能等级评价

BIM 职业技能等级考核评价分为理论知识与专业技能两部分。

BIM 职业技能中级评价分城乡规划与建筑设计类、结构工程类、建筑设备类、建设工程管理类 4 类进行考评。

BIM 职业技能高级评价采取计算机考核与评审相结合的方式,计算机除完成部分除基本要求和专业技能考核外,还需要进行项目实施案例报告。

BIM 项目实施案例报告:在规定时间内按要求提交报告及证明材料,审查合格后进入现场答辩。

现场答辩:答辩专家不少于 3 名,答辩程序包括个人陈述及专家提问。

2.4.1 BIM 职业技能初级（表 2.6）

表 2.6 BIM 职业技能初级考评表

考评内容		分值/分
理论知识	职业道德、基础知识	20
专业技能	工程图纸识读与绘制	80
	BIM 建模软件及建模环境	
	BIM 建模方法	
	BIM 属性定义与编辑	
	BIM 成果输出	
合计		100

2.4.2 BIM 职业技能中级（表 2.7）

表 2.7 BIM 职业技能中级考评表

考评内容		分值/分
理论知识	职业道德、基础知识	20
专业技能	专业 BIM 模型构建	80
	专业协调	
	BIM 数据及文档的导入导出	
	BIM 专业应用	
合计		100

2.4.3 BIM 职业技能高级（表 2.8）

表 2.8 BIM 职业技能高级考评表

考评内容		分值/分
理论知识	职业道德、基础知识	60
	BIM 项目实施规划及控制	
	BIM 模型的质量管理与控制	
	BIM 模型多专业综合应用	
	BIM 协同管理工作	
	BIM 集成扩展应用	
专业技能	实施项目案例报告	40
合计		100

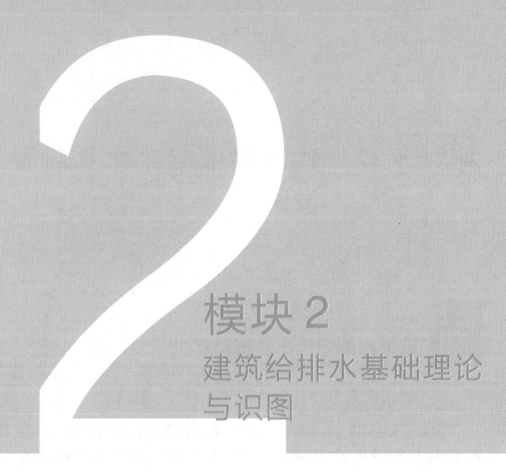

模块 2
建筑给排水基础理论与识图

模块简述： 本模块主要介绍建筑给排水基础理论知识及工程图纸识读标准，包括建筑给排水系统、动力及储水设备、常用卫生器具、常用管道材料及附配件、施工图标准及表示方法等内容。通过本模块的学习，读者可较为系统地掌握建筑给排水工程的基础知识，了解其所用材料的特点以及相应的施工工艺，理解一个完整的给排水系统，并能对建筑给排水工程施工图进行基本的识读。该模块学习难度较低，建议重点学习材料设备及相关附配件的型号参数、不同种类管道材料的特质及对应的连接工艺、常用卫生器具及必备附配件的安装方法，以及施工图的表达方法和图例标准等。

学习背景： 本模块属于建筑给排水工程的概论部分，也是建筑设备专业的基础之一，在对给排水相关的材料、工艺、原理等有一定熟悉度的前提下，为本书核心的建模操作部分提供足够的理论支撑，如此才能更好地处理建筑给排水信息化模型中的细节点、关键点，进行精准的建模。该部分知识以文字表达为主，学习过程中需要逐步建立设备、卫浴、管材及附配件等各个元素之间的正确联系，最终形成完整的给排水系统知识，过程中需要对大量的信息进行加工并识记，建议结合本书提供的建模成果文件进行可视化学习。给排水工程是人们生活、学习、工作必不可少的民生工程之一，现代社会水平也对给排水系统及其工艺提出了更高的要求。作为行业入门的标志，必须学好给排水相关理论知识，为识读基本的工程施工图纸做准备，也为后续学习消防、采暖以及空调水系统等知识奠定基础。

能力标准： 能够明确建筑给水系统和排水系统的基本组成，识读给水动力设备、配水及储水设备的基本技术参数；能够辨别不同管材的特性、连接工艺以及适用场合等；能够正确区分各类附配件的功能及使用要求、卫浴装置的组件及安装技术等；能够辨别常用的给排水图例，读取施工设计说明中的基本技术参数，结合系统图辨别管道走向，综合且系统地识读建筑给排水工程施工图。

项目3 建筑内部给排水系统及卫浴设备

3.1 建筑内部给排水系统概述

3.1.1 建筑内部给水系统

将城镇给水管网或自备水源给水管网的水引入室内,选择适用、经济、合理的最佳供水方式,经配水管送至室内各种卫生器具、用水嘴、生产装置和消防设备,并满足用水点对水量、水压和水质要求的冷水供应系统,称为建筑内部给水系统,如图3.1所示。

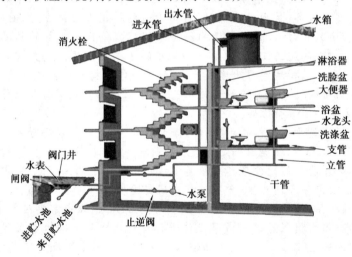

图3.1 建筑内部给水系统

1)建筑内部给水系统的分类

建筑内部给水系统根据用途的不同,可分为生活给水系统、生产给水系统和消防给水系统。这3个给水系统并不一定单独设置,常常是两者或三者并用。

(1)生活给水系统

生活给水系统为人们提供饮用、洗涤、沐浴、烹饪等生活用水,其水质必须符合国家规定的饮用水质标准。

(2)生产给水系统

生产给水系统提供生产设备冷却、原料产品洗涤,以及各类产品制造过程中所需用水,其水质、水压和水量由生产工艺决定。

(3)消防给水系统

消防给水系统提供各类消防设备灭火用水,其特点是必须按照建筑防火规范的要求保证水量和水压,对水质无要求。

2)建筑内部给水系统的组成

建筑内部给水系统由进户管、水表节点、管网系统、用水设备、管网附件及增压和贮水设备组成。

①进户管:又称引入管,是室外给水管与室内管网之间的联络管,其作用是将水从室外给水管网引入建筑内部,一般建筑设有一条或数条进户管。

②水表节点:用水量计量装置,一般设置在进水管上和室外的水表井内,为了检修水表,水表前后设置阀门,并有符合产品标准规定的直线管段。对于住宅建筑,每户的进户管上均应安装分户水表。

③管网系统:由干管、立管和支管组成。

④用水设备:由水龙头、卫生器具等设备组成。

⑤管网附件:为了便于取用、调节和检修,需在供水管路上设置各种给水附件,如各种阀门、水龙头等。

⑥增压和贮水设备:在室外给水管网的水量、水压不能满足建筑用水要求,或要求供水压力稳定、确保供水安全可靠时,需要设置各种附属设备,如水泵、气压给水设备和水池、水箱等。

3)建筑内部给水方式的分类

建筑内部给水方式主要有以下几种。

(1)直接给水方式

这种给水方式是最简单、经济的给水方式,由室外给水管网直接供水,适用于外网能满足用水要求的建筑。直接给水方式的水平干管常敷设于底层或地沟内以及地下室的楼板下面。

(2)设水箱的给水方式

设水箱的给水方式适用于室外管网水压周期性不足的情况。在用水低峰时,室外管网水压高,水箱进水;在用水高峰时,室外管网水压低,水箱向建筑内部给水系统供水。

(3)设水泵的给水方式

设水泵的给水方式在系统中常增设贮水池,宜在室外给水管网水压经常性不足时采用。

(4)设水泵和水箱的给水方式

设水泵和水箱的给水方式宜在室外给水管网压力低于或经常不能满足建筑给水管网所需的水压时采用。其特点是水压和水量稳定、水泵恒速供水、设备简单。

（5）气压给水方式

在给水系统中,设置气压给水装置,气压水罐的作用相当于高位水箱,其位置可根据需要设置在高处或低处。

（6）分区给水方式

在建筑物的垂直方向按层分段,各段为一区,分别组成各自的给水系统。这种方式可以解决低层管道中静水压力过大的问题,从而使各区最低卫生设备或用水设备处的静水压力小于其工作压力,避免配水装置的零件损坏漏水,同时可以提高给水的安全性和可靠性。

3.1.2 建筑内部排水系统

通过管道及辅助设备,把屋面雨水及生活和生产污水、废水及时排出室外的管道网格系统,称为建筑内部排水系统。

1）建筑内部排水系统的分类

建筑内部排水系统是将建筑内部人们在日常生活和工业生产中使用过的水收集起来,及时排出室外。按照系统排出的污水性质不同,建筑内部排水系统可分为生活排水系统、工业废水排水系统和屋面雨水排水系统 3 类。

（1）生活排水系统

生活排水系统排除民用建筑及工厂生活间的污废水。目前,常把生活排水系统进一步分为排除冲洗便器的生活污水排水系统和排除盥洗、洗涤废水的生活废水排水系统。

（2）工业废水排水系统

工业废水排水系统排除工业生产过程中产生的污废水。为便于污废水的综合利用,按污染程度可分为生产污水排水系统和生产废水排水系统。

（3）屋面雨水排水系统

屋面雨水排水系统收集、排除建筑屋面上的雨雪水。

2）排水系统的组成

建筑内部排水系统（图 3.2）一般由以下几个基本部分组成:

①污（废）水收集器:各种卫生器具、排放生产废水的设备、雨水斗等。

②器具排水管:卫生器具和排水横管之间的短管,除坐式大便器外,一般其间都设有 P 形或 S 形存水弯。

③排水横管:连接器具排水管和立管之间的水平管段、排水横管应有一定的坡度,属坡向排水装置。

④排水立管:连接各楼层排水横管的垂直排水管的过水部分。排水立管宜靠近杂质最多、最脏和排水量最大的排水点,通常在墙角明装,高层建筑的排水立管可暗装在管槽或管井中。

⑤排出管:室内排水立管至室外检查井之间的水平管段,即室内污水出户管。排出管通常埋地敷设,管顶距室外地面不小于 0.7 m,为达到自清流速,排出管必须按规定的坡度敷设。

⑥通气管:排水立管从最高层卫生器具以上伸出屋面的不过水部分,管顶设有通气帽或铅丝球。对于卫生器具在 4 个以上,且距排水立管大于 12 m 的横支管或同一横支管连接 6 个以上大便器时,应设辅助通气管,建筑物内有卫生器具的层数在 20 层及以上时,可设专用

通气管。通气管的作用是排除排水管中的有害气体和使排水管道内的压力与大气平衡,防止水封被破坏。

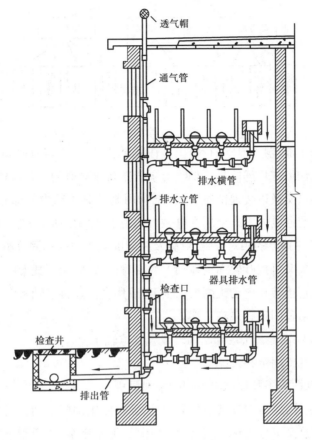

图 3.2　建筑内部排水系统

3.2　建筑给排水动力设备、储水设备

泵是输送流体的机械,流体既包括液体又包括气体。而常用于给排水工程中输送各种水体的泵,便是水泵。

3.2.1　泵的种类及国产泵型号表示法

1)泵的种类

(1)按照泵的工作原理不同分类

按照泵的工作原理不同,可以把泵分为动力式泵、容积式泵及其他泵,如图 3.3 所示。

①动力式泵:又称叶轮式泵或叶片式泵,依靠旋转的叶轮对液体的动力作用,把能量连续地传递给液体,使液体的动能(为主)和压力能增加,随后通过压出室将动能转换为压力能。离心泵、轴流泵、混流泵和旋涡泵均属于动力式泵。

②容积式泵:依靠包容液体的密封工作空间容积的周期性变化,把能量周期性地传递给

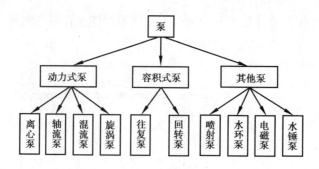

图 3.3　泵的种类

液体,使液体的压力增加至将液体强行排出。往复泵、回转泵为容积式泵。

③其他泵:以其他形式传递能量。如喷射泵依靠高速喷射的工作流体将需输送的流体吸入泵后混合,进行动量交换以传递能量;水锤泵利用制动时流动中的部分水被升到一定高度传递能量;电磁泵是使通电的液态金属在电磁力作用下产生流动而实现输送。

(2)按叶轮固定在轴上的相对位置、叶轮及托架的支撑方式不同分类

在安装工程中,泵又可按叶轮固定在轴上的相对位置、叶轮及托架的支撑方式不同分为:

①直联式:叶轮直接装在电动机的加长轴上,或用套筒连接泵轴和电动机轴。

②悬臂式:叶轮悬臂固定在泵轴一端。

③承架式(或称两端支撑式):叶轮两端设置支撑轴承。

④悬架式:托架悬臂固定在泵体上。

上述 4 种形式也适用于其他相应类型的泵和风机。

除上述分类方法外,还可以有其他分类方法,如按使用部门不同,可将泵分为工业用泵和农业用泵,而工业用泵又可分为化工用泵、石油用泵、电站用泵、矿山用泵等;按输送液体性质不同,又可将泵分为清水泵、污水泵、油泵、酸泵、液氨泵、泥浆泵和液态金属泵等;按性能、用途、工作范围宽窄及结构特点,还可将泵分为一般用泵和特殊用泵等。

2)国产泵的型号

①离心泵、轴流泵、混流泵和旋涡泵等动力式泵的型号表示方法如图3.4 所示。

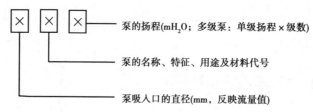

图 3.4　动力式泵的型号表示方法

例如,80Y100 表示泵吸入口直径为 80 mm（流量约为 50 m^3/h）,扬程为100 mH_2O,离心油泵。100D45 ×8 表示泵吸入口直径为 100 mm（流量约为 85 m^3/h）,单级扬程为45 mH_2O,总扬程为 45 ×8 =360 mH_2O,8 级分段式多级离心水泵。

上述型号表示方法是我国目前普遍使用的标准型号编列法。这种方法有一个明显的缺陷,就是型号中没有直接反映出流量这一重要参数,查换算表又不方便。所以目前离心泵的型号还可以用另一种方法表示,如图3.5所示。

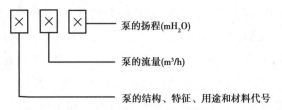

图3.5　离心泵的型号表示方法

例如,B100-50表示的泵流量为100 m^3/h,扬程为50 mH_2O,单级悬臂式离心泵。D280-100×6表示泵的流量为280 m^3/h,单级扬程为100 mH_2O,总扬程为100×6＝600 mH_2O,6级分段式多级离心水泵。

②往复泵型号表示方法如图3.6所示。

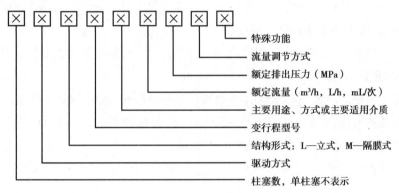

图3.6　往复泵的型号表示方法

注意,计量泵和机动试压泵额定流量单位为L/h;手动泵额定流量单位为mL/次。往复泵驱动方式代号为:D——电力驱动;N——内燃机驱动;Q——气(汽)压驱动;Y——液压驱动;S——手动。

3.2.2　常用泵的特点及用途

1)离心水泵的种类、特点及用途

离心水泵依靠高速旋转的叶轮对液体形成沿叶轮中心向外的离心力,使液体贴着泵的外壳内表面压出泵外,同时由于叶轮高速旋转,其中心位置形成了一个接近真空的低压区域,该区域把外部的液体源源不断地吸入泵内,从而达到输送液体的效果。

(1)离心水泵的基本性能参数
离心水泵的基本性能参数如下:

①流量:水泵在单位时间内所输送的水的体积,以符号"Q"表示,单位为 m^3/h。

②扬程:单位质量的水通过水泵所获得的能量,以符号"H"表示,单位为Pa或 mH_2O。

③功率:水泵在单位时间内所做的功,以符号"N"表示,单位为kW。

④效率：水泵功率与电机加在水泵轴上的功率之比，以符号"η"表示，用百分数表示。水泵的效率越高，说明水泵所做的有用功越多，损耗的能量越少，水泵的性能越好。

⑤转速：水泵的叶轮每分钟的转数，以符号"n"表示，单位为 r/min。

⑥允许吸上真空高度：水泵运转时，吸水口前允许产生真空度的数值，以符号"H_s"表示，单位为 Pa 或 mH_2O。允许吸上真空高度是确定水泵安装高度的参数。

⑦汽蚀余量：在水泵吸入口处单位质量液体所具有的超过汽化压力的富余能量，单位为 m，用(NPSH)，表示。水泵在工作时，液体在叶轮的进口处因真空压力会产生气体，汽化的气泡在液体质点的撞击下，对叶轮等金属表面产生剥蚀，从而破坏叶轮等金属，此时的真空压力称为汽化压力。

⑧吸程：水泵吸水口距离下方水面之间所允许吸起的水柱高度，又叫必需汽蚀余量或允许吸液体的真空度，亦即水泵允许的几何安装高度，以符号"Δh_r"表示，单位为 Pa 或 mH_2O。

吸程 = 标准大气压能压管路真空高度 − 汽蚀余量 − 管道损失 − 安全量(0.5 m)

其中，标准大气压能压管路真空高度为 10.33 m。

在以上几个参数中，流量和扬程表明了水泵的工作能力，是水泵最主要的性能参数。

（2）离心水泵的种类

①单级离心水泵。单级离心水泵有卧式和立式两种形式，适用于输送温度在 100 ℃ 以下的清水及无腐蚀的液体，流量一般为 5.5 ~ 300 m^3/h，扬程为 8 ~ 150 mH_2O，是一种常见的离心水泵。单级离心水泵分为以下几种类型。

a. 单级悬臂式离心水泵：主要由泵体、泵盖、叶轮、泵轴、轴承、密封环、轴封装置、托架等组成。

b. 单级直联式离心水泵：其结构采用直联式，比悬挂式省去了托架、轴承底座、联轴器等零部件。

c. 单级悬架式离心水泵：主要由泵体、泵盖、叶轮、泵轴、轴承、密封环、悬架、皮带轮等组成。它比悬臂式离心水泵轻，零部件数量也相对减少。

d. 单级双吸离心水泵：分为卧式和立式两种形式。卧式的泵轴水平设置，泵体为水平中开式。单级双吸离心水泵用于城市给水、电站、水利工程及农田排灌，单级双吸离心水泵的特点是流量大，由于叶轮形状对称，因此不需要设置轴向力平衡装置。

②多级离心水泵。

a. 分段式多级离心水泵：用于矿山、工厂和城市输送常温清水和类似的液体，一般流量为 5 ~ 720 m^3/h，扬程为 100 ~ 650 mH_2O。这种泵相当于将几个叶轮装在一根轴上串联工作。

b. 中开式多级离心泵：主要用于流量较大、扬程较高的城市给水、矿山排水和输油管线，一般流量为 450 ~ 1 500 m^3/h，扬程为 100 ~ 500 mH_2O，排出压力可高达 18 MPa。此泵相当于将几个单级蜗壳式泵装在同一根轴上串联工作，所以又叫蜗壳式多级离心泵。

③自吸离心泵。普通离心泵要在吸入管和泵体内灌入液体排出空气，才能启动抽送液体。自吸离心泵除第一次启动前在泵内灌入液体外，再次启动不用再灌注就能正常抽送液体。自吸离心泵适用于启动频繁的场合，如消防、卸油槽车、酸碱槽车及农田排灌等。

④离心井泵。离心井泵用于从井下抽取地下水,专供城市、矿山企业给排水,农田灌溉和降低地下水位等。根据井水水面的深浅程度,离心井泵又可分为深井泵和浅井泵两种。

a. 深井泵:用于从深井中抽水。深井的井径一般为 100 ~ 500 mm,泵的流量为 8 ~ 900 m³/h,扬程为10 ~ 150 mH₂O。深井泵多属于立式单吸分段式多级离心泵。

b. 浅井泵:用于从浅井中抽水。浅井泵的主要工作部分只装一个工作叶轮,因此扬程较低。

⑤潜水泵。潜水泵的最大特点是将电动机和泵制成一体,它是一种浸入水中进行抽吸和输送水的泵,被广泛应用于农田排灌、工矿企业、城市给排水和污水处理等。由于电动机同时潜入水中,因此对电动机的结构要求比一般电动机特殊,其电动机的结构形式分为干式、半干式、充油式、湿式 4 种。潜水泵可分为深井潜水泵和作业面潜水泵。

a. 深井潜水泵:主要用于从深井中抽吸、输送地下水,供城镇、工矿企业给水和农田灌溉,流量为 5 ~ 1200 m³/h,扬程为 10 ~ 180 mH₂O。泵的工作部分为立式单吸多级导流式离心泵,与电动机直接连接,可根据扬程要求选用不同级数的泵。和一般深井泵相比,深井潜水泵在井下水中工作,无需很长的传动轴。

b. 作业面潜水泵:主要用于农田排灌、工矿企业、建筑工地的浅井给排水和污水处理等。作业面潜水泵通常为可移动式,其结构形式多为立式单级潜水泵,叶轮有离心式,也有轴流式和混流式。

⑥离心锅炉给水泵、离心冷凝水泵及热循环水泵。

a. 离心锅炉给水泵:锅炉给水专用泵,也可输送一般清水。其结构形式为分段式多级离心泵。锅炉给水泵对扬程要求不大,但流量要随锅炉负荷而变化。离心锅炉给水泵根据工作压力不同,可分为低压 (0 ~ 5 MPa)、中压(5 ~ 10 MPa)和高压(10 MPa 以上)3 种。一般中、低压离心锅炉给水泵输送液体的温度不超过 110 ℃。

b. 离心冷凝水泵:水蒸气冷却后的冷凝水专用泵,是电厂的专用泵,多用于输送冷凝器内聚集的凝结水。由于冷凝器内部真空度较高,因此要求有较高的气蚀性能。离心冷凝水泵有单级和多级的,也有卧式和立式的。

c. 热循环水泵:主要用于化工、橡胶、电站和冶金等行业,输送 100 ~ 250 ℃的高压热水,但水泵的扬程一般不高。热循环水泵均为单级离心水泵。其零件的材质要求比一般离心水泵高,泵壳较厚,轴封装置均采用浮动环密封。轴承和轴封装置外部设有冷却室,通冷水进行冷却。

⑦离心油泵。离心油泵主要用于石油、石油化工行业输送石油和石油产品。离心油泵按输送油液温度的不同,可分为冷油泵(低于 2 000 ℃)和热油泵(高于 2 000 ℃);按结构形式和使用场合不同,可分为普通离心油泵、筒式离心油泵和管道式离心油泵等。

a. 普通离心油泵:用途广泛,流量为 6. 25 ~ 500 m³/h,扬程为 60 ~ 603 mH₂O,其内部结构与离心水泵大致相同。

b. 筒式离心油泵:主要用于炼油厂管线冷热油的输送和油井增压等场合,特别适用于小流量、高扬程的需要。筒式离心油泵是典型的高温高压离心泵,流量为 1 ~ 100 m³/h,扬程为

$40 \sim 1~440$ mH_2O,温度为 $-45 \sim 400~℃$。

c.管道式离心油泵:主要用于炼油厂输送汽油、柴油、煤油等石油产品。常用的管道式离心油泵流量为 $6.25 \sim 360$ m^3/h,扬程为 $24 \sim 150$ mH_2O。温度为 $-45 \sim 225~℃$。管道式离心油泵的泵体、泵座为一体,没有轴承箱,靠刚性联轴器将泵轴和电动机连接起来,吸入口与排出口在同一水平线上,直接与管线连接安装。

⑧离心杂质泵。离心杂质泵用于输送液体介质,如含有泥浆、灰渣、矿砂、糖汁、饲料、煤水、胶粒、粪便等固体或有悬浮物的液体,广泛应用于化工、矿山、冶金、城市污水处理等行业。按输送的液体介质不同,离心杂质泵可分为泥浆泵、灰渣泵、砂泵、煤水泵、胶粒泵、糖汁泵等。离心杂质泵要求过流部件具有相应的耐磨性能,因此常选用耐磨材料以适应各种离心杂质泵的用途,如用灰口铸铁、高硅铸铁、镍铬铸铁、铸钢、铬铸钢、锰铬钼铸钢、钛及钛合金、天然橡胶及合成橡胶等,或做成过流部件、护套、衬板镶嵌于过流部位。为了防止泵内被堵塞,叶轮一般采用开式,若需采用闭式,则应增加叶轮宽度或减少叶片数。

⑨离心耐腐蚀泵。离心耐腐蚀泵用于输送酸、碱、盐类等具有腐蚀性的液体。泵的过流部件必须采用耐腐蚀材料制作。这类泵广泛应用于化工、石油化工和国防工业。离心耐腐蚀泵的流量为 $2 \sim 400$ m^3/h,扬程为 $15 \sim 105$ mH_2O。离心耐腐蚀泵均为单级单吸悬臂式结构。

⑩屏蔽泵又称为无填料泵。屏蔽泵是将叶轮与电动机的转子连成一体,浸没在被输送液体中工作的泵。屏蔽泵是离心泵的一种,但又不同于一般的离心泵。其主要区别是:为了防止输送的液体与电气部分接触,用特制的屏蔽套(非磁性金属薄壁圆筒)将电动机转子和定子与输送液体隔离开,以满足输送液体绝对不泄漏的需要。屏蔽泵由于可以保证绝对不泄漏,因此特别适用于输送腐蚀性、易燃易爆、剧毒、有放射性及极为贵重的液体;也适用于输送高压、高温、低温及高熔点的液体,所以广泛应用于化工、石油化工、国防工业等行业。

2)轴流泵、混流泵和旋涡泵

(1)轴流泵的特点和用途

轴流泵是叶片式泵的一种,它输送的液体沿泵轴方向流动,主要用于农田大面积灌溉、排涝、城市排水、输送需要冷却水量很大的热电站循环水以及船坞升降水位。

轴流泵适用于低扬程大流量送水。卧式轴流泵的流量为 $1~000$ m^3/h,扬程在 8 mH_2O 以下。泵体是水平中开式,进口管呈喇叭形,出口管通常为 $60°$ 或 $90°$ 的弯管。

轴流泵叶轮一般由 $2 \sim 6$ 片弯曲叶片组成。叶片的结构有固定式和可调式两种,可调式又有半调节式和全调节式两种。

(2)混流泵的特点和用途

混流泵依靠离心力和轴向推力的混合作用来输送液体,所以称为混流泵。混流泵是一种介于离心泵和轴流泵之间的泵。混流泵的比转数高于离心泵,低于轴流泵,一般为 $300 \sim 500$;流量比轴流泵小、比离心泵大;扬程比轴流泵高、比离心泵低。

混流泵主要用于农田灌溉,也可用于城市排水,热电站还将其作循环水泵用。混流泵有蜗壳式和导叶式两种形式。

(3) 旋涡泵的特点和用途

旋涡泵又称涡流泵或再生泵,它靠叶轮旋转使液体产生旋涡作用而吸入和排出液体。旋涡泵是一种小流量、高扬程的泵。其性能范围:比转数通常为 6 ~ 50,流量可小到 0.05 L/s(甚至更小),大到 12.5 L/s,单级扬程可高达 250 mH$_2$O。

旋涡泵按结构的不同可分为一般旋涡泵、离心旋涡泵和自吸旋涡泵。

3.2.3 离心水泵的管路附件

离心水泵连接管路及附件如图 3.7 所示,其工作管路有压水管和吸水管两条。压水管是将水泵压出的水送到需要的地方,管路上应安装闸阀、止回阀、压力表等;吸水管是水池和水泵吸水口之间的管道,将水由水池送至水泵内,管路上应安装吸水底阀和真空表,水泵安装得比水池液面低时,用闸阀代替吸水底阀,用压力表(正压表)代替真空表。

离心水泵的主要连接管路及附件可简称为"一泵""二表""三阀"。

①"一泵"。实际工程中,水泵可根据需要或并联工作或串联工作。

并联工作就是用两台或两台以上的同型号水泵向同一压水管路供水。这种运行形式,

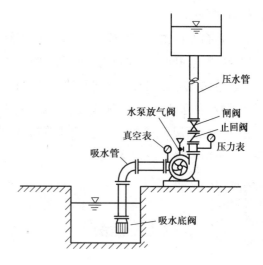

图 3.7 离心水泵连接管路及附件

在同一扬程情况下,可获得比单泵工作更大的流量,而且当系统中需要水量较小时,可以停开一台进行调节,使运行费用降低。水泵的并联工作在工程中常用。

串联工作就是将两台同型号、同规格的水泵头尾相接,串联起来。串联工作时可以提高扬程,但流量不变。

②"二表"。压力表和真空表,分别用于测量出水压力和真空度。

③"三阀":

a. 闸阀:在管路中起调节流量和维护检修水泵、关闭管路的作用。

b. 止回阀:在管路中起保护水泵,防止突然停电时水倒流入水泵的作用。

c. 吸水底阀:起阻止吸水管内的水流入水池,保证水泵能注满水的作用。

知识拓展

离心水泵的工作原理

泵启动前,先将泵壳和吸水管灌满水,当叶轮在电机的带动下高速旋转时,充满叶片间槽道的水从叶轮中心被甩向泵壳,获得能量,并随叶轮旋转而流到泵的出水管处,进入压水管道。这时叶轮的中心由于水被甩出而形成真空,在水池液面大气压力的作用下,水被压入叶轮补充由压水管道流出的水,叶轮连续旋转,就能源源不断地使水获得能量而被压出。

3.2.4　泵的应用要求

在建筑给水系统中一般采用离心水泵。离心水泵的设置要求如下：

①给水系统无任何水量调节设施时，泵应利用变频调速装置调节水压、水量，使其运行于高效段内；泵的扬程应满足最不利处的配水点或消火栓所需的水压。系统有水箱时，泵将水送至高位水箱，再由水箱送至管网，泵的扬程应满足水箱进水所需水压和消火栓所需水压。

②室外给水管网允许直接吸水时，泵直接从室外管网吸水，此时吸水管上装设闸阀、止回阀和压力表，并应绕泵设置装有阀门的旁通管。泵吸水时，室外管网的压力不低于 0.1 MPa（从地面算起）。

③每台泵的出水管上应装设止回阀、闸阀和压力表，并应设防水锤措施，如气囊式水锤消除器、缓闭止回阀等。建筑物内的水泵应设置减振措施。

④泵的工作方式有自灌式和抽吸式两种。一般宜采用自灌式，若设计成抽吸式，应加设引水装置(如吸水底阀、水环式真空泵、水上式底阀)，并在吸水管上设置阀门等。

⑤一般高层建筑物、大型民用建筑物、居住小区和其他大型给水系统应设备用泵。备用泵的容量应与最大一台泵相同。

3.3　常用卫生器具

3.3.1　常用卫生器具的种类及特点

卫生器具是用来满足日常生活中各种卫生要求，收集和排放生活及生产污水、废水的设备。

1)便溺用卫生器具

便溺用卫生器具的作用是收集、排放粪便污水，有大便器、小便器(斗)、小便槽。

(1)大便器

大便器按使用方法分为蹲式大便器和坐式大便器两种。

①蹲式大便器分为高水箱冲洗、低水箱冲洗、自闭式冲洗阀冲洗 3 种。蹲式大便器主体如图 3.8 所示，多设于公共卫生间、医院、家庭等一般建筑物内。

目前，蹲式大便器所用的冲洗阀有两种：一种是普通冲洗阀(常用球阀)；另一种是专用冲洗阀，专用冲洗阀又分直通式和直角式两种。

普通冲洗阀蹲式大便器的安装：

a.安装蹲式大便器：先将大便器临时就位，检查纵、横尺寸，无误后移开；将排水立支管的承口内抹上油灰，大便器下水口外缠油麻后挤压在承口内；找平、找正(一般用水平尺找平)。为防止施工过程中移位，在其两侧各砌两块砖固定。

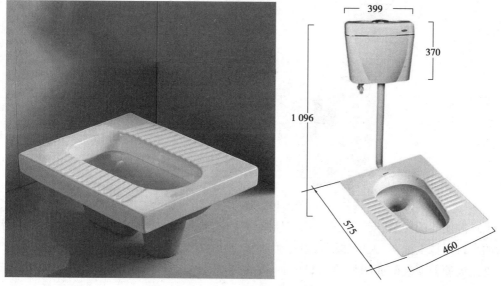

图 3.8 蹲式大便器

b.安装冲洗阀和冲洗管:冲洗阀的阀杆应垂直于墙面;冲洗管靠墙垂直安装,其下端以胶皮大小头与大便器进水口相接,外扎直径 1.20 mm 的铜丝 3 或 4 圈。为防止使用过程中,冲洗阀前的给水管道内产生负压,进而抽吸大便器内污物,污染给水,特在普通冲洗阀后(下)的较大直径的冲洗管上端设 3 个小孔(吸气孔)。

普通冲洗阀蹲式大便器安装侧面图如图 3.9 所示。

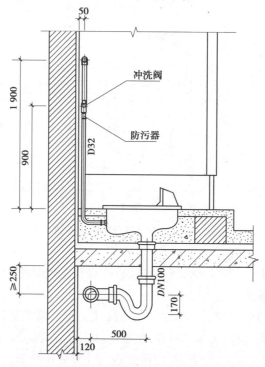

图 3.9 普通冲洗阀蹲式大便器安装侧面图

②坐式大便器分为低水箱冲洗式和虹吸式两种,多用于住宅、宾馆等建筑物内。坐式大便器主体如图 3.10 所示。

图 3.10 坐式大便器

坐式大便器的安装：安装时先将大便器临时就位,检查纵、横尺寸,无误后移开,将排水立支管的承口内抹上油灰,大便器下水口外缠油麻,然后挤压在承口内,水平尺找平、找正。

坐式大便器安装侧面图如图 3.11 所示。

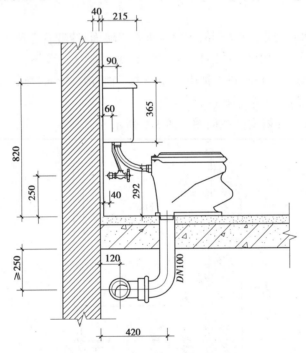

图 3.11 坐式大便器安装侧面图

(2)小便器(斗)

小便器(斗)多安装于公共建筑的男厕所内,有挂式和立式两种,如图 3.12 所示。小便器(斗)的冲洗方式多为水压冲洗。

目前立式小便器(斗)应用较多。立式小便器(斗)通常靠墙安装,安装时,先将小便器(斗)临时就位,检查纵、横尺寸,无误后移开,然后将排水立支管的承口内抹上油灰,把小便器(斗)下水口挤压在承口内,找正,找垂直(用吊线坠),在立式小便器(斗)进水口的上方,通常安装直角式截止阀。小便器(斗)安装侧面图如图 3.13 所示。

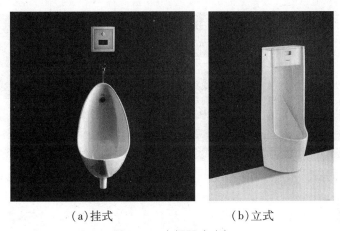

（a）挂式　　　　　　（b）立式

图 3.12　小便器（斗）

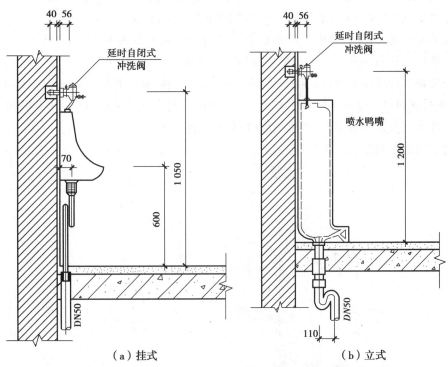

（a）挂式　　　　　　　（b）立式

图 3.13　小便器（斗）安装侧面图

(3) 小便槽

由于小便槽在同样的设置面积下比小便器（斗）可容纳的使用人数多，并且建造简单经济，因此，在工业建筑、公共建筑和集体宿舍、教学楼的男厕中采用较多。

小便槽的安装：通常小便槽为砖砌，外贴瓷砖，上缘高出地面 200 mm。

多孔管的安装：多孔管水平中心线距小便槽上缘 900 mm，出水孔侧向墙面成 45°角。

2) 盥洗淋浴用卫生器具

盥洗淋浴用卫生器具有洗脸盆、淋浴器、浴盆、盥洗槽、妇女卫生盆等。

(1) 洗脸盆

洗脸盆按安装方式分为壁挂式、立柱式、台式 3 种，如图 3.14 所示。

（a）壁挂式　　　　　　　（b）立柱式　　　　　　　（c）台式

图 3.14　常用洗脸盆

洗脸盆的安装：

①安装脸盆：先砌筑盆架并贴瓷砖，然后将脸盆放于其上找平、找正。脸盆上缘距地面 800 mm（幼儿园为 500 mm）；成排安装时中心间距 700 mm 以上。

②安装脸盆龙头：先将两根不锈钢丝编织软管分别插入龙头的冷、热水孔内，以手拧紧；然后加胶垫（上、下各一片），以锁母紧固在脸盆的边缘上。

③安装排水栓及存水弯：目前小口径存水弯，多以塑料软管代替。安装时先将排水栓加胶垫，以锁母紧固在脸盆底部的排水口处；然后用手将塑料软管弯成 S 形，其上端接排水栓，下端插入排水立支管的承口内，环形间隙以石棉绳、腻子填平。

洗脸盆安装侧面图如图 3.15 所示。

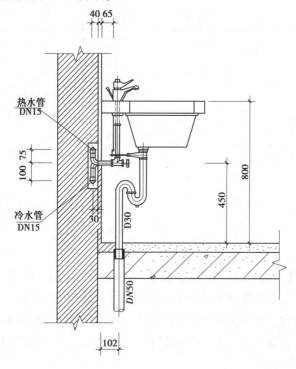

图 3.15　洗脸盆安装侧面图

（2）淋浴器

淋浴器具有占地面积小、设备费用低、耗水量小、清洁卫生等优点，因此多用于集体宿舍、体育场馆、公共浴室内。淋浴器及其配件如图 3.16 所示。

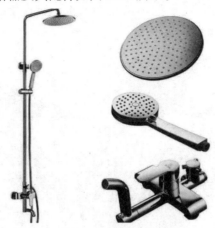

图 3.16　淋浴器及其配件

　　淋浴器通常由冷水干管、热水干管、立管和莲蓬头等组成,安装形式分明装和暗装两种,多采用明装。一般单个淋浴器较少,多为成排安装。每间淋浴室净宽 900 mm。安装时,水平冷、热水干管的位置为冷水在下、热水在上,立管及冷、热水阀门的位置为左热右冷,混合水立管一般靠单间右侧安装。沐浴器安装侧面图如图 3.17 所示。

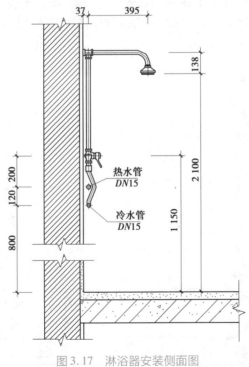

图 3.17　淋浴器安装侧面图

(3)浴盆

　　浴盆的种类及样式很多,但多为方形,多用于住宅、宾馆、医院等的卫生间内及公共浴室内,如图 3.18 所示。

　　浴盆的安装:

　　①浴盆主体安装:将浴盆就位找平、找正,留 2% 的坡度,坡向排水口。

图 3.18　方形浴盆

②安装立式龙头:将立式龙头加胶垫(上、下各一片),以锁母紧固在浴盘的边缘上,然后将不锈钢丝编织软管与立式龙头的进水口连接。

③安装排水栓及存水弯:先将排水栓加胶垫片,以锁母紧固在浴盆底部的排水口处;再将组合件分别与浴盆的溢水口和排水栓下端连接;最后用手将塑料软管弯成 S 形,其上端接组合件的三通排水口,下端插入立支管的承口内,环形间隙以石棉绳、腻子填平。

浴盆安装侧面图如图 3.19 所示。

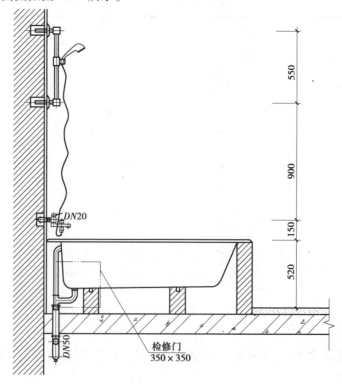

图 3.19　浴盆安装侧面图

3) 洗涤用卫生器具

(1) 洗涤盆

洗涤盆是用来洗涤碗碟、蔬菜、水果等的卫生器具,设置于厨房或公共食堂内,如图 3.20 所示。

图 3.20　洗涤盆

洗涤盆的安装方法与洗脸面盆的安装方法相同。

(2) 污水池

污水池是洗涤拖布或倾倒污水的卫生器具,设置于公共建筑的厕所、盥洗室内。污水池通常为陶瓷制或砖与混凝土制,如图 3.21 所示。

（a）成品陶瓷污水池　　　　　　　　（b）砖砌污水池

图 3.21　污水池

污水池的安装:

①污水池安装:污水池上缘距地面 800 mm。

②水龙头安装:水龙头出水口距池上缘 220 mm,与墙面净距 180 mm。

③排水栓与存水弯安装:通常采用玻璃钢存水弯和玻璃钢排水栓,安装方法与洗脸盆排水栓和存水弯相同。

污水池安装侧面图如图 3.22 所示。

4) 专用卫生器具

专用卫生器具是指专门设于化验室、实验室的卫生器具和地漏。

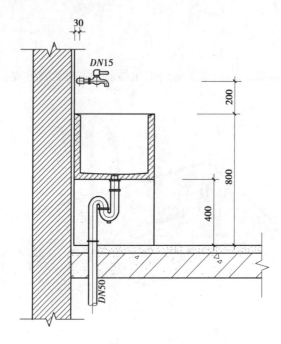

图 3.22　污水池安装侧面图

　　卫生器具在安装完毕后应做满水和通水试验。检验方法是满水后各连接件不渗不漏;通水试验给排水畅通。

　　地漏用于排除室内地面积水或池底污水,用铸铁、不锈钢或塑料制成。安装地漏时,地漏周边应无渗漏,水封深度不得小于 50 mm。地漏设于室内地面时,应低于地面 5 ~ 10 mm,地面应有不小于 1% 的坡度坡向地漏。

项目 4 建筑给排水管道及附配件

4.1 建筑给排水常用管道与管件材质

4.1.1 给排水管材

我国传统的给排水管材主要是钢管和铸铁管。钢管有镀锌钢管和非镀锌钢管之分,镀锌钢管的防腐性能较好,铸铁管性脆、质量大,但耐腐蚀。此外,钢管还有焊接钢管和无缝钢管之分,焊接钢管按管壁厚度又可分为普通焊接钢管、加厚焊接钢管。近年来,给水塑料管的应用取得了很大的进展,出现了硬聚氯乙烯(PVC-U)管、聚乙烯(PE)管、聚丙烯(PP-R)管、聚丁烯(PB)管、钢塑复合管、铝塑复合管和钢管。给水管道必须采用与管材相适应的管件,在生活给水系统所用材料,必须达到饮用水卫生标准用材的要求。目前,室内排水用管材主要有金属管材、非金属管材、复合材料管材等。

1)金属管材

在给水、采暖、供热、燃气、压缩空气等管道系统中,常用的金属管材有无缝钢管、焊接钢管、铸铁管和铜管。

(1)无缝钢管

由于无缝钢管是用一定尺寸的普通碳素钢、普通低合金钢、优质碳素结构钢、优质合金钢和不锈钢钢坯经过穿孔机,以热轧或冷拔等工序制成的中空而横截面封闭的无焊接缝的钢,因此无缝钢管比焊接钢管有较高的强度,一般能承受 3.2 ~ 7.0 MPa 的压力。无缝钢管主要用于高压供热系统,用作高层建筑的冷、热水管,蒸汽管道以及各种机械零件的坯料。通常情况下,压力在 0.6 MPa 以上的管路都应采用无缝钢管。

①无缝钢管的分类。

a.按用途分类。无缝钢管按用途分类,可分为普通(一般)无缝钢管和专用无缝钢管两种,其中常用普通无缝钢管。

普通无缝钢管由普通碳素钢、优质碳素钢或低合金钢制造而成(多采用 10 号、20 号、35号、45 号钢制造),广泛用于工业管道工程中,如氧气、乙炔、室外蒸汽等管道。常用普通无缝钢管的理论质量如表 4.1 所示。

表 4.1　普通无缝钢管的理论质量

外径 D/mm	壁厚/mm								
	2.5	3.0	3.5	4.0	4.5	5.0	6.0	7.0	8.0
	理论质量/(kg·m⁻¹)								
57	3.36	4.00	4.62	5.23	5.83	6.41	7.55	8.63	9.67
60	3.55	4.22	4.88	5.52	6.16	6.78	7.99	9.15	10.26
73	4.35	5.18	6.00	6.81	7.60	8.38	9.91	11.39	12.82
76	4.53	5.40	6.26	7.10	7.93	8.75	10.36	11.91	13.12
89	5.33	6.36	7.38	8.38	9.38	10.36	12.28	14.16	15.98
102	6.13	7.32	8.50	9.67	10.82	11.96	14.21	16.40	18.55
108	6.50	7.77	9.02	10.26	11.49	12.7	15.09	17.44	19.73
114	—	—	—	10.48	12.15	13.44	15.98	18.47	20.91
133	—	—	—	12.73	14.26	15.78	18.79	21.75	24.66
140	—	—	—	13.42	15.04	16.65	19.83	22.96	26.04
159	—	—	—	—	17.15	18.99	22.64	26.24	29.79

b. 按照制造方法分类。无缝钢管按制造方法分类,可分为冷轧无缝钢管和热轧无缝钢管两种。冷轧无缝钢管有外径 5~220 mm 的各种规格,通常长度为 3.0~10.0 m;热轧无缝钢管有外径 32~630 mm 的各种规格,通常长度为 3.0~12.0 m。

此外,在化工、石油和机械用管道的防腐蚀部位还常采用不锈钢无缝钢管,以及输送强腐蚀性介质、低温或高温介质以及纯度要求很高的其他介质。

②无缝钢管的管件。

无缝钢管的管件种类不多,常用的有无缝冲压弯头和无缝异径管两种。无缝冲压弯头通常分为 90°和 45°两种角度的弯头,其材质一般与相应无缝钢管的材质相同,如图 4.1(a)、(b)所示。无缝异径管也称无缝大小头,分为同轴和偏心大小头两种,其材质一般与相应无缝钢管的材质相同,如图 4.1(c)、(d)所示。

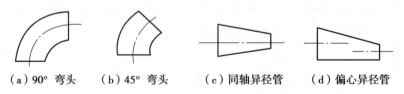

（a）90° 弯头　　　（b）45° 弯头　　　（c）同轴异径管　　　（d）偏心异径管

图 4.1　无缝冲压弯头及无缝异径管

③无缝钢管的规格。

由于无缝钢管的用途不同,管子所承受的压力也不同,要求管壁的厚度差别也很大,所以在同一外径下,无缝钢管往往有几种壁厚。因此无缝钢管的规格一般不用公称直径表示,而以实际的外径乘以实际的壁厚来表示,单位为 mm。具体表示方法通常为:以符号"D"开头,外径数值写于其后,再乘上壁厚。例如,无缝钢管的外径是 57 mm,壁厚是 4 mm,则该无缝钢管的规格表示为 D57 ×4。

(2)焊接钢管

焊接钢管主要作低压流体输送用,焊接钢管的外观特征为:纵向有一条缝,其缝隙有的很明显,有的则不太明显,如图 4.2 所示。

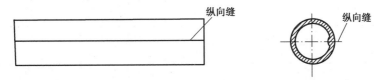

图 4.2　焊接钢管的外观特征

①焊接钢管的分类。

a. 按表面是否镀锌,焊接钢管可分为镀锌钢管(内外表面镀一层锌)和不镀锌钢管两种。镀锌钢管俗称白铁管,不镀锌钢管俗称黑铁管。

b. 按管端是否带螺纹,焊接钢管可分为带螺纹钢管和不带螺纹钢管两种。

c. 按管壁的厚度,焊接钢管可分为普厚管、加厚管和薄壁管 3 种。

②焊接钢管的管件。

在工业管道和水暖管道中,通常不使用薄壁管,而加厚管也较少采用,使用最多的是普厚管。其中白铁管的常用直径范围为 DN15 ~ DN80;黑铁管的常用直径范围为 DN15 ~ DN150。

a. 管箍:也称管接头、束结,用于公称直径相同的两根管子的连接。

b. 活接头:也称由任,用于公称直径相同的两根管子的连接。

c. 弯头:一般为 90°,分等径弯头和异径弯头两种,用于两根公称直径相同(或不同)的管子的连接,并使管路转 90°弯。

d. 三通:分为等径三通和异径三通两种,用于直管上接出支管。

e. 四通:分为等径四通和异径四通两种,用于连接 4 根垂直相交的管子。

f. 异径接头:也称大小头或异径管,用于连接两根公称直径不同的管子。

g. 补芯:也叫内外螺纹管接头,其作用与大小头相同。

h. 外接头:也叫双头外螺丝,用于连接两个公称直径相同的内螺纹管件或阀门。

i. 管堵:也叫管塞、外方堵头,用于堵塞管路,常与管接头、弯头、三通等内螺纹管件配合用。

管件通常由 KTH330-08 可锻铸铁制造而成,分镀锌管件和不镀锌管件两种。

③焊接钢管的规格。

低压流体输送用焊接钢管的规格如表 4.2、表 4.3 所示,表 4.3 中的理论质量为不镀锌钢管每米的理论质量,镀锌钢管的每米理论质量比不镀锌钢管的增加 3% ~6%。

这种管材主要用于工作压力、工作温度较低,管径不大(DN150 mm 以内)和要求不高的管道系统中。例如室内给水、热水、采暖、燃气、压缩空气等管道材料。

表4.2　低压流体输送用焊接钢管规格

DN/mm	DN/in	外径 D/mm	壁厚/mm	
			普厚管	加厚管
15	$\frac{1}{2}$	21.3	2.8	3.5
20	$\frac{3}{4}$	26.9	2.8	3.5
25	1	33.7	3.2	4.0
32	$1\frac{1}{4}$	42.4	3.5	4.0
40	$1\frac{1}{2}$	48.3	3.5	4.5
50	2	60.3	3.8	4.5
65	$2\frac{1}{2}$	76.1	4.0	4.5
80	3	88.9	4.0	5.0
100	4	114.3	4.0	5
125	5	139.7	4.0	5.5
150	6	168.3	4.5	6.0

低压流体输送用焊接钢管的管件种类比较多,常用的有如下几种,如图4.3所示。

表4.3　低压流体输送用镀锌钢管/焊接钢管标准

公称口径 /mm	外 径		普厚管			加厚管		
	公称尺寸 /mm	允许偏差	壁 厚		理论质量 /(kg·m⁻¹)	壁 厚		理论质量 /(kg·m⁻¹)
			公称尺寸 /mm	允许偏差 /%		公称尺寸 /mm	允许偏差 /%	
6	10.0		2.00		0.39	2.25		0.46
8	13.5		2.25		0.62	2.75		0.73
10	17.0		2.25		0.86	2.75		0.97
15	21.3	0.50 mm	2.75	+12 −15	1.26	3.25	+12 −15	1.45
20	26.8		2.75		1.63	3.5		2.01
25	33.5		3.25		2.42	4.00		2.91
32	42.3		3.25		3.13	4.00		3.78
40	48.0		3.50		3.84	4.25		4.5

续表

公称口径/mm	外径		普厚管			加厚管		
	公称尺寸/mm	允许偏差	壁厚		理论质量/(kg·m⁻¹)	壁厚		理论质量/(kg·m⁻¹)
			公称尺寸/mm	允许偏差/%		公称尺寸/mm	允许偏差/%	
50	60.0	±1%	3.50	+12 −15	4.88	4.50	+12 −15	6.16
65	75.5		3.75		6.64	4.50		7.88
80	88.5		4.00		8.34	1.75		9.81
100	114.0		4.00		10.85	5.00		13.44
125	140.0		4.00		13.42	5.50		18.24
150	165.0		4.5		17.81	5.50		21.63

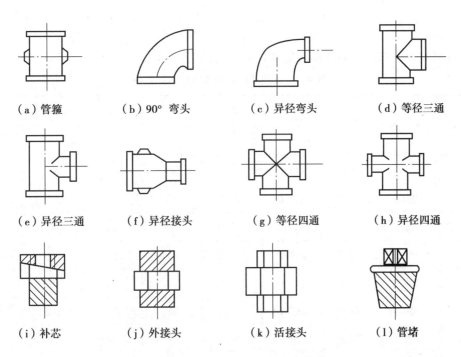

（a）管箍　（b）90°弯头　（c）异径弯头　（d）等径三通
（e）异径三通　（f）异径接头　（g）等径四通　（h）异径四通
（i）补芯　（j）外接头　（k）活接头　（1）管堵

图 4.3   低压流体输送用焊接钢管管件

（3）铸铁管

铸铁管分为给水铸铁管（也称上水铸铁管、铸铁给水管）和排水铸铁管（也称下水铸铁管、铸铁下水管）两种。

铸铁管的特点是经久耐用、抗腐蚀性强、质较脆，多用于耐腐蚀介质及给排水工程。铸铁管的连接常用卡箍、承插式和法兰式等形式。

给水承插铸铁管分为高压管（$P < 1.0$ MPa）、普压管（$P < 0.75$ MPa）和低压管（$P < 0.45$ MPa）。

排水承插铸铁管适用于污水的排放，一般是自流式，不承受压力。

双盘法兰铸铁管的特点是装拆方便,工业上常用于输送硫酸和碱类等介质。

①给水铸铁管及其管件。

给水铸铁管通常用灰口铸铁(有的用球墨铸铁)浇铸而成,出厂前内外表面涂一层防锈沥青漆(有的在管内壁搪一层水泥)。

a.管材的分类。给水铸铁管按接口形式可分为承插式和法兰式两种。其中常用承插式,如图4.4 所示;按压力可分为高压给水铸铁管(工作压力为 1 MPa)、中压给水铸铁管(工作压力为 0.75 MPa)、低压给水铸铁管(工作压力为 0.45 MPa)3 种,其中使用较多的是高压给水铸铁管。

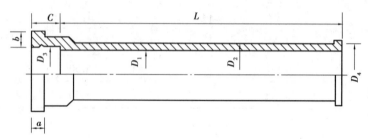

图 4.4　承插式给水铸铁管

b.管材规格。常用承插式给水铸铁管的规格,见表4.4。

表 4.4　常用承插式给水铸铁管的规格

DN/mm	D_1	D_2	D_3	D_4	a	b	c	L
				mm				m
75	75	93.0	113.0	103.5	36	28	90	3 ~ 4
100	100	118.0	138.0	128.0	36	28	95	4
125	125	143.0	163.0	163.0	36	28	95	4
150	150	169.0	189.0	179.0	36	28	100	4 ~ 5
200	200	220.0	240.0	230.0	38	30	100	5
250	250	271.0	293.6	281.0	38	32	105	5
300	300	322.8	344.8	332.8	38	33	105	6
350	350	374.0	396.0	384.0	40	34	110	6
400	400	425.6	477.6	435.6	40	36	110	6
450	450	476.8	498.8	486.8	40	37	115	6

c.管材的适用场合。高压给水铸铁管通常用于室外给水管道;中、低压给水铸铁管可用于室外燃气、雨水等管道。

d.管件。给水铸铁管的管件,也是用灰口铸铁铸造而成的。其种类常用的有弯头、三通、四通、异径管等,如图4.5 所示。

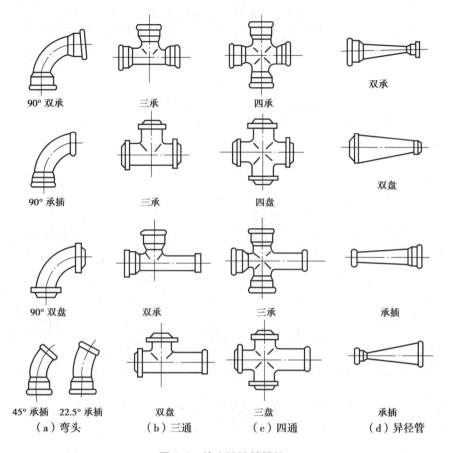

| 90° 双承 | 三承 | 四承 | 双承 |

| 90° 承插 | 三承 | 四盘 | 双盘 |

| 90° 双盘 | 双承 | 三承 | 承插 |

| 45° 承插　22.5° 承插 | 双盘 | 三盘 | 承插 |
| （a）弯头 | （b）三通 | （c）四通 | （d）异径管 |

图 4.5　给水铸铁管管件

e.管材、管件的规格表示。给水铸铁管及其管件的直径,以公称直径表示。例如,给水铸铁管的直径是 100 mm,则表示为 DN100。

②排水铸铁管及其管件。

排水铸铁管常用灰口铸铁浇铸而成,其管壁较薄,承口较小。出厂之前管子内外表面不涂刷沥青漆。

a.管材的分类。按接口形式分类只有承插式一种,如图4.6所示。

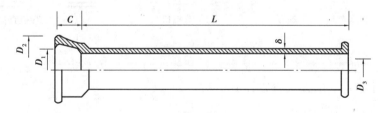

图4.6　排水铸铁管

b.管材的规格。常用排水铸铁管的规格,见表4.5。

c.管材的适用场合。排水铸铁管主要用于室内生活污水、雨水等重力流的管道。

d.管件。排水铸铁管的管件,也是用灰口铸铁浇铸而成的。其种类和式样比较多,常用的有斜三通(也称为立体三通)、斜四通(也称为立体四通)、出户大弯、清扫口(也称为扫除口)、立管检查口、存水弯(分为 P 形、S 形、盅形)等,如图4.7所示。

表4.5　常用排水铸铁管的规格

DN/mm	D_1	D_2	D_3	δ	C	L
	mm					m
50	80	92	50	5	60	0.5 ~ 1.5
75	105	117	75	5	65	0.9 ~ 1.5
100	30	142	100	5	70	0.9 ~ 1.5
125	157	171	125	6	75	1.0 ~ 1.5
150	182	198	150	6	75	1.5
200	234	250	200	7	80	1.5

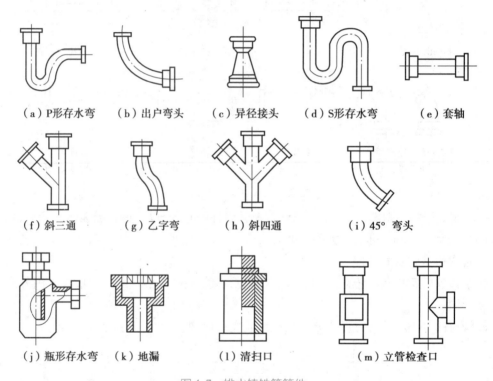

（a）P形存水弯　（b）出户弯头　（c）异径接头　（d）S形存水弯　（e）套轴

（f）斜三通　（g）乙字弯　（h）斜四通　（i）45°弯头

（j）瓶形存水弯　（k）地漏　（1）清扫口　（m）立管检查口

图4.7　排水铸铁管管件

e.管材、管件的规格表示。排水铸铁管及其管件的直径,以公称直径表示。例如,排水铸铁管的直径是150 mm,则表示为DN150。

(4)铜管

铜管又称紫铜管,是压制和拉制的无缝管。铜管具有坚固、质量较轻、导热性好、低温强度高、耐腐蚀等特性,常用于生活水管道、供热、制冷管道,也用于制氧设备中装配低温管路。

直径小的铜管常用于输送有压力的液体(如润滑系统、油压系统等)和用作仪表的测压管等。

常用铜管有紫铜管(纯铜管)和黄铜管(铜合金管)。紫铜管主要用 T_2、T_3、T_4、T_{up}(脱氧铜)制造而成。建筑冷水、热水铜管的规格见表4.6。

表4.6　建筑冷水、热水铜管的规格

公称直径 DN/mm	钢管外径 /mm	壁厚 /mm	理论质量 /(kg·m⁻¹)	工作压力 /MPa
5	6	0.75	0.12	10.6
6	8	1	0.213	10.6
8	10	1	0.274	8.6
10	12	1	0.307	7.4
15	16 (19)	1 (1.5)	0.420 (0.735)	5.6 (7.0)
20	22	1.5	0.861	6
25	28	1.5	1.113	4.8
32	35	1.5	1.407	4
40	44	2	2.352	4.2
50	55	2	2.968	3.4
65	70	2.5	4.725	3.4
80	85	2.5	5.775	2.8
100	105	2.5	7.175	2.3
125	133	2.5	9.14	1.8
150	159	3	13.12	1.8
200	219	4	24.08	1.8

铜管常用于高纯水制备、输送饮用水、热水和民用天然气、煤气、氧气及对铜无腐蚀作用的介质。其连接方式通常采用螺纹连接、焊接连接等。

2)非金属管材

常用的非金属管材有自应力和预应力钢筋混凝土输水管、钢筋混凝土排水管、陶土管、塑料排水管和聚丙烯塑料管等。

(1)塑料管

塑料管具有质量轻、耐腐蚀、易成型和施工方便等特点。常用的塑料管有聚氯乙烯管(PVC)、硬聚氯乙烯(UPVC)管、氯化聚氯乙烯(CPVC)管、聚乙烯管、交联聚乙烯(PE-X)管、无规共聚聚丙烯管、聚丁烯管、工程塑料(ABS)管和耐酸酚醛塑料管等。

①硬聚氯乙烯(UPVC)管。

硬聚氯乙烯管分轻型管和重型管两种,其直径范围为8.0~200.0 mm。硬聚氯乙烯管具有耐腐蚀性强,质量轻,绝热、绝缘性能好和易加工、易安装等特点,可输送多种酸、碱、盐和有机溶剂。硬聚氯乙烯管的使用温度范围为-10~40 ℃,最高温度不能超过60 ℃;使用的压力范围为轻型管在 0.6 MPa 以下,重型管在 1.0 MPa 以下。硬聚氯乙烯管使用寿命较短。

硬聚氯乙烯管材的安装采用承插焊(粘)接、法兰、丝扣和热熔焊接等方法。

硬聚氯乙烯排水管常用规格见表 4.7。这种管材内表面光滑,水力损失比钢管和铸铁管都小;但是其强度低,容易老化,耐久性差,不耐高温,负温时易脆裂、系统噪声大。硬聚氯乙烯排水管主要用于室内生活污水和屋面雨水排水等管道工程。

表 4.7　硬聚氯乙烯排水管常用规格

DN/mm			管长/m
50	100	150	0.5 ~ 1.5
75	125	200	

UPVC 排水管的管件,常用的有斜三通、斜四通、存水弯、立管检查口、清扫口、套轴等,如图 4.8 所示。

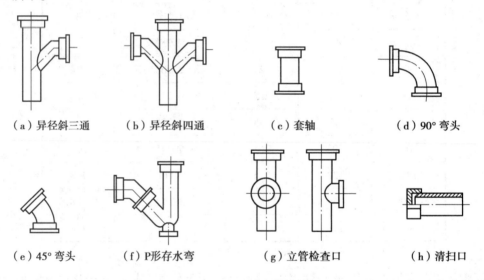

(a)异径斜三通　　(b)异径斜四通　　(c)套轴　　(d)90°弯头

(e)45°弯头　　(f)P形存水弯　　(g)立管检查口　　(h)清扫口

图 4.8　UPVC 排水管管件

②氯化聚氯乙烯(CPVC)管。

氯化聚氯乙烯冷热水管道是新型的输水管道。该管与其他塑料管材相比,具有刚性高、耐腐蚀、阻燃性能好、导热性能低、热膨胀系数低及安装方便等特点。

③聚乙烯管。

聚乙烯管是一种由乙烯经聚合制得的热塑性树脂管。PE 管有很多优点,如无毒、不含重金属添加剂、不结垢、不滋生细菌、韧性好、抗冲击强度高、耐强震、耐扭曲等。独特的电熔焊接和热熔对接技术使接口强度高于管材本体,保证了接口的安全可靠。

PE 管无毒、质量轻、可盘绕、耐腐蚀、常温下不溶于任何溶剂,其低温性能、抗冲击性和耐久性均比聚氯乙烯好。目前 PE 管主要用于饮用水管、雨水管、气体管道、工业耐腐蚀管道等领域。PE 管强度较低,一般适用于压力较低的工作环境,且耐热性能不好,不能作为热水管使用。

PE 管按密度划分,有低密度聚乙烯管(LDPE)、中密度聚乙烯管(MDPE)、高密度聚乙烯管(HDPE)3 种。LDPE 管质地较软,伸长率、耐冲击性能较好,耐化学稳定性和抗高频绝缘性良好;MDPE 管抗腐蚀好、可塑性强,具有良好的柔性和抗蠕变性能,缺点是熔焊连接需熟练的技术和特殊的设备,且紫外线照射易使其老化;HDPE 管具有较高的强度及刚度。

PE 管的接方式主要有电熔连接、热熔对接焊连接和热熔承插连接等。

④超高分子量聚乙烯管(UHMWPE)。

超高分子量聚乙烯管是指分子量在 150 万以上的线性结构 PE(普通 PE 的分子量仅为 2 万 ~ 30 万)管。UHMWPE 管的许多性能是普通塑料管无法相比的,耐磨性为塑料管之冠,断裂伸长率可达 410% ~ 470%,管材柔性、抗冲击性能优良,低温下能保持优异的冲击强度,抗冻性及抗震性好,摩擦系数小,具有自润滑性、耐化学腐蚀性,热性能优异,可在 − 169 ~ 110 ℃下长期使用,适合寒冷地区。UHMWPE 管适用于输送散物料、浆体、冷热水、气体等。

⑤交联聚乙烯管(PEX 管)。

在普通聚乙烯原料中加入硅烷接枝料,使塑料大分子链从线性分子结构转变成三维立体交联网状结构。PEX 管耐温范围广(− 70 ~ 110℃)、耐压、化学性能稳定、抗蠕变强度高、质量轻、流体阻力小、能够任意弯曲、安装简便、使用寿命可达 50 年之久,且无味、无毒。其连接方式有夹紧式、卡环式、插入式 3 种。

PEX 管适用于建筑冷热水管道、供暖管道、雨水管道、燃气管道以及工业用管道等。

⑥聚丙烯管(PP 管)。

聚丙烯管无毒、价廉,但抗冲击强度差。通过共聚合的方法使聚丙烯改性,可提高管材的抗冲击强度等性能。改性聚丙烯管有 3 种,即均聚共聚聚丙烯(PP-H)管、嵌段共聚聚丙烯(PP-B)管、无规共聚聚丙烯(PP-R)管。PP-R 管是第三代改性聚丙烯管,是最轻的热塑性塑料管,相对聚氯乙烯管、聚乙烯管来说,PP-R 管具有较高的强度,较好的耐热性,最高工作温度可达 95 ℃,在 1.0 MPa 下长期(50 年)使用温度可达 70 ℃,另外 PP-R 管无毒、耐化学腐蚀,在常温下无任何溶剂能溶解。目前它被广泛地用在冷热水供应系统中,但其低温脆化温度仅为 − 15 ~ 0 ℃,因此在北方地区其应用受到一定限制。PP-R 管每段长度有限,且不能弯曲施工。

PP-R 管的连接方式主要有热熔连接、电熔连接和螺纹连接等。

聚丙烯管常用规格见表 4.8。目前这种管材已用于住宅、办公楼、宾馆等建筑的给水工程。

表 4.8 聚丙烯管常用规格

冷水管(PN1.6)		热水管(PN2.0)	
外径/mm	壁厚/mm	外径/mm	壁厚/mm
20	2.3	20	2.8
25	2.8	25	3.5
32	3.6	32	4.4

续表

冷水管(PN1.6)		热水管(PN2.0)	
外径/mm	壁厚/mm	外径/mm	壁厚/mm
40	4.5	40	5.5
50	5.6	50	6.9
63	7.1	63	8.6
75	8.4	75	10.3
90	10.1	90	12.3
110	12.3	110	15.1

聚丙烯管的管件,常用的有外螺纹接头、内螺纹接头、外螺纹三通、内螺纹三通、外螺纹90°弯头和内螺纹90°弯头等,如图4.9所示。

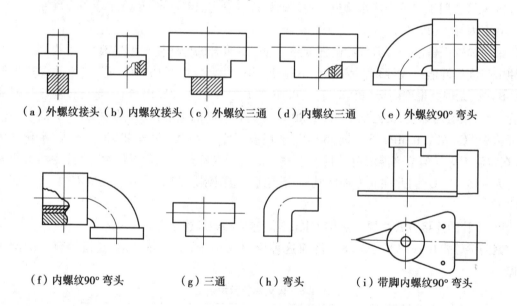

（a）外螺纹接头 （b）内螺纹接头 （c）外螺纹三通 （d）内螺纹三通 （e）外螺纹90°弯头

（f）内螺纹90°弯头 （g）三通 （h）弯头 （i）带脚内螺纹90°弯头

图4.9 聚丙烯塑料管道管件

⑦聚丁烯(PB)管。

聚丁烯管具有很高的耐久性、化学稳定性和可塑性,质量轻,柔韧性好,用于压力管道时耐高温特性尤为突出(-30~100 ℃),抗腐蚀性能好,可冷弯,使用安装维修方便,寿命长(可达50~100年),适用于输送热水,但紫外线照射会导致其老化,易受有机溶剂侵蚀。聚丁烯管可采用热熔连接,小口径管也可采用螺纹连接。

⑧工程塑料(ABS)管。

工程塑料管是丙烯腈、丁二烯、苯乙烯三种单体共聚物组成的热塑性塑料管,具有质优耐用的特性。其中,丙烯腈具有耐热、抗老化、耐化学腐蚀等特点;丁二烯具有耐撞击、高韧性、低温性能好的特点;苯乙烯具有施工容易及管面光滑的特性。ABS 管适用于输送饮用水、生活用水、污水、雨水,以及化工、食品、医药工程中的各种介质。目前,ABS 管还广泛用于中央空调、纯水制备和水处理系统中的各用水管道,但该管道一般要求流体介质温度小于 60 ℃。

(2)混凝土管

①自应力和预应力钢筋混凝土输水管。

混凝土管有预应力钢筋混凝土管和自应力钢筋混凝土管两种,主要用于输水管道,管道连接采用承插接口,采用圆形截面橡胶圈密封。预应力钢筋混凝土管规格为内径 400~1 400 mm,适用压力为 0.4~1.2 MPa。自应力钢筋混凝土管规格为内径 100~600 mm,适用压力为 0.4~1.0 MPa。

②钢筋混凝土排水管。

钢筋混凝土排水管的接口形式分为承插式和平口式两种,如图 4.10 所示。钢筋混凝土管主要用于室外生活污水、雨水等排水管道工程,其常用规格见表 4.9。钢筋混凝土管可以代替铸铁管和钢管,输送低压给水和气等。

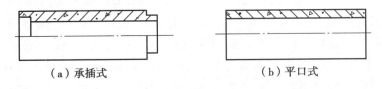

（a）承插式　　　　　　　　　　（b）平口式

图 4.10　钢筋混凝土排水管

表 4.9　钢筋混凝土排水管常用规格

d/ mm	管长/m	d/ mm	管长/m
200	1	400	1
250	1	500	1
300	1	600	1

注:$d \geq 800$ mm 时为现浇钢筋混凝土。

钢筋混凝土管的接口形式有套环式、企口式、承插式 3 种,通常为承插式,如图 4.11 所示。该管材可代替钢管和给水铸铁管用于农田水利工程。其常用规格表见表 4.10。

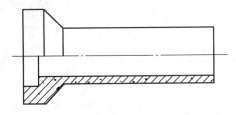

图 4.11　自应力和预应力钢筋混凝土输水管

表 4.10　自应力和预应力钢筋混凝土输水管常用规格

自应力管				预应力管	
d/mm	管长/m	d/mm	管长/m	d/mm	管长/m
200	3	400	4	400	5
250	3	500	4	500	5
300	3	600	4	600	5
350	4			700	5

另外还有混凝土排水管,包括素混凝土管和轻、重型钢筋混凝土管,主要用于输送水。

(3)陶瓷管

陶瓷管分为无釉陶瓷管和带釉(耐酸)陶瓷管,带釉陶瓷管又分为单面釉(内表面)和双面釉(内外表面)两种,接口形式一般为承插式。无釉陶瓷管的规格为内径 100～300 mm;带釉陶瓷管的规格为内径 25～800 mm。无釉陶瓷管多用于建筑工程室外排水管道。带釉陶瓷管(内表面光滑,具有良好的抗腐蚀性能,耐酸)用于化工和石油工业输送酸性介质的工艺管道,以及工业中蓄电池间酸性溶液的排水管道(排除含酸、碱等腐蚀介质的工业污、废水)等。带釉陶瓷管还可用于输送除氢氟酸、热磷酸和强碱以外的各种浓度的无机酸和有机溶剂等介质,该管材质脆,不宜用在埋设荷载及振动较大的地方。

3)复合材料管材

(1)铝塑复合(PA)管

铝塑复合管是中间为一层焊接铝合金,内外各一层聚乙烯,经胶合层黏结而成,具有聚乙烯塑料管耐腐蚀和金属管耐压高的优点,采用卡套式铜配件连接。铝塑复合管按聚乙烯材料不同分为两种:适用于热水的交联聚乙烯铝塑复合管和适用于冷水的高密度聚乙烯铝塑复合管。铝塑复合管规格为 $\phi14～\phi32$,主要用于建筑内配水支管和热水器管。

①铝塑复合管的结构。铝塑复合管简称铝塑管,为 5 层结构,如图 4.12 所示。

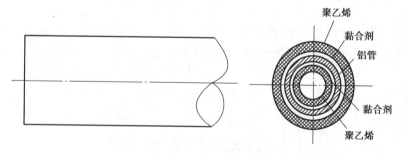

图 4.12　铝塑复合管的结构

②铝塑复合管常用直径等级。铝塑复合管常用直径等级为 D14、16、20、25、32、40、50、63、75、90、110,共 11 个等级。

③铝塑复合管的管件与附件。目前铝塑复合管的管件、附件采用铜管件和铜附件。常用的铜阀和铜管件,如图 4.13 所示。

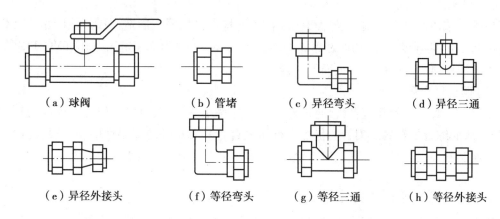

（a）球阀　　　（b）管堵　　　（c）异径弯头　　　（d）异径三通

（e）异径外接头　　（f）等径弯头　　（g）等径三通　　（h）等径外接头

图4.13　常用铝塑复合管内嵌铜芯连接管件及阀门

④铝塑复合管的适用场所。铝塑复合管采用夹紧式配件连接,可主要用于建筑内配水支管和热水器管,价格较贵。目前,铝塑复合管主要用于室内燃气和压缩空气等工程。

（2）钢塑复合管

钢塑复合管是以钢管或钢骨架为基体,与各种类型的塑料(如聚丙烯、聚乙烯、聚氯乙烯、聚四氟乙烯等)复合而成。按塑料与基体结合的工艺,可将钢塑复合管分为衬塑复合钢管和涂塑复合钢管两种。衬塑复合钢管由镀锌管内壁置一定厚度的塑料(PE、UPVC、PEX 等)复合而成,因而同时具有钢管和塑料管材的优越性;涂塑复合钢管是以普通碳素钢为基材,内涂或内外均涂塑料粉末,经加温熔融黏合形成。

钢塑复合管的连接方式主要有螺纹连接、沟槽式连接、法兰连接等。

钢塑复合管管径为$\phi15 \sim \phi150$,以铜配件丝扣连接,使用水温 50 ℃以下,多用作建筑给水冷水管。

（3）钢骨架聚乙烯管

钢骨架聚乙烯管是以优质低碳钢丝为增强相,高密度聚乙烯为基体,通过对钢丝点焊成网与塑料挤出填注同步进行,在生产线上连续拉膜成型的新型双面防腐压力管道。PE 管管径为$\phi50 \sim \phi500$,常采用法兰或电熔连接方式,主要用于市政和化工管网。

（4）涂塑钢管

涂塑钢管是在钢管内壁熔融一层厚度为 0.5～1.0 mm 的聚乙烯(PE)树脂、乙烯-丙烯酸共聚物(EAA)、环氧(EP)粉末、无毒聚丙烯 (PP)或无毒聚氯乙烯(PVC)等有机物而构成的钢塑复合型管材。它不但具有钢管的高强度、易连接、耐水流冲击等优点,还克服了钢管遇水易腐蚀、易被污染、结垢及塑料管强度不高、消防性能差等缺点,设计使用寿命可达 50 年。涂塑钢管的主要缺点是安装时不得进行弯曲、热加工和电焊切割等作业。涂塑钢管的管径为$\phi15 \sim \phi100$。

（5）玻璃钢管(FRP 管)

玻璃钢管采用合成树脂与玻璃纤维材料,使用模具复合制造而成,耐酸、碱气体腐蚀,表面光滑,质量轻,强度大,坚固耐用,制品表面经加强硬度及防紫外线老化处理,适用于输送潮湿和酸、碱等腐蚀性气体的通风系统,可输送氢氟酸和热浓碱以外的腐蚀性介质和有机溶剂。

（6）硬聚氯乙烯/玻璃钢复合管(UPVC/FRP 管)

UPVC/FRP 复合管由 UVPC(硬聚氯乙烯)、薄壁管作内衬层,外用高强度 FRP 纤维缠绕多层呈网状结构作增强层,通过界面黏合剂,经过特定机械缠绕制造而成。性能集 UPVC 的耐腐蚀和 FRP 的强度高、耐温性好等优点,能在小于 80 ℃时耐受一定压力。UPVC/FRP 复合管适用于油田、化工、机械、冶金、轻工、电力等行业。

(7)铜塑复合管

铜塑复合管是一种新型管材,通过外层为热导率小的塑料、内层为稳定性极高的铜管复合而成,从而综合了塑料及铜管的优点。铜塑复合管具有良好的保温性能及耐腐蚀性能,有配套的铜制管件,连接方便快捷,但造价较高,主要用于高级宾馆热水供应系统。

4.1.2 给水管道的敷设形式

给水管道的敷设方式有明装和暗装。明装即管道外露,安装、维修方便,但影响美观;暗装即管道敷设在管沟、墙槽、顶棚、管道井、技术层或楼板垫层内,其优点是美观,但安装、维修困难。排水横支管悬吊在楼板下,接有 2 个及 2 个以上大便器或 3 个及 3 个以上卫生器具时,横支管顶端应升至上层楼面设清扫口,立管应靠近排水量大、水中杂质多、最脏的排水点处。立管穿楼板时应设有套管,套管直径比管径大 1 ~ 2 号,一般房间套管顶部比地面高出 20 mm,卫生间和厨房比地面高出 30 ~ 50 mm,套管底部与楼板底面平齐。给水引入管和排水排出管穿地下室墙时,应设防水套管。排水塑料管必须按设计要求及位置装设伸缩节,如设计无要求时,伸缩节间距不得大于 4 m。高层建筑中明设塑料排水管道应按设计要求设置阻火圈或防火管。

4.1.3 给水管道的试压和冲洗消毒

1)水压试验

给水管道安装完成确认无误后,必须进行系统的水压试验。室内给水管道试验压力为工作压力的 1.5 倍,且不得小于 0.6 MPa。

2)冲洗消毒

生活给水系统管道试压合格后,应将管道系统内存水放空。各配水点与配水件连接后,在交付使用之前必须进行冲洗和消毒。冲洗方法应根据管道的使用要求、管道内表面污染程度确定。冲洗顺序应先室外,后室内;先地下,后地上。室内部分的冲洗应按配水干管、配水管、配水支管的顺序进行。

管道冲洗宜用清洁水进行。冲洗前,应将不允许冲洗的设备和管道与冲洗系统隔离,应对系统的仪表采取保护措施。节流阀、止回阀阀芯和报警阀等应拆除,已安装的孔板、喷嘴、滤网等装置也应拆下保管好,待冲洗后及时复位。冲洗前,还应考虑管道支架、吊架的牢固程度,必要时还应该进行临时加固。

饮用水管道在使用前应用每升水中含 20 ~ 30 mg 游离氯的水灌满管道进行消毒,水在管道中停留24 h以上。消完毒后再用饮用水冲洗,并经有关部门取样检验,符合国家《生活饮用水卫生标准》(GB 5749—2022)方可使用。

4.1.4　公称直径、公称压力、试验压力和工作压力

1）公称直径

管子、管件和管路附件的公称直径(也叫公称通径、名义直径)，既不是实际的内径，也不是实际的外径，而是称呼直径。其直径数值近似于法兰式阀门和某些管子(如黑铁管、白铁管、上水铸铁管、下水铸铁管)的实际内径。例如：公称直径25 mm的白铁管，实测其内径为25.4 mm左右。

公称直径，便于管子与管子、管子与管件、管子与管路附件的连接，保持接口的一致。所以，无论管子的实际外径(或实际内径)多大，只要公称直径相同都能相互连接，并且具有互换性。

公称直径以符号"DN"表示，公称直径的数值写于其后，单位是mm(单位不写)。例如：DN50，表示公称直径为50 mm。

管道安装与工程盘点过程中，当已知黑、白铁管和给排水铸铁管的实测内径，需要表示其公称直径时，方法为：不四舍五入(就近原则)，其公称直径数值等于相应管材接近的公称直径等级值(查相应管材公称直径等级表)。例如：白铁管的实测内径是50.80 mm，其公称直径表示为DN50；给水铸铁管的实测内径是148.60 mm，其公称直径表示为DN150。

2）公称压力、试验压力和工作压力

公称压力、试验压力和工作压力均与介质的温度密切相关，都是指在一定温度下制品(或管道系统)的耐压强度，三者的区别在于介质的温度不同。

(1)公称压力

管路中的管子、管件和附件都是用各种材料制成的制品。这些制品所能承受的压力受温度影响，随着介质温度的升高，材料的耐压强度逐渐降低。所以，不仅不同材质的制品具有不同的强度，就同一材质的同一制品而言，在不同的温度下，它的耐压强度也不一样。

为了判断和识别制品的耐压强度，必须选定某一温度为基准，该温度称为基准温度。制品在基准温度下的耐压强度称为公称压力。制品的材质不同，其基准温度也不同。一般碳素钢制品的基准温度采用200 ℃。

公称压力以符号"PN"表示，公称压力数值写于其后，单位是MPa(单位不写)。例如：PN1，表示公称压力为0.1 MPa。

(2)试验压力

试验压力通常是指制品在常温下的耐压强度。

管子、管件和附件等制品，在出厂之前以及管道工程竣工之后，均应进行压力试验，以检查其强度和严密性。

试验压力以符号"P_s"表示，试验压力数值写于其后，单位是MPa(单位不写)。例如：P_s1.6，表示试验压力为1.6 MPa。

(3)工作压力

工作压力一般是指给定温度下的操作压力。

工程上，通常是按照制品的最高耐温界限，把工作温度划分成若干等级，并计算出每一工作温度等级下的最大允许操作压力。例如碳素钢制品，通常划分为7个工作温度等级，见表4.11。

表 4.11　碳素钢制品工作温度等级

温度等级	温度范围/℃	温度等级	温度范围/℃
1	0 ~200	5	351 ~400
2	201 ~250	6	401 ~425
3	251 ~300	7	426 ~450
4	301 ~ 350		

工作压力以符号"P_t"表示,"t"为缩小 10 倍之后的介质最高温度,工作压力数值写于其后,单位是 MPa(单位不写)。例如:$P_{25}2.3$,表示在介质最高温度为 250 ℃下的工作压力是2.3 MPa。

(4)试验压力、公称压力和工作压力的关系

试验压力、公称压力与工作压力之间的关系为:$P_s > PN > P_t$。

碳素钢制品公称压力与最大工作压力之间的关系见表 4.12。碳素钢制品公称压力、试验压力与最大工作压力 $P_{t\,max}$ 的关系见表 4.13(表中的试验压力不适用于管道系统;各种管道系统的试验压力标准,详见有关的验收规范)。

表 4.12　碳素钢制品公称压力与最大工作压力的关系

温度等级	$P_{t\,max}$/ PN	温度等级	$P_{t\,max}$/PN
1	1.00	5	0.64
2	0.92	6	0.58
3	0.82	7	0.45
4	0.73		

表 4.13　碳素钢制品公称压力、试验压力与最大工作压力

PN/MPa	P_s/MPa	介质工作温度 t/℃						
		200	250	300	350	400	425	450
		$P_{t\,max}$/MPa						
		P_{20}	P_{25}	P_{30}	P_{35}	P_{40}	P_{42}	P_{45}
0.10	0.2	0.10	0.10	0.10	0.07	0.06	0.06	0.05
0.25	0.4	0.25	0.23	0.2	0.18	0.16	0.14	0.11
0.40	0.6	0.40	0.37	0.33	0.29	0.26	0.23	0.18
0.60	0.9	0.60	0.55	0.50	0.44	0.38	0.35	0.27
1.00	1.5	1.00	0.92	0.82	0.73	0.64	0.58	0.45

PN/MP_a	P_s/MPa	介质工作温度 $t/℃$						
		200	250	300	350	400	425	450
		$P_{t max}/MPa$						
		P_{20}	P_{25}	P_{30}	P_{35}	P_{40}	P_{42}	P_{45}
1.60	2.4	1.60	1.50	1.30	1.20	1.00	0.90	0.70
2.50	3.8	2.50	2.30	2.00	1.80	1.60	1.40	1.10
4.00	6.0	4.00	3.70	3.30	3.00	2.80	2.30	1.80
6.40	9.6	6.40	5.90	5.20	4.30	4.10	3.70	2.90
10.00	15.0	10.00	9.20	8.20	7.30	6.40	5.80	4.50

4.2　建筑给排水管道附配件种类及功能

4.2.1　给排水管道附配件的种类

1) 水表

水表是一种计量用水量的仪表。按测量原理不同,水表分为容积式水表和速度式水表两类。前者的准确度较高,但对水质要求高,目前使用较多的是速度式水表。速度式水表计量水量的原理是当管径一定时,通过水表的流量与水流速度成正比,水表计量的数值为累计值,速度式水表根据翼轮的不同结构分为旋翼式水表、螺翼式水表。旋翼式水表翼轮转轴与水流方向垂直,水流阻力大,计量范围小,适用于小口径(15～25 mm)的流量计量,按计数机件所处状态分为湿式和干式两种。螺翼式水表翼轮转轴与水流方向平行,阻力小,计量范围大,适用于大口径(32～300 mm)的流量计量,按其转轴方向可分为水平式和垂直式两种。垂直式均为干式水表;水平式有湿式水表和干式水表两种。

水表应安装在便于检修,不受暴晒、污染和冻结的地方。水表应水平安装,安装方向应与水流方向一致,且引入管上的水表前后均应安装阀门,以便于水表的检查和拆卸。安装分户水表时,表前也应安装阀门。安装旋翼式水表时,表前与阀门应有不小于8倍水表接口直径的直线管段。表外壳距墙表面净距为10～30 mm;水表进水口中心标高按设计要求确定。安装螺翼式水表,表前阀门应全开。表前与阀门也应有8～10倍水表接口直径的直线管段,以不影响水表计量的准确性。

2) 管道附件

管道附件是对安装在管道上的启闭和调节装置的总称。管道附件一般分为配水附件和控制附件两大类。配水附件是指安装在卫生器具和用水点的各式水龙头,控制附件用来调节水量、水压、关断水流、控制输送介质的流动,如各种阀门等。

(1)阀门的种类及各自的特性(种类及基本特点)

①阀门的基本分类。

阀门一般由阀体、阀瓣、阀盖、阀杆及手轮等部件组成。在设备及工业管道系统中,常用的阀门有闸阀、截止阀、止回阀、蝶阀、旋塞阀、球阀、节流阀、安全阀、减压阀、疏水阀等。

阀门的种类很多,但按其动作特点分为两大类,即驱动阀门和自动阀门。驱动阀门是用手或其他动力操纵的阀门。如截止阀、节流阀(针型阀)、闸阀、旋塞阀等均属这类阀门。自动阀门是借助介质本身的流量、压力或温度参数的变化而自行动作的阀门。如止回阀(逆止阀、单流阀)、安全阀、浮球阀、减压阀和疏水器等,均属自动阀门。

工程中管道与阀门的公称压力划分为:$0 \text{ MPa} < PN \leqslant 1.60 \text{ MPa}$,低压;$1.60 \text{ MPa} < PN \leqslant 10.00 \text{ MPa}$,中压;$10.00 \text{ MPa} < PN \leqslant 42.00 \text{ MPa}$,高压。蒸汽管道 $PN \geqslant 9.00 \text{ MPa}$,工作温度 $\geqslant 500 \text{ ℃}$ 时升为高压。一般水、暖工程均为低压系统,大型电站锅炉及各种工业管道采用中压、高压或超高压系统。

按公称压力分类:

a. 真空阀:工作压力低于标准大气压。

b. 低压阀:公称压力 $PN \leqslant 1.6 \text{ MPa}$ 的阀门。

c. 中压阀:公称压力 PN 为 $2.5 \sim 6.4 \text{ MPa}$ 的阀门。

d. 高压阀:公称压力 PN 为 $10.0 \sim 80.0 \text{ MPa}$ 的阀门。

e. 超高压阀:公称压力 $PN \geqslant 100 \text{ MPa}$ 的阀门。

按工作温度分类:

a. 高温阀:用于介质温度 $T > 450 \text{ ℃}$ 的阀门;

b. 中温阀:用于介质温度 $120 \text{ ℃} < T \leqslant 450 \text{ ℃}$ 的阀门。

c. 常压阀:用于介质温度 $-40 \text{ ℃} < T \leqslant 120 \text{ ℃}$ 的阀门。

d. 低温阀:用于介质温度 $-100 \text{ ℃} < T \leqslant -40 \text{ ℃}$ 的阀门。

e. 超低温阀:用于介质温度 $T \leqslant -100 \text{ ℃}$ 的阀门。

我国阀门公称压力等级如:PN10、PN16、PN25、PN40、PN64、PN100、PN160 等,PN1 = 0.1 MPa。国标阀门采用的计量单位为 MPa(兆帕),与常用的计量单位换算关系为:

$$1 \text{ MPa} = 10 \text{ bar(巴)} = 10.2 \text{ kgf/cm}^2$$

此外,阀门按阀体材料可分为非金属阀门和金属材料阀门等;按与管道连接方式可分为法兰连接阀门、螺纹连接阀门、焊接连接阀门、卡套连接阀门等。

②常用阀门及其特性:

a. 闸阀。闸阀又称闸门或闸板阀,它是利用闸板升降控制开闭的阀门,流体通过阀门时流向不变,因此阻力小。闸阀广泛用于冷、热水管道系统中。

闸阀在开启和关闭时省力,水流阻力较小,阀体比较短,当闸阀完全开启时,其闸板不受流动介质的冲刷磨损。但由于闸板与阀座之间密封面易受磨损,因此闸阀的严密性较差,尤其在启闭频繁时;另外,在不完全开启时,水流阻力仍然较大。因此闸阀一般只作为截断装置,即用于完全开启或完全关闭的管路中,而不宜用于需要调节大小和启闭频繁的管路上。闸阀无安装方向,但不宜单侧受压,否则不易开启。

选用特点:密封性能好,流体阻力小,开启、关闭较省力,也有调节流量的作用,并且能从阀杆的升降高低看出阀的开度大小,主要用在一些大口径管道上。

常用闸阀如图4.14所示。

b.截止阀。截止阀主要用于热水供应管路及高压蒸汽管路中,它结构简单,严密性较高,制造和维修方便。流体经过截止阀时要改变流向,因此水流阻力较大,所以安装时要注意流体"低进高出",方向不能装反。

选用特点:结构比闸阀简单,制造、维修方便,也可以调节流量,应用广泛。但流动阻力大,为防止堵塞和磨损,不宜用于带颗粒和黏性较大的介质。

常用截止阀如图4.15所示。

c.止回阀。止回阀又名单流阀或逆止阀,是一种根据阀瓣前后的压力差而自动启闭的阀门。止回阀有严格的方向性,只许介质向一个方向流通,而阻止其逆向流动,用于不让介质倒流的管路,如用于水泵出口的管路上作为水泵停泵时的保护装置。

图4.14　常用闸阀

图4.15　常用截止阀

根据结构不同,止回阀可分为升降式和旋启式,升降式的阀体与截止阀的阀体相同。升降式止回阀只能用在水平管道上,垂直管道上用旋启式止回阀,安装时应注意介质的流向。

选用特点:一般适用于清洁介质,不适用于带固体颗粒和黏性较大的介质。

常用止回阀如图4.16所示。

图4.16　常用止回阀

d.蝶阀。蝶阀适合安装在大口径管道上。蝶阀不仅在石油、煤气、化工、水处理等一般工业上得到广泛应用,而且还应用于热电站的冷却水系统。

蝶阀结构简单、体积小、质量轻,由少数几个零件组成,只需旋转90°即可快速启闭,操作简单,同时具有良好的流体控制特性。蝶阀处于完全开启位置时,蝶板厚度是介质流经阀体时唯一的阻力,通过该阀门所产生的压力降很小,具有较好的流量控制特性。

常用的蝶阀有对夹式蝶阀和法兰式蝶阀两种。对夹式蝶阀是用双头螺栓将阀门连接在两管道法兰之间的蝶阀;法兰式蝶阀是阀门上带有法兰,用螺栓将阀门上两端法兰连接在管道法兰上的蝶阀。

常用蝶阀如图4.17所示。

e. 旋塞阀。旋塞阀又称考克或转心门,它主要由阀体和塞子(圆锥形或圆柱形)构成。扣紧式旋塞阀在旋塞的下端有一螺帽,把塞子紧压在阀体内,以保证严密。旋塞塞子中部有一孔道,当旋转时,即开启或关闭。旋塞阀构造简单,开启和关闭迅速,旋转90°就能全开或全关,阻力较小,但保持其严密性比较困难。旋塞阀通常用于温度和压力不高的管路上。热水龙头也属旋塞阀的一种。

选用特点:结构简单,外形尺寸小,启闭迅速,操作方便,流体阻力小,便于制造三通或四通阀门,可作分配换向用;但密封面易磨损,开关力较大。此种阀门不适用于输送高压介质(如蒸汽),只适用于一般低压流体作开闭用,不宜作调节流量用。

常用旋塞阀如图4.18所示。

图 4.17　常用蝶阀

图 4.18　常用旋塞阀

f. 球阀。球阀分为气动球阀、电动球阀和手动球阀3种。球阀阀体可以是整体的,也可以是组合式的。它是近十几年来发展最快的阀门品种之一。

球阀是由旋塞阀演变而来的,它的启闭件是一个球体,利用球体绕阀杆的轴线旋转90°,实现开启和关闭的目的。球阀在管道上主要用于切断、分配和改变介质流动方向,设计成V形开口的球阀还具有良好的流量调节功能。

球阀具有结构紧凑、密封性能好、结构简单、体积较小、质量轻、材料耗用少、安装尺寸小、驱动力矩小、操作简便、易实现快速启闭和维修方便等特点。

选用特点:适用于水、溶剂、酸和天然气等一般工作介质,而且还适用于工作条件恶劣的介质,如氧气、过氧化氢、甲烷和乙烯等,且适用于含纤维、微小固体颗粒等的介质。

常用球阀如图4.19所示。

图4.19 常用球阀

g.节流阀。节流阀没有单独的阀盘,而是利用阀杆的端头磨光代替阀盘。节流阀多用于小口径管路上,如安装压力表所用的阀门即常用节流阀。

选用特点:阀的外形尺寸小巧,质量轻,制作精度要求高,密封较好。该阀不适用于黏度大和含有固体悬浮物颗粒的介质,主要用于节流,可用于取样,其公称直径小,一般在25.00 mm以下。

常用节流阀如图4.20所示。

图4.20 常用节流阀

h.安全阀。安全阀是一种安全装置,当管路系统或设备(如锅炉、冷凝器)中介质的压力超过规定数值时,便自动开启阀门排气降压,以免发生爆炸。当介质的压力恢复正常后,安全阀又自动关闭。

安全阀一般分为弹簧式和杠杆式两种。弹簧式安全阀是利用弹簧的压力来平衡介质的压力,阀瓣被弹簧紧压在阀座上,平常阀瓣处于关闭状态。转动弹簧上面的螺母,即改变弹簧的压紧程度,便能调整安全阀的工作压力,一般要先用压力表参照定压。

杠杆式安全阀,或称重锤式安全阀,它是利用杠杆原理将重锤所产生的力矩紧压在阀瓣上,保持阀门关闭。当压力超过额定数值时,杠杆重锤失去平衡,阀瓣打开。所以改变重锤在杠杆上的位置,就能改变安全阀的工作压力。

选用特点:安全阀的主要参数是排泄量,排泄量决定安全阀的阀座口径和阀瓣开启高度。由操作压力决定安全阀的公称压力,由操作温度决定安全阀的使用温度范围,由计算出的安全阀定压值决定弹簧或杠杆的调压范围,再根据操作介质决定安全阀的材质和结构形式。

常用安全阀如图 4.21 所示。

图 4.21 常用安全阀

i. 减压阀。减压阀又称调压阀,用于降低管路中的介质压力。常用的减压阀有活塞式、波纹管式及薄膜式等 3 种。各种减压阀的原理是介质通过阀瓣通道小孔时阻力增大,经节流造成压力损耗从而达到减压目的。减压阀的进、出口一般要伴装截止阀。

选用特点:减压阀只适用于蒸汽、空气和清洁水等清洁介质。在选用减压阀时要注意,不能超过减压阀的减压范围,保证在合理情况下使用。

常用减压阀如图 4.22 所示。

图 4.22 常用减压阀

j. 疏水阀。疏水阀又称疏水器,它的作用是阻气排水,属于自动作用阀门。疏水阀有浮桶式、恒温式、热动力式以及脉冲式等。

选用特点:选用疏水阀时,必须按设备每小时的耗汽量乘以选用倍率 2 ~ 3 倍为最大凝结水量,来选择疏水阀的排水量,才能保证疏水阀在开车时能尽快排出凝结水,迅速提高加热设备的温度。除此之外,还要根据工作压差来选择疏水阀的排水量。

③阀门的型号参数。

阀门的型号表示方法如图 4.23 所示。

a. 阀门类型代号。阀门类型代号用汉语拼音首字母表示,若有重复,用第二个汉字拼音首字母。如闸阀——Z,止回阀——H,节流阀——L。低温(低于 - 40 ℃)、保温(带加热套)和带波纹管的阀门,在类型代号前分别加汉语拼音字母"D""B""W"。

常用阀门类别代号见表 4.14。

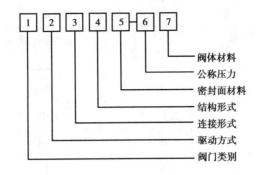

图 4.23　阀门型号表示方法

表 4.14　常用阀门类别代号

阀门类别	代号	阀门类别	代号	阀门类别	代号
闸　阀	Z	止回阀	H	旋塞阀	X
截止阀	J	减压阀	Y	节流阀	L
安全阀	A	调节阀	T	电磁阀	ZCLF
疏水阀	S	隔膜阀	C	排污阀	P
蝶　阀	D	球　阀	Q	柱塞阀	U

　　b.阀门传动方式代号。传动方式代号用 1 位阿拉伯数字表示,如电磁动——0,电磁-液动——1,液动——7 等。

　　手轮、手柄和扳手传动以及安全阀、减压阀、疏水阀省略本代号。

　　对于气动或液动,常开式用 6K,7K 表示;常闭式用 6B,7B 表示;气动带手动用 6S 表示;防爆电动用 9B 表示。

　　阀门传动方式代号见表 4.15 。

　　c.阀门密封面(圈)材料代号。阀门密封面(圈)材料代号用汉语拼音首字母表示,若有重复,用第二个汉字拼音首字母。例:铜合金——T,橡胶——X。由阀体直接加工的阀座密封圈(面)材料代号用"W"表示;当阀座和阀瓣(阀板)密封圈(面)材料不同时,用低硬度材料代号表示(隔膜阀除外)。

　　阀门的密封圈(面)材料,用汉语拼音字母表示,见表 4.16。

表 4.15　阀门传动方式代号

传动方式	代号	传动方式	代号	传动方式	代号	传动方式	代号
电磁动	0	蜗轮	3	气动	6	电动机	9
电磁－液动	1	正齿轮	4	液动	7	手柄手轮	无
电-液动	2	伞齿轮	5	电磁	8		

表 4.16　阀门的密封圈(面)材料代号

阀门密封圈(面)材料	代号	阀门密封圈(面)材料	代号
铜(黄铜或青铜)	T	聚氯乙烯	SC
耐酸钢或不锈钢	H	酚醛塑料	SD
渗氮钢	D	石墨石棉(层压)	S
巴比特合金	B	衬胶	CJ
硬质合金	Y	衬铅	CQ
橡胶	X	衬塑料	CS
硬橡胶	J	搪瓷	TC
皮革	P	尼龙	N
四氟乙烯	SA	阀体上加工密封圈(面)	W
陶瓷	C	氟塑料	F
尼龙塑料	NS		

d. 阀体材料代号。阀体材料代号用汉语拼音首字母表示,若有重复,用第二个汉字拼音首字母。

阀体材料代号见表 4.17。

表 4.17　阀体材料代号

阀体材料	代号	阀体材料	代号
灰铸铁	Z	碳钢	C
可锻铸铁	K	铬钼合金钢	I
球墨铸铁	Q	铬钼钒合金钢	V
铜合金(铸铜)	T	铬镍钼钛合金钢	R
铝合金	L	铬镍钛钢	P
不锈钢	H		

注:对于公称压力小于1.6 MPa的灰铸铁阀体和公称压力大于2.5 MPa的碳素钢阀体,省略此项。

e. 连接形式代号。连接形式代号用阿拉伯数字表示。例:内螺纹——1,外螺纹——2 等。阀门的连接形式代号见表 4.18。

表 4.18　阀门连接形式代号

连接形式	代号	连接形式	代号	连接形式	代 号	连接形式	代号
内螺纹	1	法兰式	4	对夹	7	卡套	9
外螺纹	2	焊接式	6	卡箍	8		

阀门的结构形式代号见表4.19。

表4.19 阀门结构形式代号

结构形式	代号	结构形式	代号
闸阀			
明杆楔式单闸板	1	F楔式单闸板	5
明杆楔式双闸板	2	暗杆楔式双闸板	6
明杆平行式单板	3	暗杆平行式单板	7
明杆平行式双板	4	暗杆平行式双板	8
截止阀			
直通式(铸造)	1	直角式(锻造)	4
直角式(铸造)	2	直流式	5
直通式(锻造)	3	压力计用	9
杠杆式安全阀			
单杠杆微启式	1	双杠杆微启式	3
单杠杆全启式	2	双杠杆全启式	4
弹簧式安全阀			
封闭微启式	1	不封闭带扳手微启式	7
封闭全启式	2	不封闭带扳手全启式	8
封闭带扳手微启式	3	带散热片全启式	0
封闭带扳手全启式	4	脉冲式	9
减压阀			
外弹簧薄膜式	1	波纹管式	4
内弹簧薄膜式	2	杠杆弹簧式	5
膜片活塞式	3	气垫薄膜式	6
止回阀			
直通升降式(铸造)	1	单瓣旋启式	4
立式升降式	2	多瓣旋启式	5
直通升降式(锻造)	3		
球阀			
直通式(铸造)	1	直通式(锻造)	3

续表

结构形式	代号	结构形式	代号
疏水阀			
浮球式	1	脉冲式	8
钟形浮子式	5	热动力式	9
蝶阀			
垂直板式	1	杠杆式	0
斜板式	3		
调节阀			
薄膜弹簧式		活塞弹簧式	
带散热片气开式	1	阀前	7
带散热片气关式	2	阀后	8
不带散热片气开式	3		
不带散热片气关式	4		

f. 阀门的名称、规格、型号表示。每一种阀门都应包括名称、型号、规格 3 部分,顺序为名称、型号、规格。其中阀门名称要简明扼要地表明其类别和连接形式。常用手动或自动启闭阀门的名称书写顺序为:先写阀门的连接形式,再写类别(电动传动的阀门,先写传动方式,再写类别)。例如:内螺纹截止阀,J 11T-1.6,DN20;电动闸 1 阀,Z944T-1, DN500。

④阀门的外观标示:

a. 公称直径、公称压力和介质流向标示。为了便于从外观上识别阀门的直径、压力和介质的流向,阀门在出厂前应将公称直径 DN、公称压力 PN 的数值和介质流动方向(以箭头)标示在阀体的正面。

b. 阀门的涂色。为了标示阀体、密封圈材料或衬里材料(有衬里时),通常阀门出厂前,在阀门的手轮、阀盖、杠杆和阀体等不同部位涂上各种颜色的漆,以供安装阀门时识别。例如:阀体上涂黑色,表明阀体材料为灰铸铁或可锻铸铁;手轮上涂红色,表明密封圈材料为铜。

知识拓展:

阀门命名省略的内容

以下几种形式在命名中均予省略:

①连接形式为"法兰"的。

②结构形式为以下情况:闸阀的"明杆""弹性""刚性"和"单闸板",截止阀、节流阀的"直通式",球阀的"浮动"和"直通式",蝶阀的"垂直板式",隔膜阀的"屋脊式",旋塞阀的"填料"和"直通式",止回阀的"直通式"和"单瓣式",安全阀的"不封闭式"。

③阀座密封面材料。

⑤阀门型号举例:

a. Z944T-1, DN500:公称直径 500 mm,电动机驱动,法兰连接,明杆平行式双闸板闸阀,密封圈材料为铜,公称压力为 1 MPa,阀体材料为灰铸铁(灰铸铁阀门 $PN \leqslant 1.6$ MPa 不写材料代号)。

b. J11T-1.6, DN32:公称直径 32 mm,手轮驱动(第二部分省略)、内螺纹连接,直通式(铸造)截止阀,铜密封圈,公称压力为 1.6 MPa,阀体材料为灰铸铁。

c. H11T-1.6K, DN50:公称直径 50 mm,自动启闭(第一部分省略)、内螺纹连接,直通升降式(铸造)止回阀,铜密封圈,公称压力为 1.6 MPa,阀体材料为可锻铸铁。

⑥阀门的安装(安装要求)。阀门的种类、型号、规格必须符合设计规定;启闭灵活严密,无破裂、砂眼等缺陷,安装前必须进行压力试验。

a. 阀门的强度和严密性试验。试验应在每批(同牌号、同型号、同规格)数量中抽查 10%,且不少于 1 个。对于安装在主干管上的起切断作用的闭路阀门,应逐个做强度和严密性试验。

阀门的强度和严密性试验,应符合以下规定:

• 阀门的强度试验压力为公称压力的 1.5 倍,严密性试验压力为公称压力的 1.1 倍,试验压力在试验持续时间内应保持不变,且壳体填料及阀瓣密封面无渗漏。阀门强度和严密性试验持续时间应不少于表 4.20 的规定。

表 4.20 阀门强度和严密性试验持续时间

公称直径/mm	最短试验持续时间/s		
	严密性试验		强度试验
	金属密封	非金属密封	
≤50	15	15	15
65~200	30	15	60
250~450	60	30	180

• 阀门的强度试验是指阀门在开启状态下试验,检查阀门外表面的渗漏情况。

• 阀门的严密性试验是指阀门在关闭状态下试验,检查阀门密封面是否渗漏。

b. 阀门安装的一般规定:

• 阀门与管道或设备的连接有螺纹连接和法兰连接两种。安装螺纹阀门时,为便于拆卸,一般一个阀门应配活接一只,活接设置位置应考虑便于检修;安装法兰阀门时,两法兰应相互平行且同心,不得使用双垫片。

• 同一房间内、同一设备、同一用途的阀门应排列对称,整齐美观,阀门安装高度应便于操作。

• 水平管道上阀门、阀杆、手轮不可朝下安装,宜向上安装。

• 并排立管上的阀门,高度应一致,手轮之间便于操作,净距应不小于 100 mm。

• 安装有方向要求的疏水阀、减压阀、止回阀、截止阀时,一定要使其安装方向与介质的流动方向一致。

●换热器、水泵等设备上体积和质量较大的阀门,应单设阀门支架;操作频繁、安装高度超过 1.8 m 的阀门,应设固定的操作平台。

●安装于地下管道上的阀门应设在阀门井内或检查井内。

⑦减压器和疏水器的安装:

a.减压阀的安装是以阀组的形式出现的。阀组由减压阀,前后控制阀,压力表,安全阀,冲洗管,冲洗阀,旁通管及螺纹连接的三通、弯头、活接头等管件组成,称为减压器。

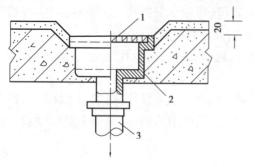

其中,减压阀有方向性,安装时不得反装。

b.疏水器的安装。疏水阀常由前后控制阀、旁通装置、冲洗和检查装置等组成阀组,称为疏水器。

(2)地漏安装

地漏安装如图 4.24 所示。地漏分为铸铁和铝合金(材质)两种。目前多采用铝合金地漏,它由一节短管、外壳和算子组成。常用直径有 DN50、DN75 和 DN100 等 3 种。通常安装在厨房、厕所、洗脸间等地面上,以排除地面积水。安装时,地漏应位于房间最低处,且算子面要低于周围地面 20 mm。

图 4.24 地漏安装剖面图

1—算子; 2—外壳; 3—排水连接管

4.2.2 管道支架

管道支架是管道安装中使用最广泛的构件之一。管道支架承受管道自身、内部介质和外部保温层、保护层等的质量,使其保持正确的依托,同时又吸收管道振动、平衡内部节奏压力和约束管道热变形。管道支架按对管道的制约作用不同分为活动支架和固定支架;按结构形式分为托架和吊架。管道支架的形式选择及间距,主要取决于管道的材料、输送介质的工作压力和工作温度,管道保温材料与厚度,同时还需考虑支架是否便于制作和安装,要在确保管道安全运行的前提下,降低安装费用。支架选择的一般规定如下:

①沿建筑物墙、柱敷设的管道一般采用支架。

②不允许有任何横向、纵向及竖向移动的管道采取固定支架。在固定支架之间,管道的热膨胀靠管道的自然补偿或专设的补偿器解决。

③不允许横向位移,但可以纵向或竖向位移的管道(如热力管道),应设滑动支架,以适应管道的伸缩或管道位移。若管道输送介质温度较高,管径较大,为了减小轴向摩擦力,则可采用滚动支架。

④有水平位移和垂直位移的弯道穿过建筑物墙(热水管)或楼板时,应加套管,套管的作用相当于一种特殊的滑动支架。

⑤在楼板下和梁下安装的管道支撑采用吊架,管道吊架分普通吊架和弹簧吊架两种,普通吊架适用于伸缩性较小的管道,弹簧吊架适用于伸缩性和振动性较大的管道。

⑥给水立管一般每层需安装一个管卡,当层高大于 5 m 时,每层需安装 2 个。

管道支架最大间距见表 4.21。

表 4.21　管道支架的最大间距表

钢管管道支架的最大间距														
公称直径/mm		15	20	25	32	40	50	70	80	100	125	150	200	250	300
支架最大间距/m	保温管	2	2.5	2.5	2.5	3	3	4	4	4.5	6	7	7	8	8.5
	不保温管	2.5	3	3.5	4	4.5	5	6	6	6.5	7	8	9.5	11	12

塑料管及复合管管道支架的最大间距													
公称直径/mm		12	14	16	18	20	25	32	40	50	63	75	90	110
支架最大间距/m	立管	0.5	0.6	0.7	0.8	0.9	1.0	1.1	1.3	1.6	1.8	2.0	2.2	2.4
	水平管 冷水管	0.4	0.4	0.5	0.5	0.6	0.7	0.8	0.9	1.0	1.1	1.2	1.35	1.55
	热水管	0.2	0.2	0.25	0.3	0.3	0.35	0.4	0.5	0.6	0.7	0.8	—	—

4.2.3　管道防腐

　　金属管道的防腐应按设计要求执行。给排水管道常采用的防腐方法是管道除锈后,在外壁涂刷防腐涂料。明装焊接钢管和铸铁管外刷防腐漆 1 道,银粉面漆 2 道;镀锌钢管外刷粉面漆 2 道;暗装与埋地管道刷沥青漆 2 道。

项目 5　建筑给排水施工图识读

5.1　建筑给排水施工图标准内容

图纸是用标明尺寸的图形和文字来说明工程建筑、机械、设备等的结构、形状、尺寸及其他要求的一种技术文件,有纸质图及电子图之分。图纸的图幅按《房屋建筑制图统一标准》(GB/T 50001—2017)分为 A0(1 189 mm×841 mm),A1(841 mm×594 mm),A2(594 mm×420 mm),A3(420 mm×297 mm),A4(297 mm×210 mm)。

建筑工程施工图按专业分为总图、建筑施工图、结构施工图、给排水施工图、电气施工图、暖通施工图等。其中,给排水施工图由专业目录、专业设计说明、工艺流程图、图例、设备材料清单、平面图、立(剖)面图、系统图、节点详图、大样图和标准图等组成。

1)专业目录

专业目录是为了便于查阅和保管,将一个项目的施工图纸按专业分类,每个专业按相应的名称和顺序进行归纳整理编排而成的。通过图纸专业目录,可以知道该项目每个专业图纸的图别、图名及数量。

2)专业设计说明

专业设计说明是设计人员在图样上无法表明而又必须要建设单位和施工单位知道的一些技术和质量要求,一般以文字的形式加以说明,其内容包括工程设计的主要技术数据、竣工验收要求以及特殊注意事项。给排水专业设计说明主要包括给水、消防、排水、热水、中水等相关设计的说明。

3)工艺流程图

工艺流程图是整个管道系统工艺变化过程的原理图,是设备布置和管道布置等设计的依据,也是施工安装和操作运行的依据。通过此图,可全面了解建筑物名称、设备编号、整个系统的仪表控制点,可以确切了解管道的材质、规格、编号、输送的介质与流向以及主要控制阀门等。

4)图例

图例是对图纸中的管件、阀门等采用规定的符号加以表示,其并不完全反映事物的形象,只是示意性地表示具体的设备和管件。因此要熟悉常用的图例,以便于流畅地识读图纸。

5)设备材料清单

工程选用的主要材料及设备清单应列明材料类别、规格、数量,设备品种、规格和主要设计参数及尺寸。

6)平面图

给排水专业平面图主要表示设备、管道等在建筑物内的平面布置、管线的排列和走向、坡度和坡向、管径、标高,以及各管段的长度尺寸和相对位置等具体数据。

在给排水专业平面图上,管道都用单线绘出,沿墙敷设时不标注管道距墙面的距离。一张平面图上可以绘制几种类型的管道。若图纸管线复杂,也可以分别绘制,以图纸数量少且能清楚地表达设计意图为原则。建筑内部给排水,以选用的给水方式来确定平面布置图的张数。底层及地下室必须单独绘出;顶层若有高位水箱等设备,则必须单独绘出;建筑中间各层,若卫生设备或用水设备的种类、数量和位置都相同,则绘制一张标准层平面布置图即可。

7)立(剖)面图

给排水专业立(剖)面图主要反映在建筑物内垂直方向上管线的布置(排列及走向)以及各管线的编号、管径、标高等具体数据。

8)系统图

系统图也称轴测图,是给排水工程图中的重要图样之一。它反映设备管道的空间布置、管线的空间走向。建筑给水排水工程图,通常结合平面图和系统图进行识图。系统图上应标明管道的管径、坡度,标出支管与立管的连接处,以及管道各种附件的安装标高,标高的±0.00应与建筑图一致。系统图上各种立管的编号应与平面布置图一致。系统图均应按给水、排水、消防等各系统单独绘制,以便施工安装和概预算应用。

系统图中,对用水设备及卫生器具的种类、数量和位置完全相同的支管、立管,可不重复完全绘出,但应用文字标明。当系统图立管、支管在轴测方向重复交叉影响识图时,可断开移到图面空白处绘制。

9)节点详图、大样图、标准图

节点详图、大样图、标准图都属于详图。节点详图是以上几种图样无法表示清楚的节点部位的放大图,能清楚地反映某一局部管道和组合件的详细结构和尺寸。大样图是表示一组设备的配管或一组管配件组合安装的详图,能反映组合体各部位的详细构造和尺寸。标准图是一种具有通用性的图样,目的是使设计和施工标准化、统一化,一般是国家或有关部委颁发的标准图样。

给排水专业通用施工详图系列,如卫生器具安装、排水检查井、雨水检查井、阀门井、水表井、局部污水处理构筑物等,反映了成组管件、部件或设备的具体构造尺寸和安装技术要求,是整套施工图纸的一个组成部分。施工详图宜首先采用标准图,施工详图的比例以能清楚绘出构造为根据选用;施工详图应尽量详细注明尺寸,不应以比例代替尺寸。

5.2 建筑给排水工程图的表示方法

5.2.1 图例及标准代号

工程图是设计人员用来表达设计意图的重要工具。为保证工程图的统一性,便于识图,须按国家标准进行绘制。

1)管道线型比例

工程图上的管道和管件采用统一的线型来表示,如管道线型中有粗实线、中实线、细实线、粗虚线、中虚线、细虚线、细点划线、折断线、波浪线等。

给排水平面图常用的比例有 1∶100、1∶200、1∶150 等,详图常用的比例有 1∶50、1∶10、1∶5、1∶2、1∶1等。给排水系统图中,如果局部表达有困难,那么该处可以不按比例绘制。

2)管道类别代号

给排水工程图中有多种管线时,一般采用增加字母符号方式区分各种管线。常用管道类别代号如表5.1所示。

表5.1 常用管道类别代号

序号	管道类别	代号	序号	管道类别	代号
1	给水管	J	7	雨水管	Y
2	热水给水管	RJ	8	消火栓管	X
3	热水回水管	RH	9	自动喷淋管	ZP
4	排水管	P	10	污水管	W
5	废水管	F	11	通气管	T
6	压力废水管	YF	12	压力污水管	YW

3)常用给排水图例

给排水工程图常用图例见表5.2。

表5.2 给排水工程常用图例

名称	图例	名称	图例
闸阀		异径管	
压力调节阀		偏心异径阀	

续表

名称	图例	名称	图例
升降式止回阀		堵板	
旋启式止回阀		法兰	
减压阀		法兰连接	
电动闸阀		丝堵	
滚动闸阀		人口	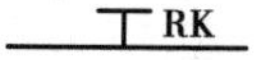 RK
自动截门		流量孔板	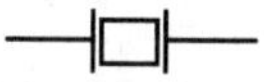
带手动装置的截门		放气管	
浮力调节阀		防雨罩	
密闭式弹簧安全阀		地漏	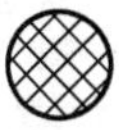
开启式弹簧安全阀		压力表	
放气阀		U 形压力表	
自动放气阀		自动记录压力表	
立管及立管上阀门		水银温度计	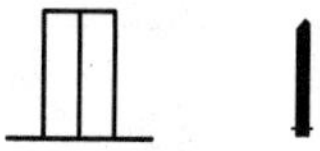
挡住阀	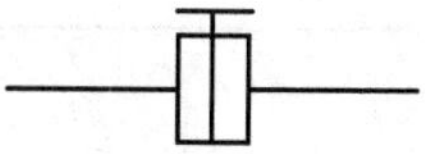	二次蒸发器	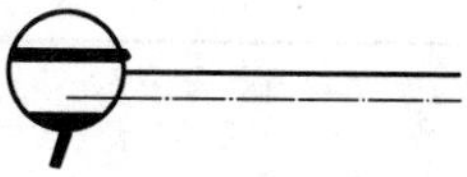

续表

名称	图例	名称	图例
疏水器		室外架空管道固定支架	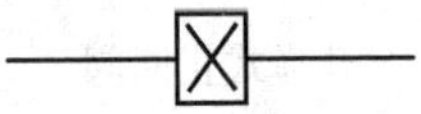
∩形补偿器	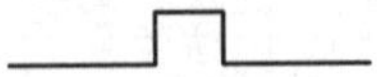	室外架空煤气道管单层支架	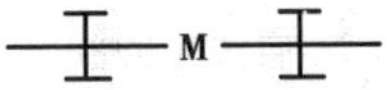 M
套管补偿器	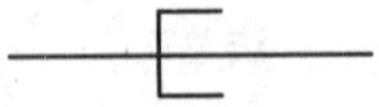	室外架空煤气道管摇摆支架	
波型、鼓型补偿器		漏气检查点	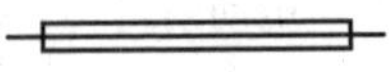
离心水泵		防火器	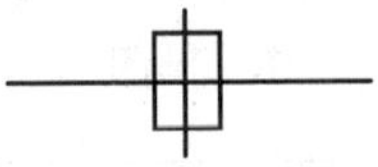
手摇泵	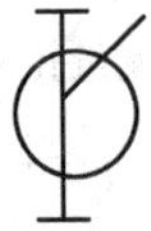	地沟 U 形膨胀穴	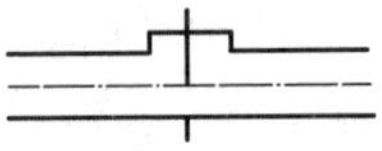
喷射泵	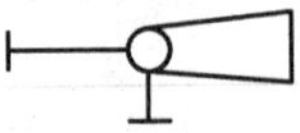	地沟安装孔	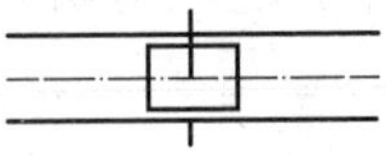
热交换器	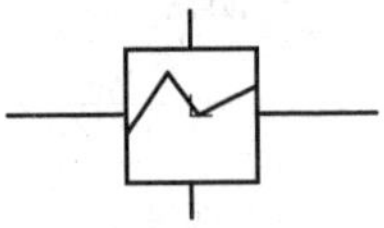	地沟及检查井	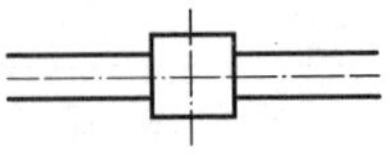
立式油水分离器（用于压缩空气）$Dg \leqslant 80$	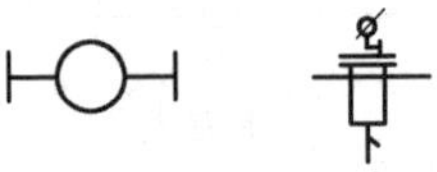	弹簧支（吊）架	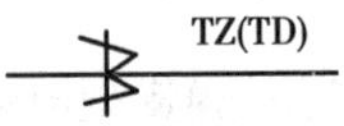 TZ(TD)
卧式油水分离器（用于压缩空气）$Dg \geqslant 100$	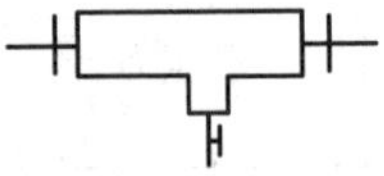	单、双、三接头立式集水器（用于压缩空气）	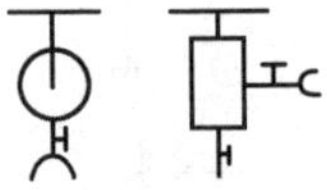
导向支架	 DZ	地沟排风口	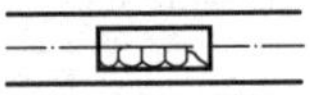
吊架	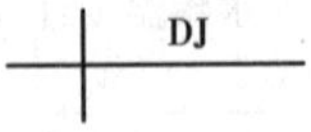 DJ	流量表	

4) 管道标高与坡度

标高用以表示管道安装的高度,有相对标高和绝对标高两种。相对标高一般以建筑物的底层室内地面高度为零点(±0.000),标高以 m 为单位(一般标注到小数点后3位)。绝对标高亦称海拔高度,我国把青岛附近黄海的平均海平面定为绝对标高的零点,全国各地的标高均以此为基准。室内标注相对标高,室外标注绝对标高;压力管道中的标高控制点、不同水位线处、管道穿外墙和构筑物的壁及底板等处应标注管中心标高;沟渠和重力流管道的起讫点、转角点、连接点、变坡点、变尺寸(管径)点及交叉点应分别标注沟内底、管内底标高。

平面图和系统图中管道标高标注如图 5.1 所示。

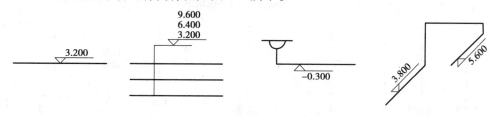

图 5.1　管道标高标注

5)管径标示及系统编号

管径应以 mm 为单位,管径尺寸应标注在管道变管径处。水平管道的管径尺寸应标注在管道上方;斜管道(系统图中前后方向的管道)的管径尺寸应标注在管道的斜上方;竖管的管径尺寸应标注在管道的左侧,如图 5.2 所示。

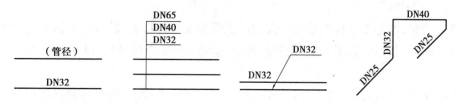

图 5.2　管道管径尺寸标注

管道应按系统图标记和编号,给水系统一般以每一条引入管为一个系统,排水管以每一条排出管为一个系统。当建筑物的给水引入管、排水排出管的数量超过 1 根时,宜进行分类编号,编号方法是:在直径 12 mm 的圆圈内过圆心画一水平线,水平线上用汉语拼音字母表示管道类别,水平线下用阿拉伯数字编号,如图 5.3 所示。

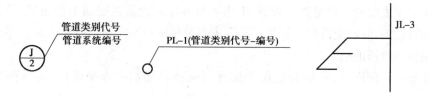

图 5.3　管道类别及系统注释

当建筑物内穿过一层及多于一层楼层的立管数量多于 1 根时,也常采用阿拉伯数字编号。

6)管道转向、连接、交叉、重叠的表示方法

管道常用的转向示意如图 5.4 所示;管道连接、交叉、重叠示意如图 5.5 所示。

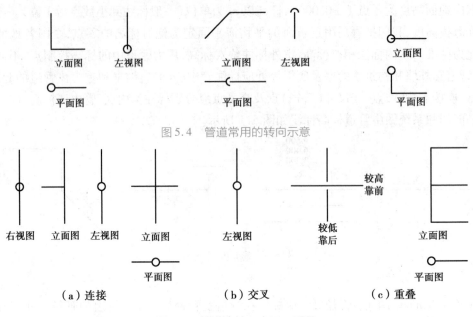

图 5.4 管道常用的转向示意

（a）连接 （b）交叉 （c）重叠

图 5.5 管道连接、交叉、重叠

5.2.2 建筑给排水施工图识读过程

阅读图纸时,首先要结合图纸目录看设计说明和设备材料表,然后看不同系统的平面图、系统图、详图等。基本的看图方法:先粗后细,平面图、系统图多对照,以便建立全面、系统的空间形象。

看给水工程图时,可按水流方向从引入管、干管立管、支管,到用水设备顺序识读;看排水工程图时,可按水流方向从卫生器具、排水支管、排水横管、排水立管、干管,到排出管顺序识读;看消火栓工程图时,可按水流方向从消防供水水源、消防供水设备、消防供水立管、支管,到消防栓顺序识读;看自动喷水灭火工程图时,可按水流方向从消防供水水源、消防供水设备、消防报警阀、消防供水干管、立管、支管,到喷头顺序识读。

1)平面图的识读

平面图主要表明建筑物给排水管道、卫生器具和用水设备在平面上的布置,平面图上的管线都是示意性的,管材配件如活接头、补芯、管箍等也不绘制出来,因此,在识读平面图时还必须熟悉给排水管道的施工工艺。

识读给排水平面图时,一般自底层开始逐层阅读各层给排水平面图,需掌握以下主要内容:

①卫生器具、用水设备和升压设备的类型、数量、安装位置、定位尺寸。

②给水引入管和排水排出管的平面位置、走向、系统编号、定位尺寸、与室外给排水管的连接形式、管径及坡度等。

③给排水干管、立管、支管的平面位置与走向、管径尺寸及立管编号;管道安装形式(明装还是暗装),以确定施工方法;消防给水管道中消火栓的布置、口径大小及消防箱的形式与位置;喷淋头的型号及布置等。

④给水管道上是否设有水表。如果有,查明水表的型号、安装位置以及水表前后阀门的

设置情况。

⑤室内排水管道清通设备的布置情况及其型号、位置。

2）系统图的识读

识读给排水系统图时，先看给排水管道进出口编号，并对照平面图逐个进行识读，给排水工程系统图主要表明管道系统的立体走向。在给水系统图上，卫生器具不画出来，只需画出水龙头、淋浴器莲蓬头、冲洗水箱等符号；用水设备如锅炉、热交换器、水箱等，则画出示意图；在排水工程系统图上，也只画出相应的卫生器具的存水弯或器具排水管。

识读系统图时，应掌握以下主要内容：

①给水管道系统的具体走向，干管的布置方式、管径尺寸及其变化情况、阀门的设置、引入管等管道的标高。

②排水管道的具体走向、管路分支情况、管径尺寸与横管坡度、管道各部分标高、存水的形式、清通设备的设置情况、伸缩节和防火圈的设置情况、弯头及三通的选用等，各楼层或各区域管道、用水设施等。

3）详图的识读

室内给排水工程的详图包括节点详图、大样图、标准图等，主要是管道节点、水表消火栓、水加热器、开水炉、卫生器具、套管、排水设备、管道支架等局部节点的安装要求及卫生大样图等。

给排水工程图的特点：

①给排水工程图中的各管道无论管径大小均以单线表示，管道上的各种附件均采用国家统一的图例符号表示。

②给排水工程图与房屋建筑图密不可分，为突出管道与用水设备的关系及管道的布置方式，建筑物的轮廓线在图中用细实线绘制。

③给排水工程中的管道有始有末，总有一定的来龙去脉。识图时，可沿管道内介质流动方向按先干管后支管的顺序进行识图。

④在给排水工程图中，应将平面图和系统图对照阅读。

⑤掌握给排水工程图中的习惯画法和规定画法。

a.给排水工程图中，常将安装于下层空间而为本层使用的管道绘制于本层平面图上。

b.某些不可见的管道，如穿墙和埋地管道等，不用虚线而用实线表示。

c.给排水工程图按比例绘制但局部管道往往未按比例而是示意性地表示（局部位置的管道尺寸和安装方式由规范和标准图来确定）。

d.室内给排水系统图中，给水管道只绘制到水龙头，排水管道则只绘制到卫生器具出口处的存水弯而不绘制卫生器具。

模块3

建筑消防给水基础理论与识图

模块简述：本模块主要介绍建筑消防给水系统的基础理论知识、施工安装工艺及工程图纸识读标准，包括室内消火栓灭火系统的组成、室内消火栓灭火系统的施工安装、自动喷水灭火系统的分类、自动喷水灭火系统的主要组件、自动喷水灭火系统的施工安装、建筑消防施工图标准及表示方法等内容。本模块可以让读者较为系统地掌握建筑消防给水工程的基础知识，了解其所用材料的特点以及相应的施工工艺方法，并能对建筑消防给水工程施工图进行基本的识读。该模块学习难度较低，建议重点学习建筑消防给水系统的类型、各类型系统的原理和组成、常用消防设备及相关附配件的安装方法和型号参数标准以及施工图的表达方法和图例标准等。

学习背景：本模块属于建筑消防给水系统的概论知识，也是建筑设备专业的入门基础之一，目的是使读者具备建筑消防给水系统的基本知识，为本书核心的建模操作部分提供足够的理论支撑，以更好地处理建筑消防给水系统信息化模型中的细节点、关键点，从而进行精准的建模。该部分知识以文字表达为主，学习过程中需要逐步建立设备、管材及附配件等各个元素之间的正确联系，最终形成完整的建筑消防给水系统知识，过程中需要对大量的信息进行加工并识记，建议结合本书提供的建模成果文件进行可视化学习。建筑消防给水工程是人们生活、学习、工作中必不可少的民生工程之一，现代社会也对建筑消防给水工程及其工艺提出了更高的要求。作为行业入门的标志，必须学习好建筑消防给水系统相关理论知识，掌握识读基本的工程施工图纸的方法，以更好地适应社会需求。

能力标准：能够明确建筑消防给水系统的基本组成部分，识读建筑消防设备的基本技术参数，正确区分各类附配件的功能及使用要求，了解消防给水系统化施工安装工艺等。能够辨别常用的建筑消防系统图例，读取施工设计说明中的基本技术参数，结合系统图辨别管道走向，综合且系统地识读建筑消防给水工程施工图。

项目 6 建筑消防给水系统及消防设备器具

6.1 建筑消防给水系统概述

根据灭火剂的种类和灭火方式,建筑消防系统可分为消火栓灭火系统、自动喷水灭火系统、其他使用非水灭火剂的灭火系统,如二氧化碳灭火系统、干粉灭火系统、卤代烷灭火系统等。

在各种灭火剂中,水具有来源广泛、价格便宜、使用方便、器材简单、灭火效果好等优点,是目前建筑消防系统中使用的主要灭火剂。建筑消防给水系统可按以下方式分类。

1)按照我国目前普遍使用的消防车供水能力及消防登高设备的工作高度划分

按照这一方式分类,建筑消防给水系统可分为低层建筑消防给水系统和高层建筑消防给水系统。

9 层及 9 层以下的住宅及建筑高度小于 24 m 的低层民用建筑的消防给水系统,属低层建筑消防给水系统。建筑物的初期火灾主要由室内消火栓系统扑灭,后期火灾可依靠消防车扑救。

10 层及 10 层以上的住宅建筑和建筑高度为 24 m 以上的其他民用和工业建筑的消防给水系统,属高层建筑消防给水系统。因目前我国登高消防车的工作高度约为 24 m,消防云梯一般为 30~48 m,普通消防车通过水泵接合器向室内消防系统输水的供水高度约为 50 m,故发生火灾时,建筑的高层部分已无法依靠室外消防设施协助灭火。因此,高层建筑发生火灾时要立足于自救,即立足于利用室内消防设施来灭火。

2)按消防给水系统的灭火方式划分

按照这一方式分类,建筑消防给水系统可分为消火栓灭火系统、自动喷水灭火系统、水雾灭火系统和水幕灭火系统。

消火栓灭火系统由水枪喷水灭火,系统简单,工程造价低,是我国目前各类建筑普遍采用的消防给水系统;自动喷水灭火系统由喷头喷水灭火,该系统自动喷水并发出报警信号,灭火、控火成功率高,是当今世界上广泛采用的固定灭火设施,但因工程造价高,目前在我国主要用于消防要求高、火灾危险性大的场所。

3）按消防给水压力划分

按照消防给水压力分类，建筑消防给水系统可以分为高压、临时高压和低压消防给水系统。

4）按消防给水系统的供水范围划分

按照消防给水系统的供水范围分类，建筑消防给水系统可以分为独立消防给水系统和区域集中消防给水系统。

6.2 消火栓灭火系统

消火栓给水系统以建筑物、构筑物外墙为界，划分为室外消火栓给水系统和室内消火栓给水系统两大部分。以下主要介绍室内消火栓给水系统。

6.2.1 室内消火栓给水系统的组成

室内消火栓给水系统一般由消防水枪、消防水龙带、室内消火栓、消防卷盘、消防管道和水源等组成，当室外管网不能升压或不能满足室内消防水量、水压要求时，还需设置升压贮水设备。

1）消防水枪、消防水龙带、室内消火栓、消防卷盘

（1）消防水枪

消防水枪（图6.1）是一种增加水流速度、射程和改变水流形状的射水灭火工具，其功能是将消防水龙带内的水流转化成高速水流，直接喷射到火场，达到灭火、冷却或防护的目的。消防水枪有直流水枪、喷雾水枪、多用水枪和多功能水枪等多种类型，室内一般采用直流水枪。消防水枪的喷嘴直径一般有 13 mm、16 mm 和 19 mm 3 种规格，与消防水龙带接口的口径有 50 mm 和 65 mm 两种。

（2）消防水龙带

消防水龙带（图6.2）是能承受一定液体压力的管状带织物，可在较高压力下输送水或泡沫灭火液，其一端通过快速内扣式接口与消火栓、消防车连接，另一端与消防水枪相连。

图6.1 消防水枪   图6.2 消防水龙带

消防水龙带按材料分为有衬里消防水龙带（包括衬胶水龙带、灌胶水龙带）和无衬里消

防水龙带(包括棉水龙带、苎麻水龙带和亚麻水龙带)。无衬里消防水龙带耐压低、内壁粗糙、阻力大、易漏水、寿命短、成本高,已逐渐淘汰。衬里消防水龙带的直径规格有 50 mm 和 65 mm 两种,长度有 15 m、20 m、25 m、30 m 4 种。

(3)室内消火栓

室内消火栓是室内管网向火场供水的,具有内扣式接口的环形阀式龙头,为工厂、仓库、高层建筑、公共建筑及船舶等室内固定消防设施,通常安装在室内消火栓箱内,与消防水龙带和消防水枪等器材配套使用。

室内消火栓按出水口形式划分,可分为单出口消火栓(图 6.3)、双出口消火栓(图 6.4);按栓阀数量划分,可分为单栓阀室内消火栓、双栓阀室内消火栓;按结构形式划分,可分为直角出口型室内消火栓、45°出口型室内消火栓、旋转型室内消火栓,这几种形式的室内消火栓主要由阀体、阀盖、阀杆、阀瓣、阀座、手轮、固定接口等部件组成。铸铁阀体外表面涂大红色油漆,内表面涂防锈漆,手轮涂黑色油漆。使用时,把消火栓手轮顺开启方向旋开即能喷水。

图 6.3 单出口消火栓   图 6.4 双出口消火栓

单出口消火栓直径有 50 mm 和 65 mm 两种,双出口消火栓直径为 65 mm。当水枪射流量小于 5 L/s 时,采用 50 mm 口径的消火栓,配用喷嘴为 13 mm 或 16 mm 的水枪;当水枪射流量大于或等于 5 L/s 时,应采用 65 mm 口径的消火栓,配用喷嘴为 19 mm 的水枪。

(4)消防卷盘

消防卷盘(图 6.5)是重要的辅助灭火设备,由口径为 25 mm 或 32 mm 的消火栓,内径为 19 mm、长度为 20~40 m,卷绕在可旋转转盘上的胶管和喷嘴口径为 6~9mm 的水枪组成。

消防卷盘可与普通消火栓设在同一消火栓箱(图 6.6)内,也可单独设置。该设备操作方便,便于非专职消防人员使用,可供商场、宾馆、仓库以及高、低层公共建筑内的服务人员、工作人员和一般人员进行初期火灾扑灭,对及时控制初起火灾有特殊作用。在高级旅馆、综合楼和建筑高度超过 100 m 的超高层建筑内均应设置。因用水量较少,且消防队不使用该设备,故其用水量可不计入消防用水总量。

图 6.5 消防卷盘   图 6.6 消火栓箱

2)消防管道

室内消防管道应采用外热镀锌钢管、焊接钢管,由引入管、干管、立管和支管组成。其作用是将水供给消火栓,并且必须满足消火栓在消防灭火时所需水量和水压要求。消防管道的直径应不小于 50mm,管材及阀门工作压力为 1.0 MPa,管径小于 DN100 时采用螺纹连接,大于或等于 DN100 时采用法兰或卡箍连接,管材不得有弯曲、锈蚀、重皮及凹凸不平等现象。

3)水源

(1)消防水箱

消防水箱是指在灭火救援活动中提供水源的消防设施。一方面,消防水箱使消防给水管道充满水,节省消防水泵开启后充满管道的时间,为扑灭火灾赢得时间;另一方面,屋顶设置的增压、稳压系统和水箱能保证消防水枪充实水柱,对扑灭初期火灾有决定性作用。

消防水箱应设在建筑物的最高位置,且应为重力自流供水方式。消防水箱应储存 10 min 的消防用水量。消防用水与其他用水合并的水箱,应有消防用水不作他用的技术措施。消防水箱应利用生产或生活给水管道补水,严禁采用消防水泵补水。发生火灾后,为了防止由消防水泵供给的消防用水进入消防水箱,在消防水箱的消防用水出水管上,应设置单向阀,只允许水箱内的水进入消防管道,防止消防管道的水进入水箱。

(2)消防水池

消防水池是人工建造的供固定或移动消防水泵吸水的储水设施。具有下列情况之一的建筑应设置消防水池:

①生产、生活用水量达到最大时,市政给水管道、进水管或天然水源不能满足室内外消防用水量。

②市政给水管道为枝状或只有一条进水管,且消防用水量之和超过 25 L/s。

为防止生活、生产水质污染,消防水池一般与生活、生产、工艺用水储水池分开设置。当消防用水与其他用水共用水池时,应有确保消防用水不作他用的技术措施。

消防水池供两幢或两幢以上建筑物的消防用水时,其容量应满足消防用水量大于一幢建筑物的消防用水要求。

游泳池、喷水池、循环冷却水池等专用水池兼作消防水池时,其功能除全部满足上述要求外,还应保持全年有水,不能放空。

6.2.2 室内消火栓给水系统的施工安装

室内消火栓给水系统的组成如图 6.7 所示。

1)施工准备

(1)作业条件

①主体结构已验收,现场已清理干净。

②管道安装所需要的基准线已测定并标明,如吊顶标高、地面标高、内隔墙位置线等。

③设备基础经检验符合设计要求,达到安装条件。

④安装管道所需要的操作架已搭设完毕。

⑤管道支吊架、预留孔洞的位置、尺寸正确。

(2)施工前的准备工作

①认真熟悉经消防主管部门审批的设计施工图纸,编制施工方案,进行技术、安全交底,同时根据施工方案、技术交流、安全交底的具体措施选用材料,测量尺寸,绘制草图,预制

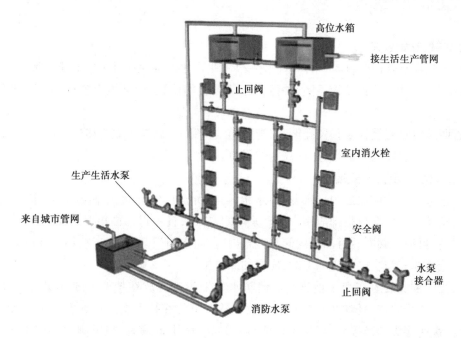

图6.7 室内消火栓给水系统组成

加工。

②核对有关专业图纸,查看各种管道的坐标、标高是否有交叉或排列位置不当的情况,若有,及时与设计人员研究解决,办理洽商手续。

③检查预埋件和预留洞是否准确。

④检查管材、管件、阀门、设备及组件等是否符合设计要求和质量标准。

⑤安排合理的施工顺序,避免工种交叉作业干扰,影响施工。

2)工艺流程

安装准备→干管安装→立管安装→消火栓箱及支管安装→消防水泵、高位水箱、水泵接合器安装→管道试压→管道冲洗→消火栓配件安装→系统调试。

3)施工工艺

(1)干管安装

室内消防管道一般采用镀锌钢管,螺纹连接,接口材料为聚四氟乙烯生料带或铅油加麻丝。安装前进行管道的外观检查,合格方能使用。

如果供水主干管和干管埋地敷设,应检查挖好的管沟或砌好的地沟是否满足管道安装的要求。设在地下室、技术层或顶棚的水平干管,应按管道的直径、坐标、标高及坡度制作、安装管道支、吊架。

高层建筑中的消防进水管一般不少于两条。设有两台以上消防泵,就有两条以上出水管通向室内管网,不允许几个消防泵出水管共用一条总出水管。

参照室内给水工艺标准,对管道进行测绘、下料、切割、调直、加工、组装、编号。从各条供水管入口起向室内逐渐安装、连接。安装过程中,按测绘草图甩出各个消防立管接头的准确位置。

凡需隐蔽的消防供水管道,必须先进行管段试压。设计有防腐要求时,试压合格后方可进行。

（2）立管、支管安装

立管暗装在竖井内时，应从下向上顺序安装，在管井内预埋铁件上安装卡件固定，立管底部的支、吊架要牢固，防止立管下坠，并按测绘草图上的位置、标高甩出各层消火栓水平支管接头。

立管明装时每层楼板要预留孔洞，立管可随结构穿入，以减少立管接口。

消火栓支管要以栓阀的坐标、标高定位甩口。

（3）消火栓箱及配件安装

消火栓箱安装时应取出内部水龙带、水枪等全部配件，箱体表面平整、埋设牢靠、零件齐全可靠。暗装消火栓栓口根部应用水泥砂浆填塞、抹平，且不得污染箱壁、箱底。消火栓箱体找正稳固后，再把栓阀安装好。栓阀侧装在箱内时，应在箱门开启的一侧，箱门开启应灵活。

消火栓箱体安装在轻质隔墙上时，应有加固措施。

消火栓配件安装应在交工前进行。消防水龙带应折好放在挂架上或卷实、盘紧放在箱内，消防水枪要竖放在箱体内侧，自救式水枪和软管应放在挂卡上或放在箱底部。消防水龙带与水枪、快速接头的连接，一般用铅丝或铜丝绑扎，使用卡箍时，在里侧加一道铅丝。设有电控按钮时，应注意与电气专业配合施工。

消火栓管道安装完成后，应按设计指定压力进行水压试验。如设计无要求，一般工作压力在 1.0 MPa 以下，试验压力为 1.4 MPa；工作压力为 1.0 MPa 以上，试压压力为工作压力加 0.4 MPa，稳压 30 min，无渗漏为合格。为配合装修，试压可分段进行。

消火栓系统管道试压完可连续做冲洗工作，冲洗时管内水流量应满足设计要求，进、出水口水质一致时方可结束。

（4）高位水箱安装

高位水箱安装应在结构封顶前就位，并应做满水试验。

水箱、水池订货加工前应向厂家明确水箱各管路出口位置及标高，水箱进场应会同建设方、监理、厂家进行检验，合格后方可安装，安装前应对水箱基础进行验收。消防出水管应加单向阀。所有水箱管口均应预制加工，如果现场开口焊接应在水箱上焊加强板。

（5）通水调试

通水调试前，消防设备包括水泵、接合器、节流装置等应安装完，水泵做完单机调试工作。系统通水达到工作压力，并选系统最不利点消火栓做试验，通过水泵结合器及消防水泵加压，消防栓喷水压力均应满足设计要求。

6.3 自动喷水灭火系统

自动喷水灭火系统是一种发生火灾时，能自动作用打开喷头喷水灭火，同时发出火警信号的消防给水设备。

自动喷水灭火系统通过加压设备将水送入管网至带有热敏元件的喷头处，喷头在火灾的热环境中自动开启洒水灭火。通常喷头下方的覆盖面积大约为 12 m²。自动喷水灭火系统扑灭初期火灾的效率在97%以上。

6.3.1　自动喷水灭火系统的分类

自动喷水灭火系统可用于各种建筑物中允许用水灭火的保护对象和场所。根据被保护建筑物的使用性质、环境条件和火灾发生、发展特性的不同,自动喷水灭火系统可以有多种不同类型,建筑工程中通常根据系统中喷头开闭形式的不同,分为闭式自动喷水灭火系统和开式自动喷水灭火系统两大类。闭式自动喷水灭火系统包括湿式系统、干式系统、干湿两用系统、预作用系统等。开式自动喷水灭火系统包括雨淋系统、水喷雾系统和水幕系统。

1)湿式自动喷水灭火系统

湿式自动喷水灭火系统由消防供水水源、消防供水设备、消防管道、水流指示器、报警装置、压力开关、喷头等组件和末端试水装置、火灾控制器及火灾探测报警控制系统组成。由于该系统在报警阀的前后管道内始终充满着压力水,故称为湿式系统。火灾发生时,在火场温度作用下,闭式喷头的感温元件温度达到预定的动作温度后,喷头开启,喷水灭火,阀后压力下降,湿式阀瓣打开,水经延时器通向水力警铃,发出报警信号。与此同时,压力开关及水流指示器也将信号传送到消防控制中心,经判断确认火警后启动消防水泵向管网加压供水,实现持续自动喷水灭火,如图6.8所示。

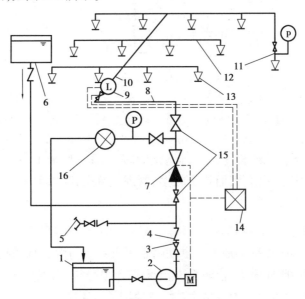

图 6.8　湿式自动喷水灭火系统

1—水池;2—水泵;3—闸阀;4—止回阀;5—水泵接合器；6—消防水箱;7—湿式报警阀组;
8—配水干管;9—水流指示器;10—配水管;11—末端试水装置;12—配水支管;
13—闭式洒水喷头;14—报警控制器;15— 控制阀；16—流量计

湿式自动喷水灭火系统结构简单、施工和管理维护方便、使用可靠、灭火速度快、控火效率高、建设投资少,但由于管路在喷头中始终充满水,因此一旦发生渗漏,就会损坏建筑装饰,所以应用受环境温度的限制。湿式自动喷水灭火系统适合安装在温度不低于4 ℃、不高于70 ℃

且能用水灭火的建筑物内。

2) 干式自动喷水灭火系统

干式自动喷水灭火系统由闭式喷头、管道系统、干式报警阀、水流指示器、报警装置、充气设备、排气设备和供水设备等组成。其管路和喷头内平时没有水,只处于充气状态,故称为干式系统。干式系统由于报警阀后的管道中无水,不怕冻结,不怕环境温度高,因而适用于环境温度低于4℃或高于70 ℃的建筑物和场所,如图6.9 所示。

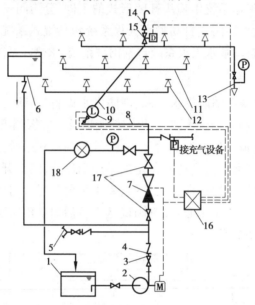

图 6.9　干式自动喷水灭火系统

1—水池; 2—水泵;3—闸阀;4—止回阀;5—水泵接合器;6—消防水箱;7—干式报警阀组;
8—配水干管;9—水流指示器;10—配水管;11—配水支管;12—闭式喷头;13—末端试水装置;
14—快速排气阀;15—电动阀;16—报警控制器;17—控制阀;18—流量计

与湿式自动喷水灭火系统相比,干式自动喷水灭火系统增加了一套充气设备,管网内的气压要经常保持在一定范围内,因而投资较多,管理较复杂,喷水前需排放管内气体,灭火速度不如湿式自动喷水灭火系统快。

3) 干湿两用自动喷水灭火系统

干湿两用自动喷水灭火系统是干式自动喷水灭火系统与湿式自动喷水灭火系统交替使用的系统。其组成包括闭式喷头、管网系统、干湿两用报警阀、水流指示器、信号阀、末端试水装置、充气设备和供水设备等。干湿两用系统在使用场所环境温度高于70 ℃或低于4 ℃时,系统呈干式,环境温度在4 ℃至70 ℃时,可将系统转换为湿式系统。

4) 预作用自动喷水灭火系统

预作用自动喷水灭火系统由闭式喷头、管网系统、雨淋阀、火灾探测器、报警控制装置、充气设备、控制组件和供水设备等组成。系统将火灾自动探测报警技术和自动喷淋灭火系统有机地结合在一起,雨淋阀后的管道平时呈干式,充满低压气体,在火灾发生时安装在保护区的感温、感烟火灾探测器首先发出火警信号,同时开启雨淋阀,使水进入管路,在短时间内将系统转换为湿式,以后的动作与湿式系统相同。

预作用自动喷水灭火系统在雨淋阀以后的管网中平时不充水,而充低压空气或氮气,可避免因系统破损而造成的水损失;另外,这种系统有早期报警装置,能在喷头动作之前及时报警并转换成湿式系统,克服了干式系统必须待喷头动作,完成排气后才能喷淋灭火,从而延迟喷淋时间的缺点。但预作用系统比湿式系统或干式系统多一套自动探测报警和自动控制系统,构造复杂,投资较高。对于要求灭火系统处于准工作状态时严禁管道漏水、严禁系统误喷、替代干式系统等场所,应采用预作用系统。

5)雨淋系统

雨淋系统采用开式洒水喷头,由雨淋阀控制喷水范围,利用配套的火灾自动报警系统或传动管系统监测火灾并自动启动系统灭火。发生火灾时,火灾探测器将信号送至火灾报警控制器,压力开关、水力警铃一起报警,控制器输出信号打开雨淋阀,同时启动水泵连续供水,使整个保护区内的开式喷头喷水灭火。雨淋系统具有出水量大、灭火及时的优点,适用于火势迅猛、危险性大的建筑场所。

6)水喷雾系统

水喷雾系统利用喷雾喷头在一定压力下将水流分解成粒径为 $100 \sim 700 \ \mu m$ 的细小雾滴,通过表面冷却、窒息、乳化、稀释的共同作用实现灭火和防护,保护的对象主要是火灾危险大、扑救困难的专用设施或设备。水喷雾系统既能够扑救固体火灾,也可以扑救液体火灾和电气火灾,还可用于可燃气体和甲、乙、丙类液体的生产、储存装置或装卸设施的防护冷却。

7)水幕系统

水幕系统的喷头呈线状布置,发生火灾时,并不直接用于扑救火灾,不是利用开式洒水喷头或水幕喷头阻止火势扩大和蔓延,而是与自动的或手动的控制阀门、雨淋报警组构成水幕系统。水幕系统分为两种:一种是利用密集喷洒的水墙或水帘阻火挡烟,起防火分隔作用,如舞台与观众之间的隔离水帘;另一种是利用水的冷却作用,配合防火卷帘等分隔物进行防火分隔。

6.3.2 自动喷水灭火系统的主要组件

自动喷水灭火系统的主要组件有管道、喷头、报警阀、延时器、水流报警装置、火灾探测器及控制和检验装置等。

1)管道

自动喷水灭火系统的管网由供水管、配水立管、配水干管、配水管及配水支管组成,如图6.10 所示。

管道布置应符合以下要求:

①自动喷水灭火系统报警阀后的管道上不应设置其他用水设施,并应采用镀锌钢管或镀锌无缝钢管。

②每根配水支管或配水管的直径不应小于 25 mm。

③每侧每根配水支管设置的喷头数应符合:

a.轻危险级、中危险级建筑物、构筑物不应多于 8 个。

b.当在同一配水支管的吊顶上下布置喷头时,其上下侧的喷头数各不多于 8 个。

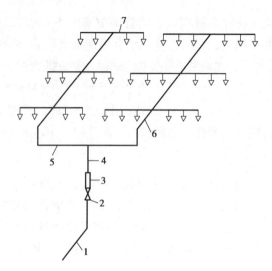

图 6.10　自动喷水灭火系统管网

1—供水管；2—总闸阀；3—报警阀；4—配水立管；

5—配水干管；6—配水管；7—配水支管

c. 严重危险级的建筑物不应多于 6 个。

④应设泄水装置，在管网末端设充水的排气装置。水平安装的管道坡度应坡向泄水阀，充水管道的坡度≥2‰，准工作状态不充水管道的坡度≥4‰。

⑤管网内的工作压力不应大于 1.2 MPa。

⑥干式系统的配水管道充水时间不宜大于 1 min。

2）喷头

喷头是自动喷水灭火系统的关键部件，起着探测火灾、启动系统和喷水灭火的重要作用。

（1）标准闭式喷头

标准闭式喷头是带热敏感元件及密封组件的自动喷头。该热敏感元件在预定温度范围下动作，使热敏感元件及密封组件脱离喷头主体，并按规定的形状和水量在规定的保护面积内喷水灭火。此种喷头按热敏感元件划分，可分为玻璃球喷头和易熔元件喷头两种类型；按安装形式、布水形状划分，可分普通型、下垂型、直立型、边墙型、吊顶型等多种类型，如图 6.11 所示。

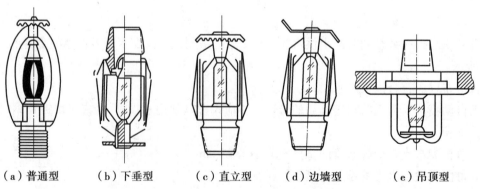

（a）普通型　　（b）下垂型　　（c）直立型　　（d）边墙型　　（e）吊顶型

图 6.11　标准闭式玻璃球喷头的安装形式

标准闭式喷头应用范围广,能有效地灭火、控火,但有其局限性,适用场所的最大净空高度限制在 8 m 以内,喷头喷水的覆盖面积较小,喷出的水滴较小,穿透力较弱,在可燃物较多的仓库灭火、控火有一定难度,喷头的响应时间较长,滞后于火灾探测器。

(2)特种闭式喷头

特种闭式喷头又分为快速响应喷头和快速响应早期抑制喷头。

快速响应喷头感温元件表面积较大,使具有一定质量的感温元件的吸热速度加快。在同样条件下,喷头的感温元件吸热较快,喷头的启动时间就可缩短,故应作为高级住宅或超过 100 m 的超高层住宅喷水灭火的必选喷头,尤其适用于公共娱乐场所,医院、疗养院的病房及治疗区域,超出水泵接合器供水高度的楼层,地下商业及仓储用房。

快速响应早期抑制喷头用于保护高堆垛与货架仓库的大流量特种洒水喷头。这种喷头水滴直径大,穿透力强,能够穿过火舌到达可燃物品的表面,适用场所的最大净空达到 12 m。

(3)开式喷头

开式喷头的喷口是敞开的,喷水动作由阀门控制,按用途和洒水形状的特点可分为开式洒水喷头、水幕喷头和喷雾喷头 3 种,如图 6.12 所示。

(a)洒水喷头　　　　　　(b)水幕喷头　　　　　　(c)水雾喷头

图 6.12　　开式喷头

3)报警阀

报警阀是自动喷水灭火系统的关键组件之一,它在系统中起着启动系统、确保灭火用水畅通、发出报警信号的关键作用。

报警阀按系统类型和用途不同分为湿式、干式、干湿两用、雨淋和预作用报警阀。

(1)湿式报警阀

湿式报警阀有导阀型和座圈型两种。座圈型湿式报警阀内设有阀瓣等组件,阀瓣铰接在阀体上。平时阀瓣上下充满水,水压近似相等。由于阀瓣上面与水接触的面积大于下面与水的接触面积,所以阀瓣受到的水压合力向下,处于关闭状态。当水源压力出现波动或冲击时,通过补偿器使上下腔压力保持一致,水力警铃不发出报警,压力开关不接通,阀瓣仍处于准工作状态。闭式喷头喷水灭火时,补偿器来不及补水,阀瓣上面的水压下降,下腔的水便向洒水管网及动作喷头供水,同时水沿着报警阀的环形槽进入报警口,流向延迟器,水力警铃发出声响报警,压力开关开启,发出电信号报警并启动水泵。湿式报警阀如图 6.13 所示。

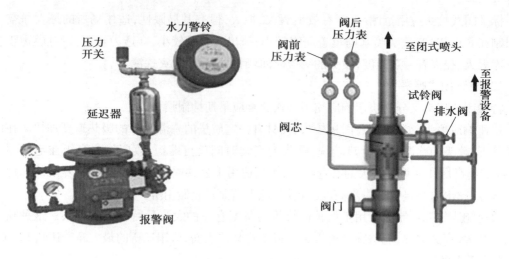

图 6.13　湿式报警阀

(2)干式报警阀

干式报警阀前后的管道内分别充满压力水和压缩空气,阀瓣将阀腔分成上、下两部分,与喷头相连的管路充满压缩空气,与水源相连的管路充满压力水。平时靠作用于阀瓣两侧的气压与水压的力矩差使阀瓣封闭,发生火灾时,气体一侧的压力下降,作用于水体一侧的力矩使阀瓣开启,向喷头供水。干式报警阀如图 6.14 所示。

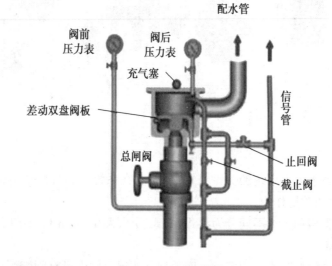

图 6.14　干式报警阀

(3)干湿两用报警阀

干湿两用报警阀是用于干湿两用自动喷水灭火系统中的供水控制阀,报警阀上的管道既可充有压气体,又可充水。充有压气体时作用与干式报警阀相同,充水时作用与湿式报警阀相同。

干湿两用报警阀由干式报警阀、湿式报警阀上下叠加而成,干式报警阀在上,湿式报警阀在下。当系统为干式系统时,干式报警阀起作用。干式报警阀阀室注水口上方及喷水管网充满压缩空气,阀瓣下方及湿式报警阀全部充满压力水。当有喷头开启时,空气从打开的喷头泄出,管道系统的气压下降。干式报警阀的阀瓣被下方的压力水开启,水流进入喷淋管网,部分水流通过环形隔离室进入报警信号管,启动压力开关和水力警铃,系统进入工作状态,喷头喷水灭火。

(4)雨淋报警阀

雨淋报警阀在自动喷水灭火系统中是除湿式报警阀外应用较多的报警阀。雨淋报警阀不仅出水口用于雨淋灭火系统、水喷雾系统、水幕系统等开式系统,还用于预作用系统。雨淋报警阀如图6.15所示。

(5)预作用报警阀

预作用报警阀由湿式阀和雨淋阀上下串接而成,雨淋阀位于供水侧,湿式阀位于系统侧,其动作原理与雨淋阀类似,平时靠供水压力为锁定机构提供动力,把阀瓣扣住,探测器或探测喷头动作后,锁定机构上作用的供水压力迅速降低,从而使阀瓣脱扣开启,供水进入消防管网。预作用报警阀如图6.16所示。

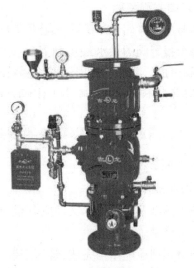

图6.15 雨淋报警阀   图6.16 预作用报警阀

4)延时器

延时器是一个罐式容器,属于湿式报警阀的辅件,用以防止因水源压力波动、报警阀渗漏而引起的误报警。延时器下端为进水口,与报警阀报警口连接相通;上端为出水口,接水力警铃。当湿式报警阀因水锤或水源压力波动而使阀瓣被冲开时,水流由报警支管进入延迟器,因为波动时间短,进入延时器的水量少,压力水不会推动水力警铃的轮机或作用到压力开关上,故能有效防止误报警。

5)水流报警装置

水流报警装置包括水力警铃、压力开关和水流指示器。

(1)水力警铃

水力警铃主要用于湿式喷水灭火系统,安装在湿式报警阀附近。当报警阀打开水源,水流将冲动叶轮,旋转铃锤,打铃报警。

(2)压力开关

压力开关安装在延迟器后、水力警铃入口前的管道上,在水力警铃报警的同时,由于警铃管水压升高,接通电触点而成报警信号向消防中心报警或启动消防水泵。

(3)水流指示器

水流指示器发出区域水流信号,起辅助电动报警作用。每个防火分区或每个楼层均应设置水流指示器。

6)火灾探测器

火灾探测器有烟感和温感两种。火灾探测器通常布置在房间或走道的天花板下面,其数量应根据计算而定。

7)控制和检验装置

(1)控制阀

控制阀一般选用闸阀,平时全开,用环形软锁将手轮锁死在开启位置,并应有开关方向标记,其安装位置在报警阀前。

(2)末端监测装置

末端监测装置用于测试系统能否在开放一只喷头的最不利条件下可靠报警并正常启动,要求在每个报警阀的供水最不利点处设置末端监测装置。末端监测装置由排水阀门、压力表、排气阀组成。测试水流指示器、报警阀、压力开关、水力警铃动作等是否正常,配水管道是否畅通,以及最不利点处的喷头工作压力是否正常。

6.3.3 自动喷水灭火系统的安装施工

1)施工准备

(1)作业条件

①施工图纸及有关技术文件应齐全:现场水电气应满足连续施工要求,系统设备材料应能保证正常施工。

②预留预埋应随结构完成;管道安装所需要的基准线应测定并标明如吊顶标高、地面标高、内隔墙位置线等。设备安装前,基础应检验合格。喷洒头及支管安装应配合吊顶装修进行。

(2)施工前的准备工作

①自动喷水灭火系统的施工人员必须经过技术培训,对喷水系统的原理、应用有所了解,并熟悉设计图纸。

②准备安装的专用工具,专用的部件、管件、防晃支架、吊架及其他专用的材料和设备。

③喷头及报警阀,水流指示器及信号阀等主要系统组件均应为经国家消防产品质量监督检验中心检测合格的产品。并按甲方的要求选定产品的厂家,采用温度等级 68 ℃。

④对施工人员进行详细的技术交底,并由专人负责施工质量检查及系统设备保管、检验。

2)工艺流程

安装准备→管网安装→报警阀安装→喷洒头支管安装→系统组件及喷洒头安装→通水调试。

3) 施工工艺

(1) 管网安装

① 干管安装。

a. 依照设计要求及施工规范规定和已确定的支、吊架加工方法,制作安装好支、吊架。把预制完的管道运到安装部位按编号依次分开。

b. 喷淋管道采用内外壁热镀锌钢管,螺纹和沟槽连接,管径小于等于 80 mm 为螺纹连接,管径大于 80 mm 为沟槽连接。

c. 清除管中杂物,然后依次安装管道用沟槽管件连接,用卡箍固定管道,管道横向宜设 0.002 ~ 0.005 的坡度,且应坡向排水管,当局部区域难以利用排水管排水时,须在管道的最低点设排水阀门或排水短管。

d. 管网安装中断时,应采用敞口封闭。喷洒管线应按有关消防验收规定做色标。

e. 当管道穿墙或楼板时加设套管,套管长度不得小于墙体厚度或应高出地面 50 mm,管道的焊接环缝不得位于套管内,套管与管道的间隙应采用不燃材料填塞密实,符合规范要求。

② 立管安装。

立管安装在竖井内时,在竖井内预埋铁件上安装卡架固定,安装位置宜距地面或楼面 1.5 ~ 1.8 m,层高超过 5 m 应增设支架。立管阀门安装朝向应便于操作和检修。

③ 支管安装。

a. 管道的分支预留口在吊装前应先预制好。丝接采用三通定位预留口。焊接可在干管开口,焊上熟铁管箍。所有预留口均加好临时堵板。

b. 当管道变径时,宜采用异径接头。在管道弯头处不得采用补芯。当需要采用补芯时,三通上可用 1 个,四通上不应超过 2 个。

c. 配水支管上每一直管段,相邻两喷头之间的管段设置的吊架均不宜少于 1 个,当喷头之间的距离小于 1.8 m 时,可隔段设置,但吊架的间距不宜大于 3.6 m。每一配水支管宜设一个防晃支架。管道支吊架的安装位置不应妨碍喷头的喷水效果。

4) 报警阀安装

安装报警阀时,应先安装水源控制阀、报警阀,然后再根据设备说明书进行辅助管道及附件安装。水源控制阀、报警阀与配水干管的连接,应使水流方向一致。报警阀组安装的位置应符合设计要求。当设计无要求时,报警阀组应安装在便于操作的明显位置,距室内地面高度宜为 1.2 m;两侧与墙的距离不宜小于 0.5 m;正面与墙的距离不宜小于 1.2 m。安装报警阀组的室内地面应有排水设施。

5) 喷洒头支管安装

① 喷洒头支管安装指吊顶型喷洒头末端一段支管,该管段不能与分支干管同时顺序完成,要与吊顶装修同步进行。吊顶龙骨装完,根据吊顶材料厚度定出喷洒头的预留口标高,按吊顶装修图确定喷洒头的坐标,使支管预留口做到位置准确。支管管径一律为 25 mm,末端用 25 mm × 15 mm 的异径管箍口,拉线安装。支管末端的弯头处 100 mm 以内应加卡件固定,防止喷头与吊顶接触不牢,上下错动。支管装完,预留口用丝堵拧紧。

② 向上喷的喷洒头,有条件的可与支管同时安装好。其他管道安装完后不易操作的位置

也应先安装好向上喷的喷洒头。

③喷洒系统试压：封吊顶前进行系统试压，为了不影响吊顶装修进度可分层分段进行。试压合格后将压力降至工作压力做严密性试验，稳压 24 h 不渗不漏为合格。

喷洒管道试压完后，可连续做冲洗工作。冲洗时应确保管内有足够的水流量。排水管道应与排水系统可靠连接，其排放应畅通和安全。管网冲洗时应连续进行，当出口处水的颜色、透明度与入口处水的颜色、透明度基本一致时方可结束。管网冲洗的水流方向应与灭火时管网的水流方向一致。冲洗合格后应将管内的水排除干净并及时办理验收手续。

6) 系统组件及喷洒头安装

①水流指示器安装：一般安装在每层或某区域的分支干管上。水流指示器前后应保持有 5 倍安装管径长度的直管段，安装时应水平立装，注意水流方向与指示的箭头方向保持一致，安装后的水流指示器浆片，膜片应动作灵活，不应与管壁发生碰擦。

②报警阀配件安装：报警阀配件一般包括压力表、压力开关、延时器、过滤器、水力警铃、泄水管等。应严格按照说明书或安装图册进行安装。水力警铃应安装在公共通道或值班室附近的外墙上，且应安装检修测试用的阀门。水力警铃与报警阀的连接应采用镀锌钢管，当公称直径为 15 mm 时，长度不应大于 6 m；当公称直径为 20 mm 时，长度不应大于 20 m。安装后的水力警铃启动压力不应小于 0.5 MPa。

③喷洒头安装：喷洒头一般在吊顶板装完后进行安装，安装时应采用专用扳手。安装在易受机械损伤处的喷头，应加设防护罩。喷洒头丝扣填料应采用聚四氟乙烯带。

④节流装置安装：节流装置应安装在公称直径不小于 50 mm 的水平管段上；减压孔板应安装在管道内水流转弯处下游一侧的直管上，且与转弯处的距离不应小于管子公称直径的 2 倍。

7) 通水调试

①喷洒系统安装完毕后应进行整体通水，使系统达到正常的工作压力准备调试。

②通过末端装置放水，当管网压力下降到设定值时，稳压泵应启动，停止放水；当管网压力恢复到正常值时，稳压泵应停止运行。当末端装置以 0.94~1.5 L/s 的流量放水时，稳压泵应自锁。水流指示器、压力开关、水力警铃和消防水泵等应及时动作并发出相应信号。

项目 7 建筑消防给水施工图

7.1 建筑消防给水施工图标准图例

建筑消防给水施工图标准图例包括消防工程固定灭火器系统符号(表7.1)、消防工程灭火器符号(表7.2)、消防工程自动报警设备符号(表7.3)、消防管路及配件符号(表7.4)等。

表7.1 消防工程固定灭火器系统符号

名称	图形	名称	图形
水灭火系统(全淹没)		ABC 类干粉灭火系统	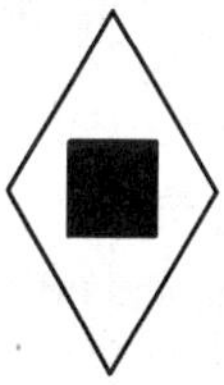
手动控制灭火系统	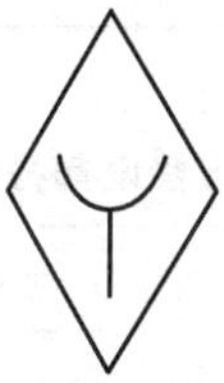	泡沫灭火系统(全淹没)	
卤代烷灭火系统	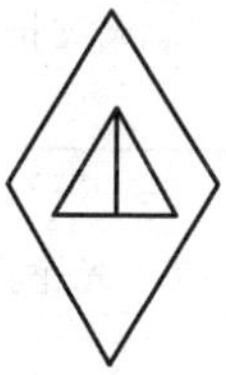	BC 类干粉灭火系统	
二氧化碳灭火系统			

表7.2　消防工程灭火器符号

名称	图形	名称	图形
清水灭火器		卤代烷灭火器	
推车式 ABC 类干粉灭火器	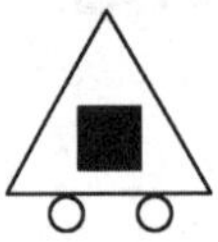	泡沫灭火器	
二氧化碳灭火器		推车式卤代烷灭火器	
BC 类干粉灭火器	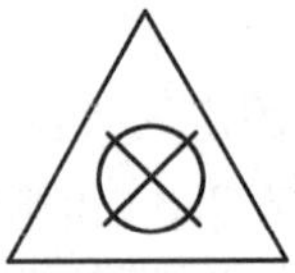	推车式泡沫灭火器	
水桶		ABC 类干粉灭火器	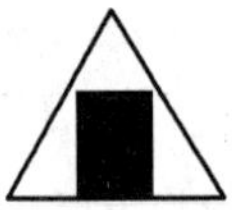
推车式 BC 类干粉灭火器	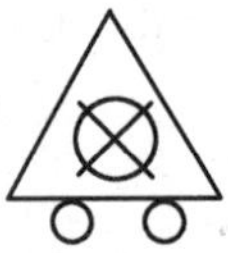	沙桶	

表7.3　消防工程自动报警设备符号

名称	图形	名称	图形
消防控制中心		火灾报警装置	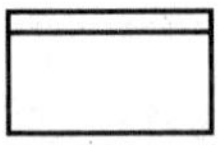
温感探测器	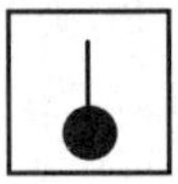	光感探测器	
手动报警装置		烟感探测器	
气体探测器		报警电话	

续表

名称	图形	名称	图形
火灾警铃	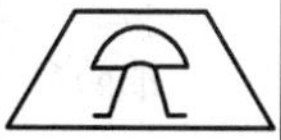	火灾报警扬声器	
火灾报警发声器		火灾光信号装置	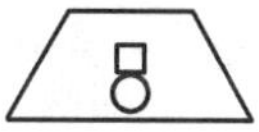

表 7.4　消防管路及配件符号

名称	图形	名称	图形
报警阀	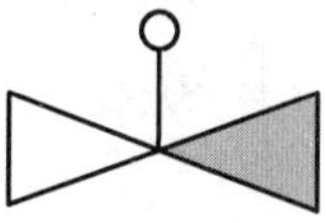	水泵接合器	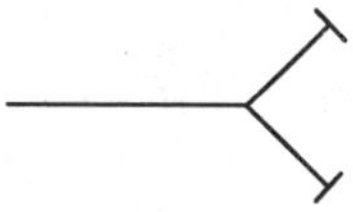
消火栓		自动喷洒头 （闭式下喷）	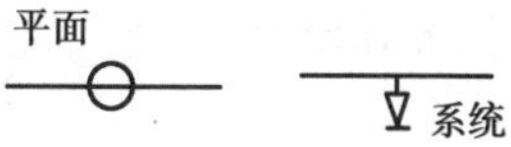 平面　　　系统
自动喷洒头（闭式）	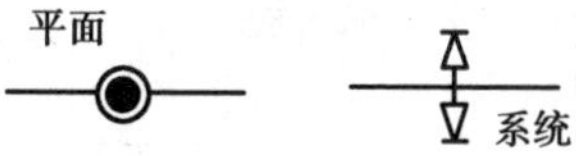 平面　　　系统	自动喷洒头 （闭式上喷）	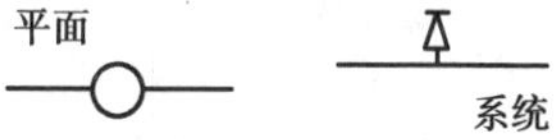 平面　　　系统
湿式报警阀	 平面　　　系统	自动喷洒头 （闭式）	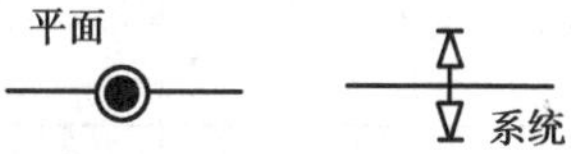 平面　　　系统
泡沫混合器立管	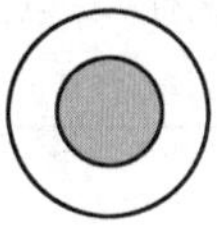	预作用报警阀	 平面　　　系统
闭式喷头	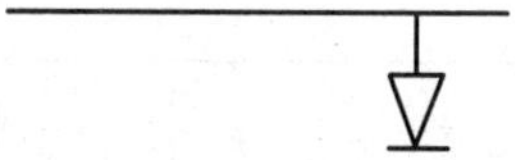	消防水管线	 —— FS ——
泡沫比例混合器		消防水罐（池）	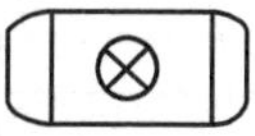
湿式立管		泡沫混合液管线	 —— FP ——
闸阀	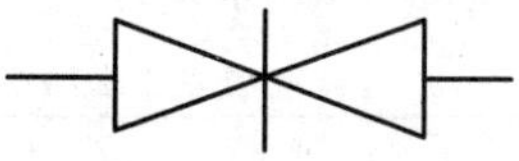	开式喷头	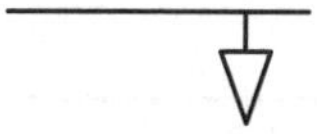

续表

名称	图形	名称	图形
截止阀		消防泵	
止回阀		消声止回阀	
蝶阀		柔性防水套管	
泡沫产生器		消火栓给水管	—— XH ——
泡沫液管		自动喷水灭火给水管	—— ZP ——
减压阀		室外消火栓	
水表		室内消火栓 （单口白色为开启面）	平面　系统
防回流污染止回阀		室内消火栓（双口）	平面　系统
可曲挠橡胶接头		侧墙式自动喷洒头	平面　系统
水表井		侧喷式喷洒头	平面　系统
水力警铃		雨淋灭火给水管	—— YL ——
雨淋阀	平面　系统	水幕灭火给水管	—— SM ——

续表

名称	图形	名称	图形
末端测试阀	平面　系统	水炮灭火给水管	———— SP ————
遥控信号阀		干式报警阀	平面　系统
水流指示器		水炮	

<table>

7.2　建筑消防给水施工图的表示方法

　　阅读主要图纸之前,首先应当看设计说明和设备材料表,然后以系统图为线索深入阅读平面图和系统图及详图。阅读时,应将3种图相互对照来看,并先对系统图有大致了解。看消防给水系统图时,可由建筑的给水引入管开始,沿水流方向经干管、立管、支管再到用水设备。

　　1)平面图

　　室内消防给水平面图是施工图纸中最基本和最重要的图纸之一,它主要表明建筑物内消防管道及设备的平面布置。图纸上的线条都是示意性的,同时管材配件如活接头、管箍等也画不出来,因此在识读图纸时还必须熟悉给排水管道的施工工艺。在识读平面图时,应掌握的主要内容和注意事项如下:

　　①查明消防设施、用水设备和升压设备的类型、数量、安装位置及定位尺寸。卫生器具和各种设备通常都是用图例画出来的,它只说明器具和设备的类型,而不能具体表示各部分的尺寸及构造,因此在识读时必须结合有关详图和技术资料,搞清楚这些器具和设备的构造、接管方式及尺寸。

　　②弄清给水引入管平面位置、走向、定位尺寸、与室外管网的连接形式、管径及坡度。给水引入管上一般都装有阀门,通常设于室外阀门井内。

　　③查明给水干管、立管、支管的平面位置与走向、管径尺寸及立管的编号。从平面图上可清楚地查明管道是明装还是暗装,以确定施工方法。

　　④消防给水管道要查明消火栓的布置、口径大小及消防水箱的形式与位置。

　　⑤在给水管道上设置水表时,必须查明水表的型号、安装位置、表前后阀门的设置情况。

　　2)系统图

　　消防管道系统图主要表明管道系统的立体走向。在系统图上,画出用水设备示意性立体图,并以文字说明。在识读系统图时,应掌握的主要内容和注意事项如下:

①查明消防给水管道的走向,干管的布置方式,管径尺寸及其变化情况,阀门的设置,引入管、干管及各支管的标高。

②识读管道系统图时,应结合平面图及说明,了解和确定管材及配件。

③系统图上对各楼层标高都有注明,看图时可据此分清各层管路。管道支架在图中一般不表示,由施工人员根据有关规程和习惯做法自定。

3)详图

室内消防给水详图包括节点详图、大样图、标准图,主要是管道节点、水表、消火栓、套管、管道支架的安装图等,图中注明了详细尺寸,可供安装时直接使用。

模块 4

建筑采暖系统基础理论与识图

　　模块简述:本模块主要介绍建筑采暖系统基础入门理论知识及规范标准,包括建筑采暖热水系统、热力设备、热水给水设备、末端散热器、常用管道材料及附配件、建筑采暖热水相关规范概述与摘录等内容。本模块可以让读者较为系统地掌握建筑采暖工程的基础知识,了解其所用材料的特点以及相应的施工工艺方法,能够理解一个完整的建筑采暖系统,并能对建筑采暖系统进行基本的识读。该模块学习难度一般,建议重点学习材料设备及相关附配件的型号参数标准、不同种类管道材料的特质及对应的连接工艺、常用热力设备和末端散热器的安装方法和必备的附配件,以及相关规范和标准等。

　　学习背景:本模块属于建筑给排水工程的概论部分,也是建筑设备专业的入门基础之一。该模块的知识主要以文字表达为主,学习过程中需要逐步建立起设备、管材及附配件等各元素之间的正确联系,最终形成完整的建筑采暖系统知识,过程中需要对大量的信息进行加工并识记,建议结合本书提供的建模成果文件进行可视化学习。目前,碳中和对建筑采暖系统及其工艺提出了更高的要求,因此必须扎实掌握相关理论基础,熟练识读基本的工程施工图纸,为后续大系统的建筑设备等提供知识支撑。

　　能力标准:能够明确建筑采暖系统的基本组成部分,会识读热力设备及热力给水设备的基本技术参数,能辨别不同管材的特性、连接工艺以及适用场合等,正确区分各类附配件的功能及其使用要求等。能够熟悉施工工艺,读取施工设计说明中的基本技术参数,结合系统图辨别管道走向,综合且系统地识读建筑采暖工程施工图。

项目8 建筑采暖系统

8.1 概述

建筑采暖系统由热源或供热装置、散热设备和管道组成,可以使室内获得热量并保持一定温度,以达到适宜的生活条件或工作条件。

在民用建筑中,建筑采暖系统以低温热水采暖系统最为常见,散热设备形式以各种对流式散热器和辐射采暖设备为主。热源方面,在北方严寒和寒冷地区由城市集中供热热网提供热源,在没有集中供热热网时则设置独立的锅炉房为系统提供热源。

在长江中下游地区,单独设置采暖系统的建筑并不多见,大部分建筑利用空调系统向建筑提供热量,保证室内的舒适性。随着人们生活水平的提高,部分高档住宅设置了分户的采暖系统,热源采用燃气壁挂炉,散热设备采用散热器或地板辐射采暖。

8.1.1 建筑采暖系统的分类

建筑采暖系统一般按热媒类型分为低温热水采暖系统、高温热水采暖系统、低压蒸汽采暖系统和高压蒸汽采暖系统;也可按散热设备形式分为散热器采暖系统、辐射采暖系统和热风机采暖系统。

建筑采暖系统还可分为室内采暖系统和室外采暖系统两大类。室外采暖系统表示一个区域的供热管网,室内采暖系统则表示一幢建筑物内的采暖工程。本模块主要介绍室内采暖系统。

室内采暖系统分类方法很多,通常有下列几种。

①按采暖的范围不同可分为局部采暖系统、集中采暖系统和区域采暖系统。目前应用最广的是以热水和蒸汽作为热媒的集中采暖系统。这种系统首先在锅炉房利用燃料燃烧产生的热量将热媒加热成热水或蒸汽,再通过输热管道将热媒输送至用户。

②按采暖所用的热媒不同可分为热水采暖系统、蒸汽采暖系统、热风采暖和烟风采暖系统。其中热水采暖系统按循环动力不同又可分为自然循环系统和机械循环系统两种。

③按供热干管敷设的位置不同可分为上行下给系统、下行上给系统、中行上给系统、中行下给系统。

④按立管的数量可分为双管式系统及单管式系统。

8.1.2 热水采暖系统的组成及工作过程

图8.1为机械循环上行下给双管式热水采暖系统示意图。热水采暖系统中全部充满水,依靠电动离心式循环水泵所产生的动力促使热水在管道系统内循环流动。从循环水泵出来

的水被注入热水锅炉,水在锅炉中被加热(一般从锅炉出来的水温度为 90 ℃左右),经供热总立管、干管、立管、支管输送到建筑物内各采暖房间的散热器中散热,使室温升高。热水在散热器中放热冷却(一般从散热器出来的水温度为 70 ℃左右),又经回水支管、立管、干管,被循环水泵抽回再注入锅炉。热水在系统的循环过程中,不断地从锅炉中吸收热量,又不断地在散热器中将热量放出,以维持所要求的室内温度。

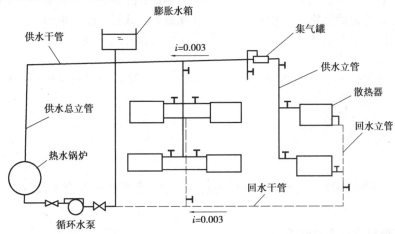

图 8.1 机械循环上行下给双管式热水采暖系统示意图

在此采暖系统中有两根立管(供热立管、回水立管),立管上连接的散热器均为并联,故称为双管并联系统;供热干管位于顶层采暖房间的上部,回水干管位于底层采暖房间的下部,故又称为"上供下回"系统。在该系统中,供热干管沿水流方向有向上的坡度,并在供热干管的最高点设置集气罐,以便顺利排出系统中的空气;为了防止采暖系统的管道因水被加热体积膨胀而胀裂,在管道系统的最高位置安装一个开口的膨胀水箱,水箱下面用膨胀管与靠近循环水泵吸入口的回水干管连接。在循环水泵的吸入口前还应安装除污器,以防止积存在系统中的杂物进入水泵。

8.2 热力设备、热交换设备

8.2.1 锅炉

1)概述

锅炉是供热之源。锅炉及锅炉房设备的任务是保证安全可靠、经济有效地把燃料的化学能转化为热能,进而将热能传递给水,以产生热水或蒸汽,而后通过热力管道输送至用户,满足生产工艺或生活采暖等方面的需要。

锅炉的种类、型号很多,它的类型及台数的取决于锅炉的供热负荷和产热量、供热介质和当地燃料供应情况等。

2)分类

锅炉按供热介质的不同,分为蒸汽锅炉和热水锅炉;按燃料种类的不同,分为燃煤锅炉、燃油锅炉、燃气锅炉和电锅炉;按工作压力的不同,分为低压锅炉、高压锅炉;按燃烧方式的不同,分为层燃炉、室燃炉和沸腾炉。

3) 基本构造和工作过程

锅炉主要由"汽锅"和"炉子"两大部分组成。汽锅是一个由锅筒(又称"汽包")、管束、水冷壁、集箱和下降管等组成的封闭汽水系统。炉子是由煤斗、炉排、除渣板、送风装置等组成的燃烧设备。燃料在炉子里燃烧,将化学能转化为热能;高温的燃烧产物——烟气则通过汽锅受热面将热量传递给汽锅内温度较低的水,水被加热,沸腾汽化,生成蒸汽。

为保证锅炉的正常工作和安全,还必须装设安全阀、水位表、高低水位警报器、压力表、主气阀、排污阀、正回阀等配件。

锅炉的工作包括 3 个同时进行的过程:燃料的燃烧过程、烟气向水传热过程和水的汽化过程。

8.2.2 换热器

1) 概述

换热器是一种把温度较高流体的热能传递给温度较低流体的热交换设备。

2) 分类

(1) 根据参与热交换的介质分类

根据参与热交换的介质不同,换热器可分为汽—水式换热器和水—水式换热器。

(2) 根据换热方式分类

根据换热方式不同,换热器可分为表面式换热器和混合式换热器。在表面式换热器中,被加热的水与热媒不直接接触,而通过金属壁面进行传热,如壳管式(图 8.2)、容积式、板式(图 8.3)和螺旋板式换热器等。在混合式换热器中,冷热两种介质直接接触进行热交换,如淋水式、喷管式换热器等。

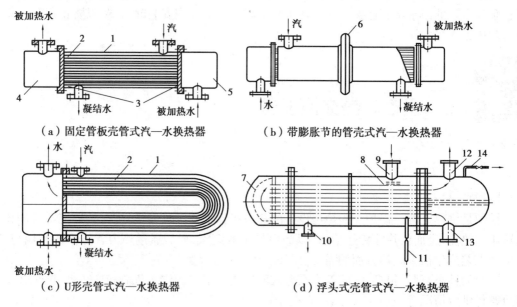

(a) 固定管板壳管式汽—水换热器   (b) 带膨胀节的管壳式汽—水换热器

(c) U 形壳管式汽—水换热器   (d) 浮头式壳管式汽—水换热器

图 8.2　管壳式换热器

1—外壳; 2—管束; 3—固定管板; 4—前水室; 5—后水室; 6—膨胀节; 7—浮头; 8—挡板;

9—蒸汽入口; 10—凝水出口; 11—排气管; 12—被加热水出口; 13—被加热水入口; 14—排气口

板式换热器是由许多平行排列的传热板片叠加而成的,板片之间用密封垫密封,冷、热水在板片之间的间隙里流动。换热板片的结构形式有很多种,我国目前生产的主要是"人字形片板",如图 8.3 所示。

板式换热器是一种传热系数高、结构紧凑、容易拆卸、热损失小、不需保温、质量轻、体积小、适用范围大的新型换热器。其缺点是板片间流通截面窄,易堵塞,密封垫片耐温性能差时,容易产生渗漏并影响使用寿命。

容积式换热器分为容积式汽—水换热器和容积式水—水换热器。这种换热器有一定的储水作用,传热系数小,热交换效率低。容积式汽—水换热器的构造示意图如图 8.4 所示。

混合式换热器是一种直接式热交换器。淋水式换热器(图 8.5)是由壳体和带有筛孔的淋水板组成的圆柱形罐体。它的特点是容量大,可兼作膨胀水箱起储水、定压作用。由于汽、水之间直接接触换热,因此热效率高,但凝结水不能回收,增加了集中供热系统热源的水处理量。

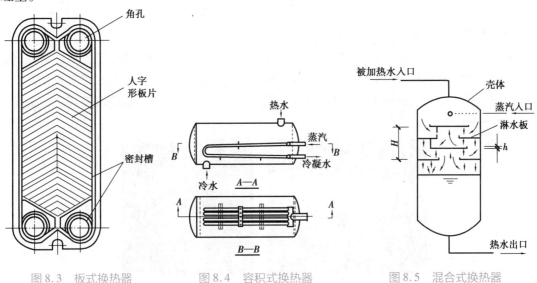

图 8.3　板式换热器　　　　图 8.4　容积式换热器　　　　图 8.5　混合式换热器

8.3　末端散热器

8.3.1　概述

末端散热器是安装在采暖房间的散热设备,它把热媒的部分热量通过器壁以对流和辐射方式传给室内空气,使室内维持所需温度,达到采暖的目的。

8.3.2　种类

末端散热器按材质分为铸铁散热器、钢制散热器和铝制散热器 3 种。

1)铸铁散热器

铸铁散热器是目前使用最多的一种散热器。它的优点是结构简单、耐腐蚀、使用寿命长、水容量大。但它金属耗量大、笨重、金属热强度比钢制散热器低。工程中常用的铸铁散热器有柱型和翼型两大类,如图 8.6 所示。

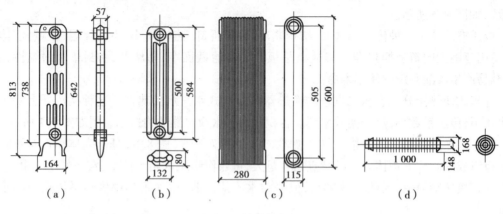

图 8.6　铸铁散热器

2)钢制散热器

钢制散热器耐压强度高,外形美观,金属耗量少,占地较小,便于布置,但容易被腐蚀,使用寿命比铸铁散热器短,多用于高层建筑和高温水采暖系统中,不能用于蒸汽采暖系统,也不宜用于湿度较大的采暖房间内。钢制散热器主要有闭式钢串片、柱形、扁管型及板式四大类,如图 8.7 所示。

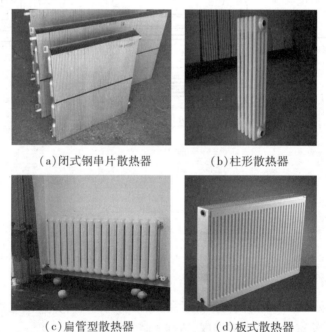

(a)闭式钢串片散热器　　　　　(b)柱形散热器

(c)扁管型散热器　　　　　(d)板式散热器

图 8.7　钢制散热器

3)铝制散热器

铝具有优良的热传导性能,挤压成型的柱翼式(图 8.8)铝制散热器造型美观大方,线条流畅,占地面积小,富有装饰性;质量轻,便于运输安装;金属热强度高,约为铸铁散热器的 6 倍。但铝制散热器价格偏高,且在强碱条件下防腐涂料会加速老化,一旦涂层被破坏,铝很快就会被腐蚀,造成穿孔,因此铝制散热器对采暖系统用水要求较高。

图 8.8　柱翼式铝制散热器

8.3.3　末端散热器的工艺流程

散热器组队→散热器单组试压→吊支架安装→散热器安装。

8.3.4　散热器安装工艺

1) 散热器组队

用钢丝刷对散热器进行除污,刷净口表面及螺纹内外的铁锈。散热器 14 片以下用 2 个足片,15~24 片用 3 个足片,组对时摆好第一片,拧上螺纹一扣,套上耐热橡胶垫,将第二片反扣对准螺纹,找正后扶住炉片,将对丝钥匙插入螺纹内径,同时缓慢均匀拧紧。

①根据散热器的片数和长度选择圆钢直径和加工尺寸,切断后进行调直,两端收头套好丝扣,除锈后刷好防锈漆。

②20 片及以上的散热器需要加外拉条,从散热器上下两端外柱内穿入 4 根拉条,每根套上 1 个骑码,带上螺母,找直、找正后用扳手均匀拧紧,螺纹外露以不超过 1 个螺母厚度为宜。

2) 散热器单组试压

①将散热器抬到试压台上,用管钳上好临时炉堵和补芯及放气门,连接试压泵。

②试压时,打开进水阀门,向散热器内注水,同时打开放气门排净空气,待水满后关闭放气门。

③当设计无要求时,试验压力应为工作压力的 1.5 倍,不小于 0.6 MPa,关闭进水阀门,持续 2~3 min,观察每个接口,不渗不漏为合格。

④打开泄水阀门,拆掉临时堵头和补芯,泄尽水后将散热器运到集中地点。

3) 吊支架安装

①柱形带腿散热器固定卡安装。15 片以下的双数片散热器的固定卡位置,是从地面到散热器总高的 3/4 处画水平线与散热器中心线相交在交点处作好记号,此后单数片向一侧错过半片厚度。16 片以上者应设两个固定卡,高度仍为 3/4 的水平线上。从散热器两端各进去 4~6 片的地方栽入。

②挂装柱形散热器的托钩高度按设计要求并从散热器的距地高度 45 mm 处画水平线。托钩水平位置用画线尺来确定,画线尺横担上刻有散热器的刻度。画出托钩安装位置的中心线,挂装柱形散热器的固定卡高度从托钩中心上移散热器总高的 3/4 画水平线,其安装位置及数量与带腿片的安装位置及数量相同。

③当散热器挂在混凝土墙面上时,用錾子或冲击钻在墙上按画出的位置打孔洞。固定卡孔洞的深度不少于 80 mm,托钩孔洞的深度不少于 120 mm,现浇混凝土墙的深度为 100 mm(如用膨胀螺栓则应按胀栓的要求深度)。用水冲净洞内杂物,填入 M20 水泥砂浆到洞深的 1/2 时,将固定卡插入洞内塞紧,将画线尺放在托钩上,并用水平尺找平找正,填满砂浆并捣实抹平。当散热器挂在轻质隔板墙上时,用冲击钻穿透隔板墙,内置不小于 $\phi 12$ 的圆钢,两端固定预埋铁,支托架稳固于预埋铁上。

4)散热器安装

①按照图样要求,根据散热器安装位置及高度在墙上画出安装中心线。

②将柱形散热器(包括铸铁、钢制)和辐射对流散热器的炉堵和炉补芯抹油,加耐热橡胶垫后拧紧。

③把散热器轻轻抬起,带腿散热器立稳,找平找正,距墙尺寸准确后,将卡夹上紧托牢。

④散热器与支管紧密牢固。

⑤放风门安装。在炉堵上钻孔攻丝,将炉堵抹好铅油,加好石棉橡胶垫,在散热器上用管钳上紧。在放风门螺纹上抹铅油、缠麻丝,拧在炉堵上,用扳手适度拧紧。放风孔应向外斜 45°,并在系统试压前安装完成。

项目9 建筑采暖管道及附配件

9.1 管道及管道附配件的安装工艺流程

管道及管道附配件的安装工艺流程为:预制加工→支吊架安装→套管安装→干管安装→立管安装→支管安装→附配件安装。

9.2 管道及管道附配件的安装工艺

1)预制加工

根据施工方案及施工草图将管道、管件及支吊架等进行预制加工,加工好的成品应编号分类码放,以便使用。

2)支吊架安装

采暖管道安装应按设计或规范规定设置支吊架,特别是活动支架、固定支架。安装吊架、托架时要根据设计图样先放线,定位后再把预制的吊杆按坡向顺序依次放在型钢上。要保证安装的支吊架准确和牢固。

3)套管安装

①管道穿过墙壁和楼板时应设置套管,穿外墙时要加防水套管。套管内壁应做防腐处理,套管管径比穿管大两号。穿墙套管两端与装饰面相平。安装在楼板内的套管,其顶部应高出装饰地面 20 mm,安装在卫生间、厨房间内的套管,其顶部应高出装饰面 50 mm,底部应与楼板地面相平。

②穿过楼板的套管与管道之间的缝隙应用阻燃密实材料和防水油膏填实,且端面光滑。穿墙套管与管道之间应用阻燃密实材料填实。

③套管应埋设平直,管接口不得设在套管内,出地面高度应保持一致。

4)干管安装

①干管一般从进户或分路点开始安装,管径大于或等于 32 mm 时采用焊接或法兰连接,

小于 32 mm 时采用丝接。

②安装前应对管道进行清理、除锈;焊口、丝接头等应清理干净。

③立干管分支宜用方形补偿器连接。

④集气罐不得装在门厅和吊顶内。集气罐的进出水口应开在约罐高 1/3 处,进水管不能小于管径 DN20,集气罐排气管应固定牢固,排气管应引至附近厨房、卫生间的水池或地漏处,管口距池地面不大于 50 mm;排气管上的阀门安装高度不得低于 2.2 m。

⑤管道最高点应装排气装置,最低点应装泄水装置;应在自动排气阀前装手动控制阀,以便自动排气阀失灵时检修、更换。

⑥系统中设有伸缩器时,安装前应做预拉伸试验,并填记录表。安装型号、规格、位置应按设计要求。管道热伸量的计算式为

$$\Delta L = \alpha L(T_2 - T_1)$$

式中　ΔL——管道热伸量,mm;

　　　α——管材的线膨胀系数[钢管为 0.012 mm/(m·℃)];

　　　L——管道长度(两固定支架之间的实际长度),m;

　　　T_2——热媒温度,℃;

　　　T_1——管道安装时的环境温度,℃。

⑦穿过伸缩缝、沉降缝及抗震缝应根据情况采取以下措施:

a. 在墙体两侧采取柔性连接。

b. 在管道或保温层外皮上、下部留有不小于 150 mm 的净空距。

c. 在穿墙处做成方形补偿器,水平安装。

⑧热水、蒸汽系统管道的不同做法如下:

a. 蒸汽系统水平安装的管道要有坡度,当坡度与蒸汽流动方向一致时,坡度为 0.3%,当坡度与蒸汽流动方向相反时,坡度为 0.5% ~1%,干管的翻身处及末端应设置疏水器。

b. 蒸汽供气管应为下平安装,蒸汽回水管的变径为同心安装,热水管应为上平安装。

c. 管径大于或等于 DN65 时,支管距变径管焊口的长度为 300 mm;小于 DN65 时,长度为 200 mm。

d. 变径两管径差较小时采用甩管制作,变径两管径差较大时,变径管长度应为 $(D-d)×4 \sim (D-d)×6$,变径管及支管做法见有关通用图集。

⑨管道安装后,检查坐标、标高、预留口位置和管道变径是否正确,然后调直、找坡,调整合格后再固定卡架,填堵管井洞。管道预留口加临时封堵。

5) 立管安装

①后装套管时,应先把套管套在管上,然后把立管按顺序逐根安装,涂铅油缠麻,将立管对准接口转动入口,咬住管件拧管,松紧要适度。对准预装调直时的标记,并认真检查甩口标高、方向、灯叉弯、元宝弯位置是否准确。

②将立管卡松开,把管道放入卡内,紧固螺栓,用线坠吊直找正后把立管卡固定好,每层立管安装完后,将管道和接口清理干净并及时封堵甩口。

6) 支管安装

①首先检查散热器安装位置,进出口与立管甩口是否一致,坡度是否正确,然后准确量出

支管(含灯叉弯、元宝弯)的尺寸,进行支管加工。

②支管安装必须满足坡度要求,支管长度超过1.5 m和2个以上转弯时应加支架。立支管管径小于DN20时应使用煨制弯。变径应使用变径管箍或焊接大小头。

③支管安装完毕应及时检查、校对支管坡度和距墙尺寸。初装修厨房、卫生间立支管要留出距装饰面的余量。

7)附配件安装

(1)方形补偿器

①安装前应检查补偿器是否符合设计要求,补偿器的伸缩臂是否在水平面上,安装时用水平尺检查,调整支架,保证位置正确、坡度符合规定。

②补偿器预拉可用千斤顶将补偿器的两臂撑开或用拉管器进行冷拉。预拉伸的焊口选在距补偿器弯曲起点2~2.5 m处为宜,冷拉前将固定支座固定牢固,并对好预拉焊口的间距。

③采用拉管器冷拉时,其操作方法是:将拉管器的法兰管卡紧紧卡在预拉焊口的两端,一端为补偿器管段,另一端是管道端口,穿在两个法兰管卡之间的几个双头长螺栓作为调整及拉紧的器具,将预拉间隙对好,用短角钢在管口处贴焊,但只能焊在管道的一端,另一端用角钢卡住即可,然后拧紧螺栓使间隙靠拢,将焊口焊好后才可松开螺栓,再进行另一侧的拉伸,也可两侧同时进行冷拉作业。

④采用千斤顶顶撑时,将千斤顶横放在补偿器的两臂间,加好支撑及垫块,然后起动千斤顶,这时两臂即被撑开,使预拉焊口靠拢至要求的间隙,找正焊口,用电焊将平管口焊好。只有当两侧预拉焊口焊完后,才能拆除千斤顶,拉伸完成。

⑤补偿器宜用整根管弯制。若需要接口,其焊口位置应设在垂直臂的中间。方形补偿器预拉长度应按设计要求拉伸,无要求时为其伸长量的1/2。

(2)套筒补偿器

①安装管道时应将补偿器的位置让出,在管道两端各焊一片法兰盘,焊接时,法兰盘要垂直于管道中心线,法兰盘与补偿器表面相互平行,衬垫平整,受力均匀。

②套筒补偿器应安装在固定支架近旁,并将外套管一端朝向管道的固定支架,内套管一端与产生热膨胀的管道相连。

③套筒补偿器的填料应采用涂有石墨粉的石棉盘根或浸过机油的石棉绳,压盖的松紧程度在试运行时进行调整,以不漏水、不漏气、内套管能伸缩自如为宜。

④为保证补偿器正常工作,安装时,必须保证管道和补偿器一致,并在补偿器前设置1~2个导向滑动支架。

⑤套筒补偿器的拉伸长度按设计要求拉。预拉时,先将补偿器的填料压盖松开,将内套管拉出预拉伸长度,然后再将压盖紧住。拉伸长度设计未要求时,按表9.1选用。

表9.1 套筒补偿器预拉长度表

(单位:mm)

补偿器规格	15	20	25	32	40	50	65	75	80	100	125
拉出长度	0	20	30	30	40	40	56	56	59	59	59

(3)波形补偿器

①波形补偿器的波节数量由设计确定,一般为 1～4 节,每个波节的补偿能力由设计确定。

②安装前应了解出厂前是否已做预拉伸,若已做预拉伸,厂商需提供拉伸资料及产品合格证。当未做预拉伸时应在现场补做,由技术人员根据设计要求确定,在平地上进行,作用力应分 2～3 次逐渐增加,尽量保证各波节圆周面受力均匀。拉伸或压缩量的偏差应小于 5 mm,当拉伸压缩达到要求数值时,应立即固定。

③安装前,管道两侧应先安装好固定卡架,安装管道时应将补偿器的位置让出,在管道两端各焊一法兰盘,焊接时,法兰盘应垂直于管道的中心线,法兰盘与补偿器表面平行,加垫后,衬垫受力应均匀。

④补偿器安装时,卡架不得固定在波节上,试压时不得超压,不允许径向受力,将其固定牢并与管道保持同心,不得偏斜。

⑤波形补偿器若需加大壁厚,内套筒的一端与波形补偿器的臂焊接。安装时,应注意使介质的流向从焊端流向自由端,并与管道的坡度方向一致。

(4)减压阀

①安装减压阀时,减压阀前的管径应与阀体的直径一致,减压阀后的管径可比阀前管径大 1～2 号。

②减压阀的阀体必须垂直安装在水平管路上,阀体上的箭头必须与介质流向一致。减压阀两侧应采用法兰阀门。

③减压阀前应装有过滤器,对于带有均压管的薄膜式减压阀,其均压管接到低压管道的一侧。

④为便于调整减压阀,阀前的高压管道和阀后的低压管道上都应安装压力表。阀后低压管道上应安装安全阀,安全阀排气管应接至室外安全地点,其截面不应小于安全阀出口的截面面积。安全阀定压值按照设计要求。

(5)疏水器

①疏水器应安装在便于检修的地方,并应尽量靠近用热设备凝结水排出口下,且安装在排水管的最低点。

②疏水器安装应按设计设置旁通管、冲洗管、检查管、止回阀和除污器。用气设备应分别安装疏水器,几台设备不能合用一个疏水器。

③疏水器的进出口要保持水平,不可倾斜,阀体箭头应与排水方向一致,疏水器的排水管径不能小于进水口管径。

④疏水器旁通管做法见相关通用图集。

(6)除污器

除污器一般设在用户引入口和循环泵进水口处,方向不能装反。

(7)膨胀水箱

①膨胀水箱用来储存采暖系统热水受热后的膨胀水,同时解决系统定压和补水问题,在重力循环上供下回式系统中还起排气作用。膨胀水箱一般用钢板制成,箱上连有膨胀管、溢流管、信号管、排水管及循环管等。

②膨胀水箱有方形和圆形,应设在供暖系统最高点,若设在非采暖房间内,则需要进行保温。

③膨胀水箱的膨胀管和循环管一般连接在循环水泵前的回水总管上,循环管、膨胀管不得装设阀门。

(8)排气装置

①自然循环和机械循环热水采暖系统都必须及时、迅速地排除系统内的空气,以保证系统正常运行,避免产生气阻,影响水流的循环和散热,因此应设置排气装置。

②集气罐和排气阀是热水采暖系统常用的空气排除装置,有手动和自动之分。

③自动排气阀大都依靠水对浮体的浮力,通过自动阻气和排水机构,使排气孔自动打开或关闭,达到排气的目的。

④手动排气阀适用于公称压力 $PN \leqslant 600$ kPa,工作温度 $\leqslant 100°C$ 的水或蒸汽采暖系统的散热器,多用在水平式和下供下回式系统中,旋紧在散热器上部专设的丝孔上,以手动方式排除空气。

项目 10 建筑采暖施工图识读

10.1 建筑采暖施工图标准图例

建筑采暖施工图供暖管道、附件、设备及仪器常用图例如表 10.1 所示。

表 10.1 供暖管道、附件、设备及仪器常用图例

序号	名称	图例	说明
1	采暖热水供水管	——RG——	可通过实线、虚线表示供、回关系,省略字母 G,H
2	采暖热水回水管	——RH——	
3	循环给水管	——XJ——	
4	蒸汽管	——Z——	需要区分饱和、过热、自用蒸汽时,在代号前分别附加 B,G,Z
5	冷凝水管	——N——	
6	膨胀水管	——PZ——	
7	膨胀水管(波纹)		
8	减压阀	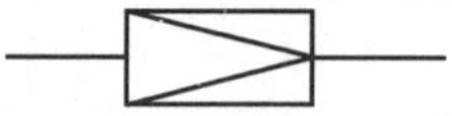	左高右低
9	安全阀	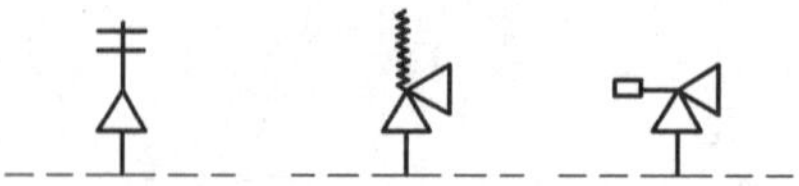	左图为通用形式,中图为弹簧安全阀,右图为重锤安全阀
10	集气罐、排气装置	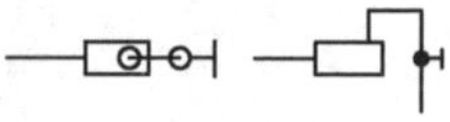	左图为平面图,右图为系统图
11	自动排气阀		

续表

序号	名称	图例	说明
12	疏水阀		在不致引起误解的前提下,也可用右图表示,也称疏水器
13	补偿器		也称伸缩器
14	方形补偿器	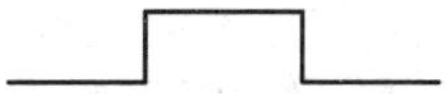	
15	套筒式补偿器	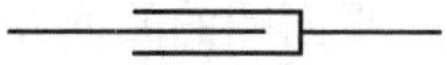	
16	波纹管补偿器		
17	Y 形过滤器	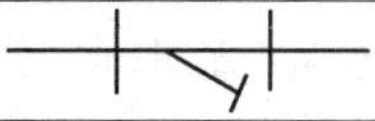	
18	散热器及手动排气阀	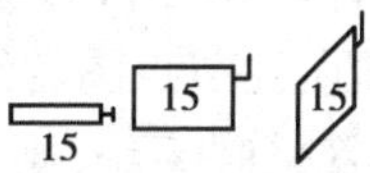	左图为平面图画法,中图为剖面图画法,右图为系统图画法
19	散热器及控制阀	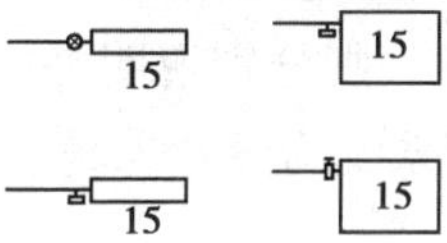	左图为平面图画法,右图为剖面图画法
20	卧式热交换器	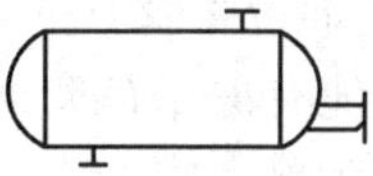	
21	立式热交换器	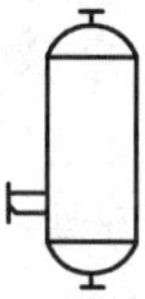	
22	快速管式热交换器	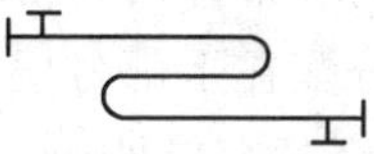	
23	温度表	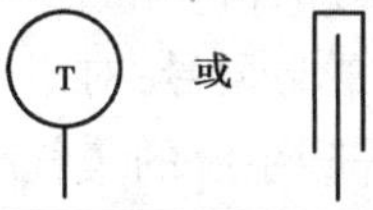	左图为圆盘式温度表,右图为管式温度表
24	压力表		
25	流量计	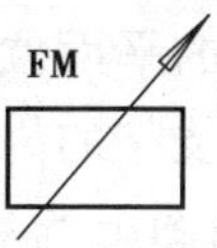	

10.2 建筑采暖施工图的表示方法

建筑采暖施工图应按热媒在管内所走的路线顺序识读,即先找到系统热力入口,按水流方向识读。

10.2.1 平面图

室内采暖平面图主要表示采暖管道、散热器及附件在建筑平面图上的位置以及它们之间的相互关系,是施工图中的重要图样。平面图的阅读方法如下:

①查明热力入口在建筑平面上的位置、管道直径、热媒来源、流向、参数及其做法等,了解供热总干管和回水干管的出入口位置,供热水水平干管与回水水平干管的分布位置及走向。

热力入口装置一般由减压阀、混水器、疏水阀、分水器、分汽缸、除污器及控制阀门等组成。如果平面图上注明有热力入口的标准图号,识读时则按给定的标准图号查标准图;如果热力入口有节点图,识读时则按平面图所注节点图的编号查找热力入口大样图进行识读。

若采暖系统为上供下回环形或双管采暖系统,则供热水平干管绘在顶层平面图上,供热立管与供热水平干管相连,回水水平干管绘在底层平面图上,回水立管与回水水平干管相连;若供气(水)干管敷设在中间层或底层,则分别说明是中供式或下供式系统;若散热器出口处和底层干管上出现疏水阀,则表明该系统为蒸汽采暖系统;若干管最高处设有集气罐,则说明为热水采暖系统。

②查看立管的编号,弄清立管的平面位置及其数量:采暖立管一般布置在外墙角,或沿两窗之间的外墙内侧布置。楼梯间或其他有冻结危险的场所一般均单独设置立管。双管系统的供气或供水立管一般设置于面向的右侧。

③查看建筑物内散热器的平面布置、种类、数量(片数)以及安装方式(明装、暗装或半暗装),了解散热器与立管的连接情况。

凡有供热立管(供热总管除外)的地方就有散热器与之相连,并且散热器通常都布置在房间外窗内侧的窗台下(也有少数沿内墙布置),其目的是使室内空气温度均匀。楼梯间的散热器一般布置在底层,或按一定比例分配在下部各层。若图纸未说明,散热器均为明装。散热器的片数通常标注在散热器图例近旁的窗口处。

④了解管道系统上设备附件的位置与型号:对于热水采暖系统,要查明膨胀水箱、集气罐的平面位置、连接方式的型号。热水采暖系统的集气罐一般安装在供水干管的末端或供水立管的顶端,装于供水立管顶端的为立式集气罐,装于供水干管末端的为卧式集气罐。

若为蒸汽采暖系统,要查明疏水阀的平面位置及其规格尺寸,还要了解供热水平干管和回水水平干管固定支点的位置和数量,以及在底层平面图上管道通过地沟的位置与尺寸等。

识读时还应弄清补偿器与固定支架的平面位置及其种类、形式。凡热胀冷缩较大的管道,在平面图上均要用图例符号注明固定支架的位置,要求严格时还应注明固定支架的位置、尺寸。方形补偿器的形式和位置在平面图上均有表明,自然补偿器在平面图中均不特别说明。

⑤查看管道的管径尺寸和敷设坡度:供热管的管径规律是入口的管径大,末端的管径小;回水管的管径规律是起点的管径小,出口的管径大。管道坡度通常只标注水平干管的坡度。

⑥阅读"设计施工说明",从中了解设备的型号和施工安装要求以及所采用的通用图等,如散热器的类型、管道连接要求、阀门设置位置及系统防腐要求等。

10.2.2　系统图

采暖系统图通常是用正面斜等轴测方法绘制的,表明从供热总管入口直至回水总管出口的整个采暖系统的管道、散热设备及主要附件的空间位置和相互连接情况。识读系统图时,应将系统图与平面图结合起来对照进行,以便弄清整个采暖系统的空间布置关系。识读系统图要掌握的主要内容和方法如下:

①查明热力入口装置之间的关系。热力入口处热媒的来源、流向、坡向、标高、管径以及热力入口采用的标准图号或节点编号。如有节点详图,则要查明详细编号。

②弄清各管段的管径、坡度和坡向,水平管道和设备的标高以及各立管的编号。一般情况下,系统图中各管段两端均注有管径,特别是变径管两端要注明管径。供水干管的坡度一般为 0.003,坡向总立管。散热器支管都有一定的坡度,其中供水支管坡向散热器,回水支管则坡向回水立管。

③弄清散热器的型号、规格及片数。对于光管散热器,要查明其型号(A 型或 B 型)、管径、片数及长度;对于翼形或柱形散热器,要查明其规格、片数以及带脚散热器的片数;对于其他采暖方式,则要查明采暖器具的结构形式、构造以及标高等。

④弄清各种阀件、附件和设备在系统中的位置。凡系统图中已注明规格尺寸的,均须与平面图设备材料明细表进行核对。

10.2.3　详图

采暖系统供热管、回水管与散热器之间的具体连接形式、详细尺寸、安装要求,以及设备和附件的制作、安装尺寸、接管情况等,一般都有标准图,因此,预算人员必须会识读图中的标准图代号,会查找并掌握这些标准图。通用的标准图有:膨胀水箱和凝结水箱的制作、配管与安装,分气罐、分水器及集水器的构造、制作与安装,疏水管、减压阀及调压板的安装和组成形式,散热器的连接与安装,采暖系统立、支干管的连接,管道支吊架的制作与安装,集气罐的制作与安装等。

采暖施工图一般只绘平面图、系统图中需要表明而通用标准图中所缺的局部节点详图。

模块 5
软件界面及常用基本设置

模块简述:本模块主要介绍 Revit 软件基本界面及经常需要调整的设置,包括软件用户界面、软件选项设置、视图控制设置、导入及链接 CAD 图、轴网及标高的创建等内容,既能让初学者快速入门并适应软件常规操作,也能让有一定经验的 BIMer 重新梳理并巩固软件的操作方法。该模块学习难度较低,建议重点掌握所有功能并熟练使用相关技巧。

学习背景:相对于核心的建模操作,本模块更偏向于解决如何更顺利地建模,能够避免在建模过程中出现的显示性及软件逻辑性错误,为快速入门的初学者打牢软件操作基础。Revit 软件属于三维信息建模软件,相对于二维应用的 CAD 软件,其操作界面、操作视口、功能按钮以及图元信息等都随着维度的提升而大量地增加,各种参数之间的关联十分密切,图元的某一参数发生改变,可能将导致其整体效果发生变化,因此在学习建模前必须清楚了解软件的基本设置及操作规则。

能力标准:能够合理分配用户界面窗口并全方位浏览项目文件,根据需要调整软件选项设置,按要求修改视图显示设置并进行图形布局,快速建立项目轴网及标高楼层以及导入项目图纸等。

项目 11　软件用户界面

11.1　绘图区

11.1.1　导航盘的应用

1)任务目标

①打开"11.1　基础应用模型"项目文件的平面视图,如图 11.1 所示。

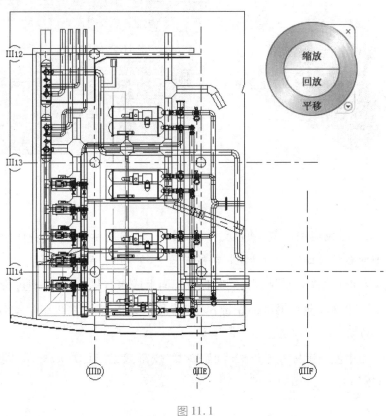

图 11.1

②通过使用导航盘对平面图进行缩放及平移操作,把视图放大并定位到能显示一台冷水机组,如图 11.2 所示。

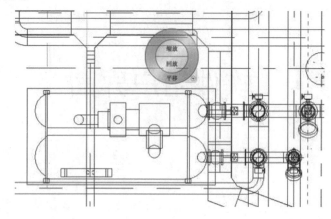

图 11.2

③切换到制冷机房模型的三维视图,如图 11.3 所示。

④通过使用导航盘对三维视图进行缩放、平移和动态观察操作,把视图放大、旋转角度并定位到能显示一台冷水机组,如图 11.4 所示。

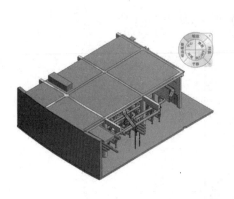

图 11.3

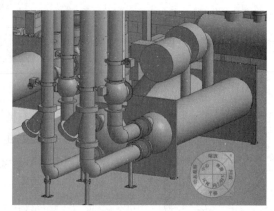

图 11.4

2)同步学习

①打开"11.1 基础应用模型"项目文件,如图 11.5(a)所示,在平面视图中通过移动光标把导航盘带动到一台冷水机组的位置上,如图 11.5(b)所示。

②使用鼠标左键长按"缩放"按钮,同时把鼠标向上或向右移动,把视图进行放大,如图 11.6(a)所示,再使用鼠标左键长按"平移"按钮,把冷水机组移动到视图中心部位。如图 11.6(b)所示。

③在三维视图中使用鼠标左键长按"动态观察"按钮,如图 11.7(a)所示,同时移动鼠标,使视角转换到与图 11.7(b)相似即可。

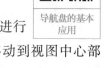

导航盘的基本应用

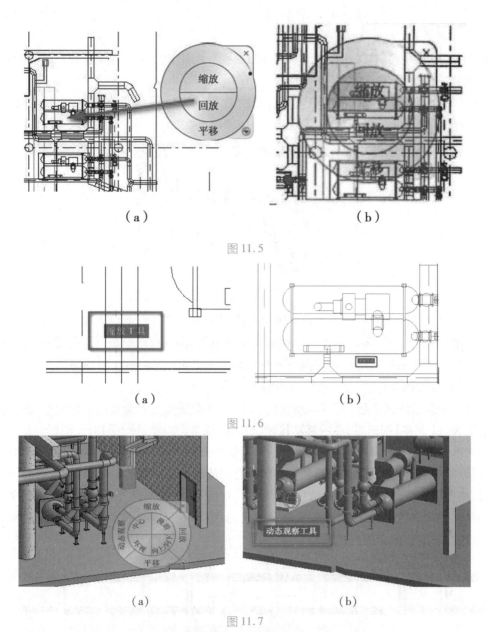

（a）　　　　　　　　　　　　（b）

图 11.5

（a）　　　　　　　　　　　　（b）

图 11.6

（a）　　　　　　　　　　　　（b）

图 11.7

④参照②中的步骤把冷水机组移动到视图中心部位，如图 11.8 所示。

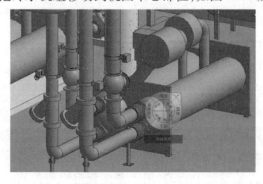

图 11.8

3）解析拓展

在 Revit 中，导航工具栏比较适合单独用鼠标操作的用户或者单纯浏览观察模型的用户，其在二维和三维视图下的功能是有区别的。

在二维视图下，单击绘图区右上方"导航栏"中的【二维控制盘】小图标，能调出"二维控制盘"，如图 11.9 所示，上面有 3 个选项：

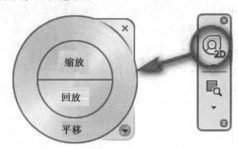

图 11.9

①第一个是绘图区缩放。缩放功能可以把绘图区中的图元模型放大或缩小，使用鼠标左键长按【缩放】按钮，当把鼠标向上移动时即可进行放大，向下移动时即可进行缩小；绘图区的缩放功能对于中级水平的用户可直接用鼠标滚轮代替，当把滚轮向前滚动时即可进行放大，向后滚动即可进行缩小。

②第二个是绘图区平移。平移功能用于局部观察模型图元的全范围非缩放性浏览，使用鼠标左键长按【平移】按钮时，然后移动鼠标，绘图区视角会自动进行平移；绘图区的平移功能对于中级水平的用户可直接用鼠标滚轮代替，当长按鼠标滚轮并移动鼠标时即可实现平移。

③第三个是操作回放。该功能是对前期所有缩放和平移步骤的自动捕捉，当单击【回放】按钮时，便会出现类似胶卷一样的选项，如图 11.10 所示，此时拖动光标定位到对应的关键操作帧即可实现操作的回放。与上面两个功能相比，该功能可实现类似胶卷式的过程录像播放，无法用简单的鼠标功能直接代替。

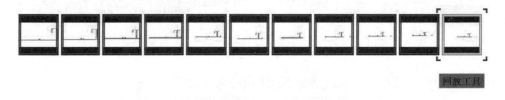

回放工具

图 11.10

在三维视图下，"三维控制盘"功能会比较多，如图 11.11（a）所示，在该控制盘中，【动态观察】按钮是最常用的，其通常会配合【中心】按钮一同使用，都是为了从整体到局部去观察模型图元，首先使用鼠标左键长按【中心】按钮，选定观察轴心后，用鼠标左键长按【动态观察】按钮并向各个方向移动鼠标，即可围绕设定的观察轴心进行三维动态浏览，该功能对于中级水平的用户可直接采用"键盘＋鼠标"代替，长按 Shift 键同时长按鼠标右键或长按鼠标滚轮即可进行动态观察，而观察轴心的位置决定于每次操作前鼠标光标所在位置。【环视】按钮与【动态观察】按钮类似，它是不设中心的，用于整体观察模型外观。【向上/向下】按钮可以对绘图区进行垂直移动观察，一般可以用【平移】按钮代替。【漫游】按钮是针对透视图下的漫游观察,在一般的三维视图下无法使用。

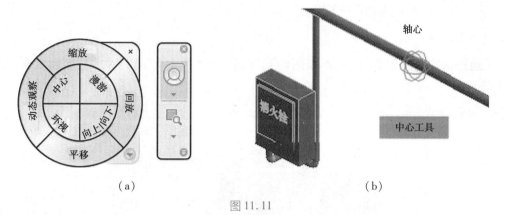

（a）　　　　　　　　　　　　　　（b）

图 11.11

4）巩固总结

①在二维视图中使用二维控制盘时,其上方一共有_____、_____ 及_____3 个功能。

②在三维视图下环视模型时,可使用_____功能。

③尝试通过三维控制盘找到模型内部的配电柜,如图 11.12 所示。

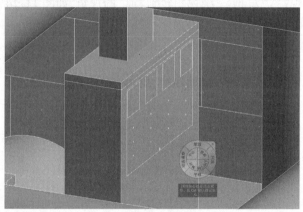

图 11.12

学习笔记:

11.1.2 ViewCube 视图观察立方

1) 任务目标

①通过调整观察立方,使三维视图转到能同时看到"上""前""右"三面的视角,如图 11.13所示。

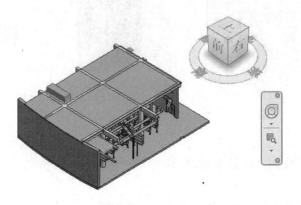

图 11.13

②再次通过调整观察立方,使三维视图转到"前"的视角,如图 11.14 所示。

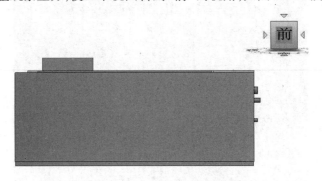

图 11.14

③再次通过调整观察立方,使三维视图转到"右""后"的视角,如图 11.15 所示。

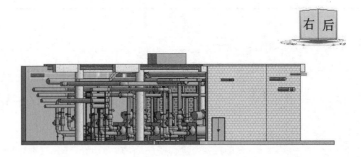

图 11.15

④使模型在当前视角下沿着中心垂直轴线旋转,如图 11.16 所示。

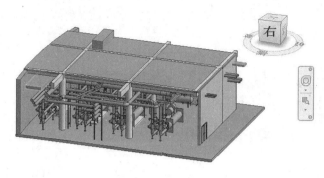

图 11.16

2)同步学习

①打开"11.1 基础应用模型"项目文件,要观察"上""前""右"三面立体视图,只需要单击观察立方的"上""前""右"3 个面共有的顶点,如图 11.17(a)所示,或单击、观察立方左上方的"小房子"按钮,如图 11.17(b)所示,即可使视图转到对应角度并在三维视口中居中放置。而"上""前""右"三面也称作"三维主视图"。

ViewCube的基本应用

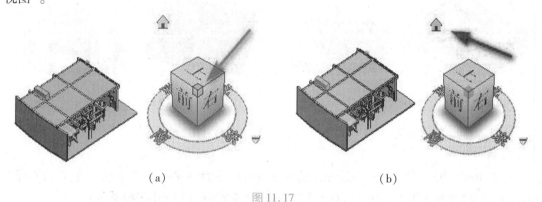

(a)   (b)

图 11.17

②要观察正前视图,只需要单击观察立方的"前"面,如图 11.18(a)所示,即可自动把视图转到正前面并在三维视口中居中放置,如图 11.18(b)所示。以同样的方法,可以把视图转到"上""下""左""右""前""后"6 个常用的平面和立面以便观察。

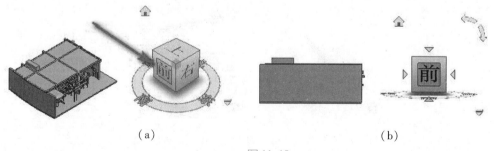

(a)   (b)

图 11.18

③要观察右后视图,只需要单击观察立方的"右""后"两面之间的棱条,如图 11.19(a)所示,即可自动把视图转到右后视角并在三维视口中居中放置,如图 11.19(b)所示。

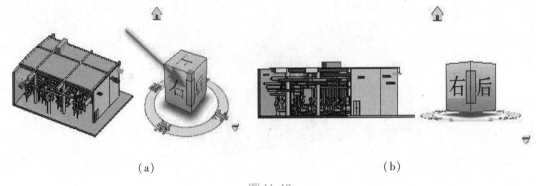

(a) (b)

图 11.19

④把模型沿着中心垂直轴线旋转,需要用到观察立方的方向盘,如图 11.20(a)所示,使用鼠标左键长按观察立方下面的"东南西北"方向盘,向左右移动鼠标即可转动三维视图,如图 11.20(b)所示。

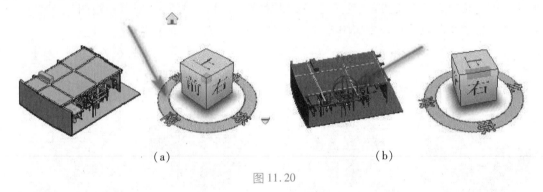

(a) (b)

图 11.20

3)解析拓展

打开 Revit 中的三维视图,在绘图区的右上方可以看到"ViewCube"导航工具,它由 4 部分组成,分别是【主视图】、【旋转立方体】、【指南针(方向控制盘)】和【下拉菜单】。

主视图功能:单击【主视图】按钮,三维视图将从任意位置自动旋转至系统默认的东南轴侧视图方向,该功能与【旋转立方体】上的"前""右""上"夹角顶点按钮效果相似,只是有轻微位移偏差,如图 11.21 所示。

图 11.21

旋转立方体功能:【旋转立方体】上有 6 个面按钮、12 个棱按钮、8 个顶点按钮,使用鼠标左键单击任意按钮,视图就会转到相应的视角位置,当单击其中一个面按钮后,与其相邻的 4 个面按钮会变成三角形便于单击,选择 2 个平面按钮和 4 个立面按钮时会使"ViewCube"发生一定的外观变化,而且右上角会增加一个单次旋转按钮,如图 11.22 所示。

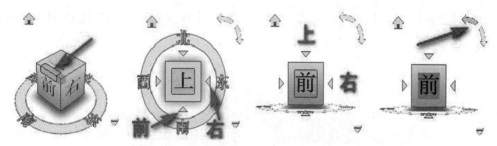

图 11.22

当使用鼠标左键长按旋转立方体并移动鼠标的时候,可以把视图进行自由的三维旋转,类似于动态观察。

指南针(方面控制盘)功能:【指南针】上有"东""南""西""北"4 个按钮,其分别对应"前""后""左""右"视图,当用鼠标左键长按方向控制盘并左右移动鼠标时,可对视图进行水平方向的旋转观察,如图 11.23 所示。

图 11.23

下拉菜单功能:单击【下拉菜单】按钮后,会出现更多视图编辑选项,其中"保存视图(S)"和"定向到视图(V)"两个功能比较常用,如图 11.24 所示,其可以生成多个不同视角效果的三维视图,以便后期布局出图使用。

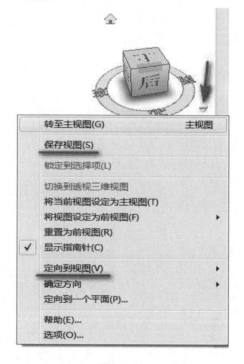

图 11.24

4)巩固总结

①ViewCube 视图观察立方上一共有＿＿＿＿＿＿个按钮可供单击,其中面按钮有＿＿＿＿＿＿个,棱边按钮有＿＿＿＿＿＿个。

②ViewCube 上方的"主视图"按钮默认是转向＿＿＿＿＿、＿＿＿＿＿、＿＿三面夹角视图。

③打开"11.1　基础应用模型"项目文件,判断图 11.25 所示视图的 ViewCube 显示为
_____视图。

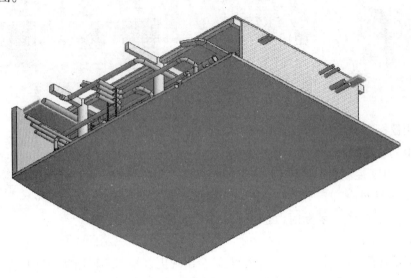

图 11.25

学习笔记:

11.1.3　操作视口的布置

1)任务目标

①打开"11.1　基础应用模型"项目文件。同时打开平面视图与三维视图,如图 11.26
所示。

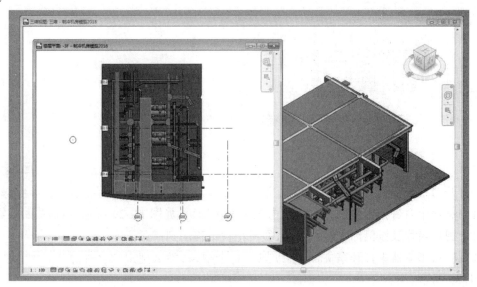

图 11.26

②再打开东立面视图,使平面、西立面及三维视图同时显示在绘图区域中,如图 11.27
所示。

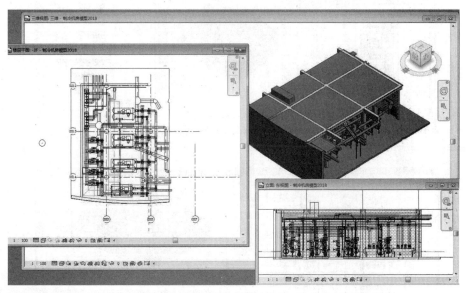

图 11.27

③打开所有可以打开的模型视图,把所有视图进行等分显示并充满整个绘图区域,如图
11.28 所示。

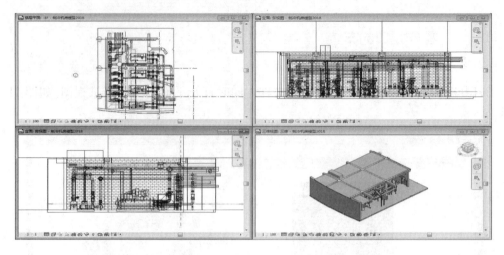

图 11.28

2) 同步学习

①打开"11.1　基础应用模型"项目文件。要打开平面和三维视图,只需要到项目浏览器中对着指定视图的名字双击鼠标左键即可,如图 11.29 所示,然后对着每个视口名称长按鼠标左键并移动,便可把视口移动到任意位置。

操作视口的打
开与排布

②在项目浏览器中打开东立面,继续拖动每个视口,尝试把视图合理分布,如图 11.30 所示。

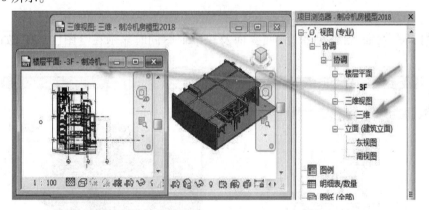

图 11.29

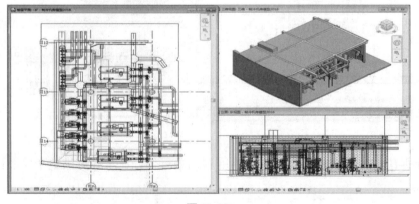

图 11.30

③在项目浏览器中打开所有模型视图,再找到"视图"选项卡下的"窗口"区[图11.31(a)],单击【平铺】按钮,即可均匀分布所有已打开的视图,如图11.31(b)所示。

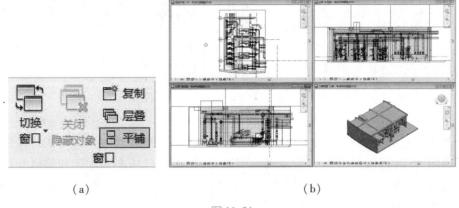

(a)　　　　　　　　　　　　　　　(b)

图11.31

3)解析拓展

在Revit中,每一种视图都有其对应的视口,而每个视口都可以根据使用者的习惯调整位置与大小。根据绘制和展示等不同需求,可以同时打开多个视口进行对比操作,而视口过多也不便观察,因此通常会打开2~4个视口,并使其按照主次顺序平分排布。

打开"11.1　视口布局"项目文件,按照不同的使用习惯,大致可以分成三类多视口环境操作方式:

第一种是保持全屏只有一个视口,需要切换视口时采用"视图"选项卡下"窗口"区中的【切换窗口】按钮即可切换到指定的视口,如图11.32(a)所示,但该视图必须是已经打开的视图,从未打开过或已被关闭的视图就无法用这种方法进行切换,在系统默认的设置下,软件界面左上角的快捷工具栏中也存在【切换窗口】按钮,如图11.32(b)所示,该方法每次都只能看到一个视口,视口最大化有利于观察该视口下的所有内容,对于中级水平的用户还可以使用快捷键"Ctrl + Tab"进行窗口切换,但该方法是按窗口打开顺序进行切换的,有时候可能要多按几次才能切换到目标视口。

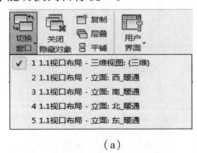　　　　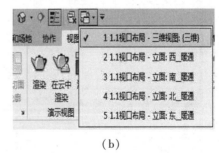

(a)　　　　　　　　　　　　　　　(b)

图11.32

第二种是把所有已打开的视口进行层叠,然后按需要直接选择对应的操作视口,该方法只需单击"视图"选项卡下"窗口"区中的【层叠】按钮即可实现,如图11.33(a)所示,但当选择靠后的窗口时,往往会遮挡较前的窗口,所以每次选择窗口前都进行一次层叠操作会比较方便,可以使用快捷键"W + C"直接层叠视口。层叠视图通常用于打开5个以上视口时的快速切换,如图11.33(b)所示。

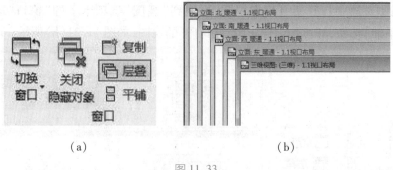

（a）　　　　　　　　　　　　　　　（b）

图 11.33

第三种是把已打开的视图进行全屏均等分布，一般打开 2～4 个视口的时候可以使用【平铺】视图功能，此时可以从多角度去观察模型图元，能够进行精准的创建和编辑操作，如图 11.34（a）所示，如果打开过多的视口而使用平铺功能的话，会使每个视口的显示范围非常狭窄，不便于观察和操作，如图 11.34（b）所示。

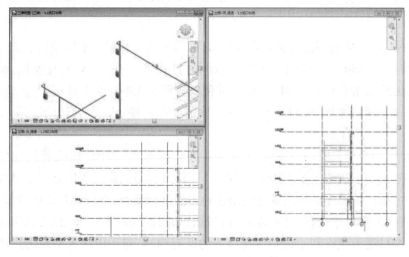

（a）

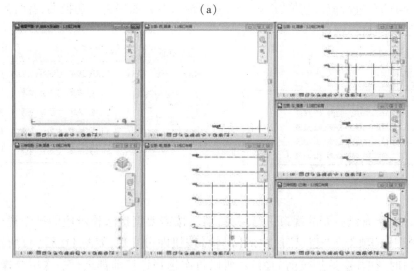

（b）

图 11.34

4)巩固总结

①需要同时显示两个平面图和一个三维视图,宜采用【 ＿＿＿＿ 】视图功能。

②若已打开多个视图窗口,采用【＿＿＿＿＿＿＿＿】功能即可保留当前视图并且快速关闭其余视图。

③打开"11.1　视口布局"项目文件,尝试按照图 11.35 所示采用三视图的标准对项目视图进行布局。(提示:最后点选的视图将会放到最前面)

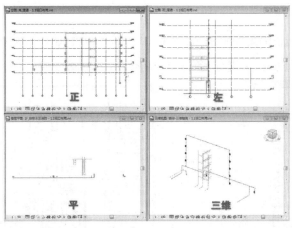

图 11.35

学习笔记:

11.2 属性栏

11.2.1 属性栏的主要功能

1)任务目标

①打开"11.1 基础应用模型"项目文件,查找楼层平面视图的基本属性,并读取其对应的"视图比例""规程"以及"子规程"等属性,如图 11.36 所示。

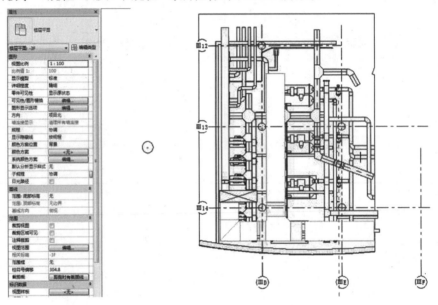

图 11.36

②观看一台冷水机组的基本属性,并读取其对应的"系统分类""系统名称"及"制冷量",如图 11.37 所示。

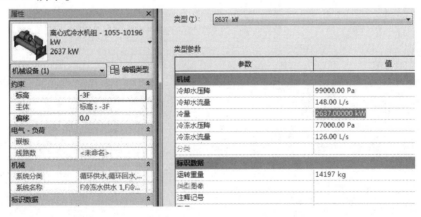

图 11.37

③把"属性栏"浮空放置于绘图区的左中区域,并靠近平面图的左侧,再使其高度缩短至

一半左右,如图 11.38 所示。

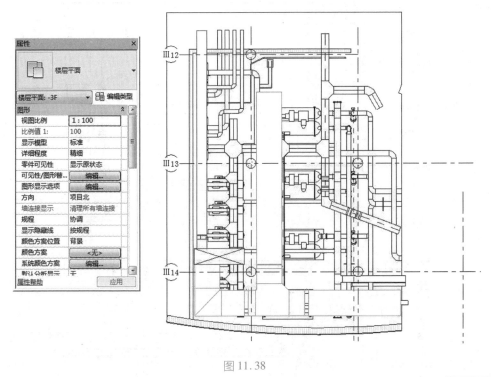

图 11.38

2)同步学习

①打开"11.1　基础应用模型"项目文件,然后打开楼层平面"-3F"视图后,找到属性栏,直接观察上面显示的各种参数,即可发现"视图比例"为 1:100,"规程"为协调,"子规程"为协调,如图 11.39 所示。

属性栏的主要功能

②在平面图中单击选中一台冷水机组,同样在属性栏中直接观察上面显示

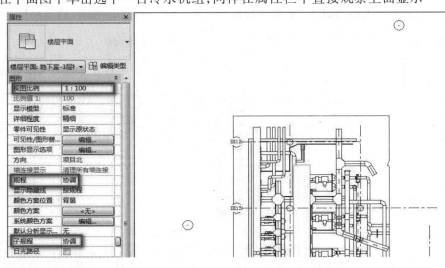

图 11.39

的参数,可找到"系统分类"为循环供水、循环回水,"系统名称"为"F 冷冻水供水 1",如图 11.40(a)所示,再单击属性栏上的"编辑类型"按钮,可以找到类型参数的"机械"页中对应的

"冷量"为 2 637 kW,如图 11.40(b)所示。

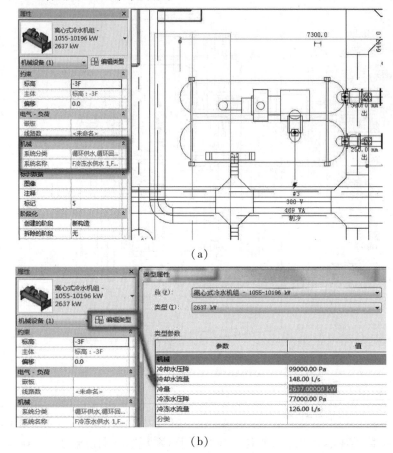

（a）

（b）

图 11.40

③使用鼠标左键长按属性栏左上方的名称,如图 11.41(a)所示,拖动属性栏让其脱离附着边界,此时属性栏已为悬浮状态,然后直接拖到模型轮廓左侧即可,如图 11.41(b)所示。

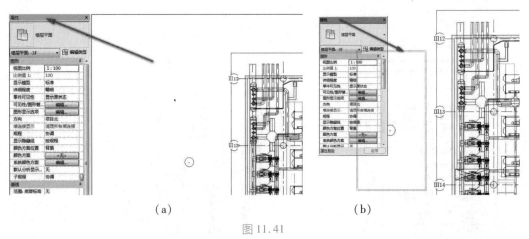

（a）   （b）

图 11.41

3）解析拓展

"属性栏"是整个建模操作过程的核心数据窗口,所有图元及视图的属性数据都会在这里显示,同时还提供输入、修改及关联数据等一系列参数化操作。

"属性栏"主要包括"类型编辑区"和"实例参数区"两部分,如图 11.42 所示。

在"类型编辑区"中可以查看并选择任意图元的不同类型,并且可以通过该操作直接更换已有图元的类型,还能显示出最近使用的类型以便用户快速选择图元的目标类型,如图 11.43(a)所示。单击【编辑类型】按钮还可以查看每个图元的类型参数,也可通过【复制(D)…】按钮创建新的类型,如图11.43(b)所示。

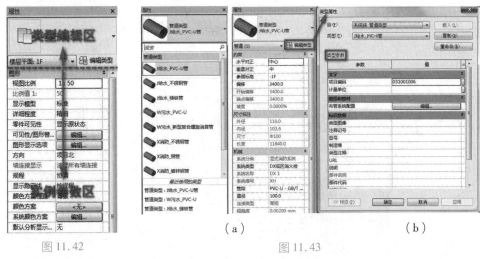

图 11.42   （a）   （b）
                            图 11.43

在"实例参数区"中可以查看当前视图或选中图元设定的定性或定量实例参数值,视图下的实例参数包括"图形""基线""文字""范围""标识数据""阶段化"6 种属性标签,而"图形"和"范围"是最常用的;对于图元而言,其标签种类根据不同的类型特点会有所区别,但"约束""机械""标识数据"等基础标签是共有的,通过展开对应的标签可以看到该标签下的图元实例参数,淡灰色显示的参数或按钮都无法直接修改或单击,只能对黑色显示项目进行编辑,如图 11.44 所示。

"属性栏"除了可以根据使用者的需求拖动到不同的区域以外,还可以根据使用习惯设定其启闭,例如,对于纯浏览模型外观的用户,属性栏是多余的遮挡物,此时单击"属性栏"右上方的【×】按钮即可将其关闭,关闭后需要再次打开时,则要单击"视图"选项卡下"窗口"区中的【用户界面】按钮,在弹出的下拉列表中勾选"属性"即可,如图 11.45 所示。

图 11.44   图 11.45

4)巩固总结

①若要查看某个图元的类型参数,应该到属性栏中＿＿＿＿＿＿＿＿＿＿＿＿查看。

②管道的"偏移值"应该属于属性栏中的_____参数。

③打开"11.1 基础应用模型"项目文件,在三维视图下尝试修改"属性栏"中的"详细程度"及"规程",以达到图 11.46 显示的效果。

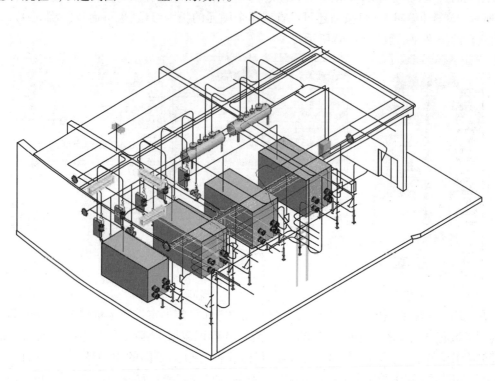

图 11.46

学习笔记:

11.2.2　类型的选择与设置

1) 任务目标

①打开"11.1　基础应用模型"项目文件,在三维模型中选中一个蝶阀,使其安装高度降低至 2 100 mm,如图 11.47 所示。

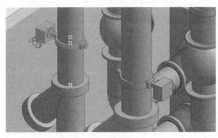

修改前　　　　　　　　　　　　修改后

图 11.47

②在三维模型中确认上述蝶阀的规格,并将其规格更换为直径 300 mm,如图 11.48 所示。

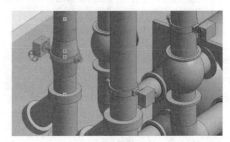

修改前　　　　　　　　　　　　修改后

图 11.48

③在三维模型中把上述蝶阀更换为闸阀,并且选定其规格为直径 250 mm,如图 11.49 所示。

修改前　　　　　　　　　　　　修改后

图 11.49

④修改直径为 250 mm 的蝶阀的类型参数,把"中心到控制器底端"数值修改为 350,如图 11.50 所示。

修改前　　　　　　　　　　　　　　　修改后

图 11.50

2) 同步学习

类型的选择与设置

①打开"11.1　基础应用模型"项目文件,单击模型中对应的阀门,使其进入选中状态,在属性栏中找到其"偏移"值,如图 11.51(a) 所示,该偏移值即为阀门的安装高度,将其修改为"2100.0"即可降低阀门的位置,如图 11.51(b) 所示。

②再次单击选中模型中的一个阀门,在属性栏上方单击其类型,会弹出下拉列表,如图 11.52(a) 所示;在下拉列表中找到其相同类型下的"300 mm"规格,点选进行替换,如图11.52(b) 所示。

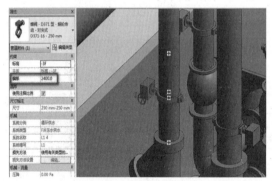
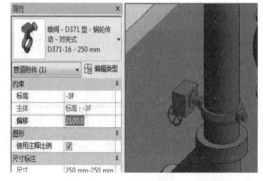

图 11.51

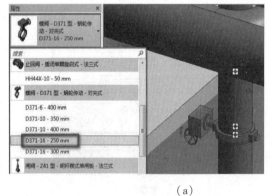
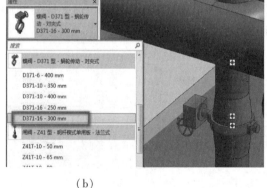

（a）　　　　　　　　　　　　　　　（b）

图 11.52

③选中同样的阀门,在属性栏上方单击其类型,在下拉列表中找到闸阀类型下的"250 mm"规格,点选进行替换,如图 11.53 所示。

④选中同样的阀门,在属性栏上方单击"编辑类型"按钮,在打开的编辑类型对话框中找到"中心到控制器底端"参数,将其数值修改为" 350.0",如图 11.54 所示。

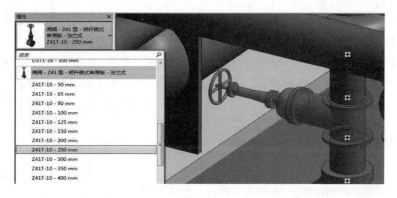

图 11.53

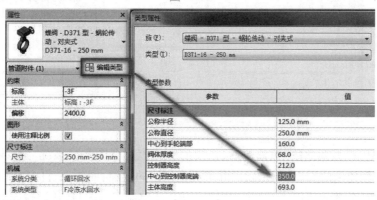

图 11.54

3）解析拓展

　　每一种图元（族）都会存在一个及以上的类型，对类型的切换可以使被编辑的对象发生零件相对位置、尺寸、材质、特性等参数的单一或多种变化。一般情况下，从备选类别中可以看到：对于管道的类型变换，其对应的材质和特性会相应更换，如图 11.55（a）所示，对于附配件和设备等的类型变换，其对应的尺寸、材质、特性等都可能会发生变化，如图 11.55（b）所示，更可能由于尺寸的变化间接导致其原本的放置位置发生变化。

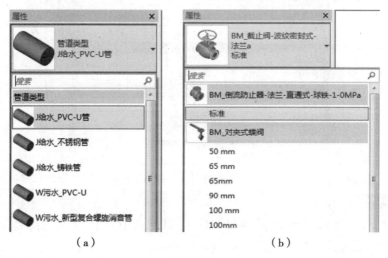

（a）　　　　　　　　　　　（b）

图 11.55

对于大部分构件图元(族)来说,系统都自带了多个类型,但始终未能满足多变的机电项目需求,因此类型的局部参数修改和新类型的创建尤为关键。有的图元(族)类型,其参数会设定在"类型参数"中,如图 11.56(a)所示,有的图元(族)类型,其参数会设定在"属性栏"下"实例参数区"中,如图 11.56(b)所示,用户只需找到对应的选项便可对类型进行修改。

（a） （b）

图 11.56

当某个类型的"类型参数"被修改后,在模型中的该类型图元会被统一修改,为了避免这种情况发生,需创建新的类型,但是软件并未提供创建的选项,而是通过【复制(D)…】按钮来实现,例如选中某个图元后进入其"类型属性",单击【复制(D)…】按钮后输入新类型的名称,然后根据需求修改具体的类型参数即可创建出新的类型,如图 11.57 所示。

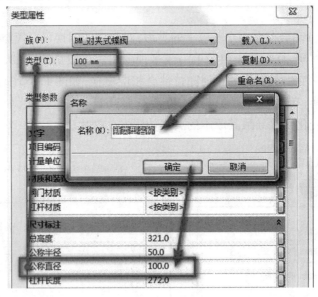

图 11.57

4)巩固总结

①打开"11.1 基础应用模型"项目文件,尝试把其中一个"Y 形过滤器"更换为"止回阀",并设置其"偏移值"为"1800.0",如图 11.58 所示。

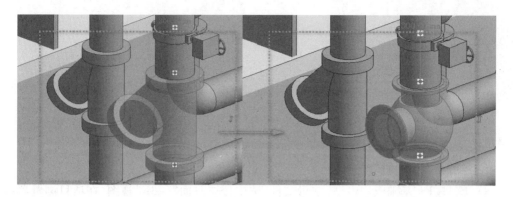

图 11.58

②尝试修改"Y 形过滤器"的尺寸参数,使其外观发生变化,且使同类别的图元一同发生变化,如图 11.59 所示。

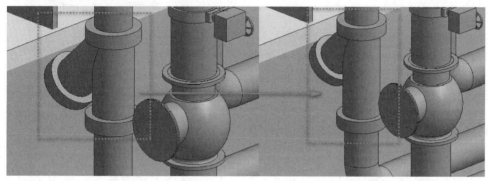

图 11.59

学习笔记:

11.3 项目浏览器

11.3.1 视图的规程

1)任务目标

①打开"11.1 基础应用模型"项目文件,选中楼层平面"－3F"视图,在项目浏览器中查看其所属专业,如图 11.60 所示。

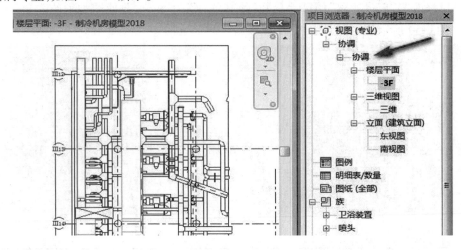

图 11.60

②将楼层平面"－3F"移动至协调专业下的新建 HVAC 专业中,如图 11.61 所示。

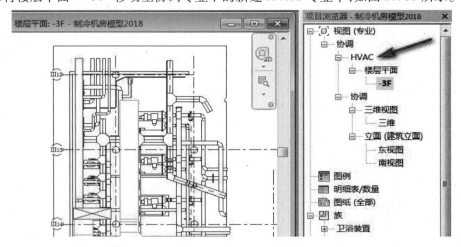

图 11.61

③将楼层平面"－3F"移动至新建电气专业下的 HVAC 专业中,如图 11.62 所示。

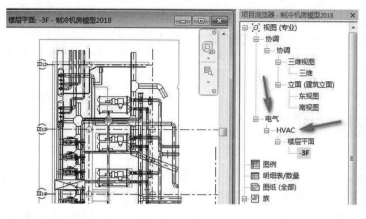

图 11.62

2) 同步学习

①打开"11.1　基础应用模型"项目文件,选中楼层平面"－3F"视图,在项目浏览器中即可查看其所属专业为"协调-协调",如图 11.63 所示。

视图的规程设置

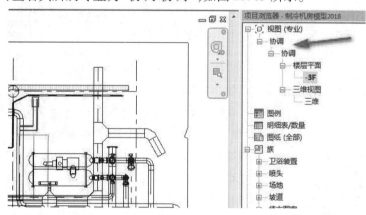

图 11.63

②选中楼层平面"－3F"视图,在属性栏中的"图形"页里找到"子规程",将其从协调专业修改为 HVAC 专业,再观察项目浏览器,如图 11.64 所示。

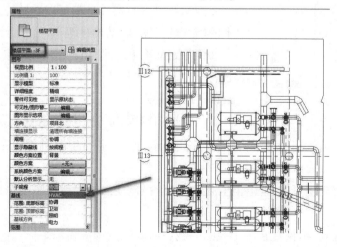

图 11.64

③保持选中楼层平面"-3F"视图,在属性栏中的"图形"页里找到"规程",将其从协调专业修改为电气专业,再观察项目浏览器,如图 11.65 所示。

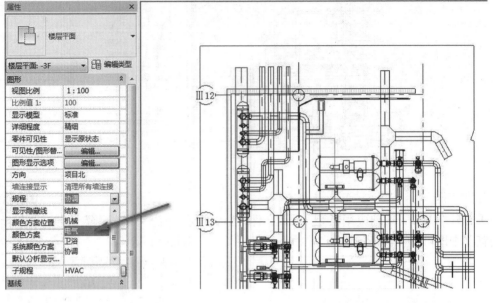

图 11.65

3)解析拓展

在软件中,每个视图都有自己独立的规程,该规程体现在"项目浏览器"中各个视图所隶属的分组,系统默认的规程共有 6 个,通过任意一个视图的"属性栏"下的"图形"区可查看并选择,其分别是建筑、结构、机械、电气、管道以及协调,如图 11.66 所示。

(1)建筑规程

①在建筑规程下,只要不是可见性没开或被隐藏的构件,都会在视图中显示,但是也有一个前提,即在视图范围的剖切面剖切及以下的构件都是可以看见的,比如被剖切到或以下的墙、门窗、家具、结构柱等。

②构件之前有相互遮挡的关系,不会自动显示隐藏线状态。

(2)结构规程

①只显示结构墙,非结构墙将被自动隐藏。

图 11.66

②会自动显示被遮挡的模型构件,会虚线显示,比如板下的梁;前提也是在视图范围内的构件可见。

③只显示当前规程下的视图标记,比如剖面符号、立面符号或详图索引符号等。

(3)机械规程

①墙、门窗、家具、结构柱在基于视图的剖切面内半色调灰显示。

②机电管线和设备在视图范围内都可见(不论在剖切面以上还是以下),比如风管和电专

业的开关等。

③处于被遮挡范围内的构件会自动显示隐藏的虚线状态。

④只显示当前规程下的视图标记,比如剖面符号、立面符号或详图索引符号等。

(4)协调规程

①基本同机电规程,管线和设备不受剖切面影响,只要在视图范围内均会显示,区别是土建构件不会半色调。

②当前的视图标记不论属于哪个规程,均会显示。

可以看到每个特定的规程都有其对应的视图显示设置,以专业特点来控制显示哪些图元,以及非本规程下的视图标记是否显示。

若要对"项目浏览器"中的视图分组进行调整,则需对其规程进行更换,还可以创建"子规程"参数,用于更细化的视图分组管理,该操作需要打开"浏览器组织属性"对话框,在"成组和排序"中添加"子规程"的排序规则,如图 11.67 所示,然后在视图的"属性栏"中输入新的"子规程"名称,即可使项目浏览器中的视图分组到对应内容中,如图 11.68 所示。

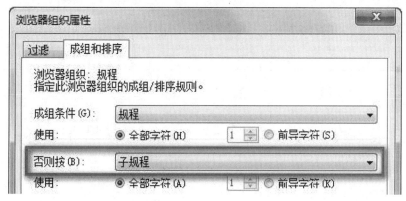

图 11.67

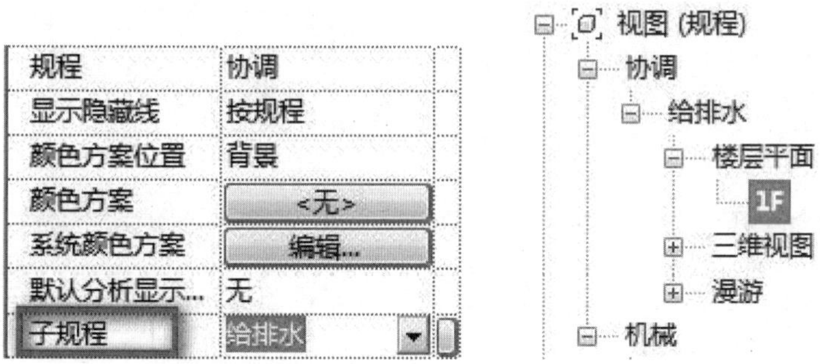

图 11.68

4)巩固总结

①在 Revit 中,系统默认的规程共有_____个,而其中属于机电项目的规程则有_____个,分别是_____。

②打开"11.3 视口复制"项目文件,尝试将其项目浏览器中对应的视图进行重新组织,如图 11.69 所示。

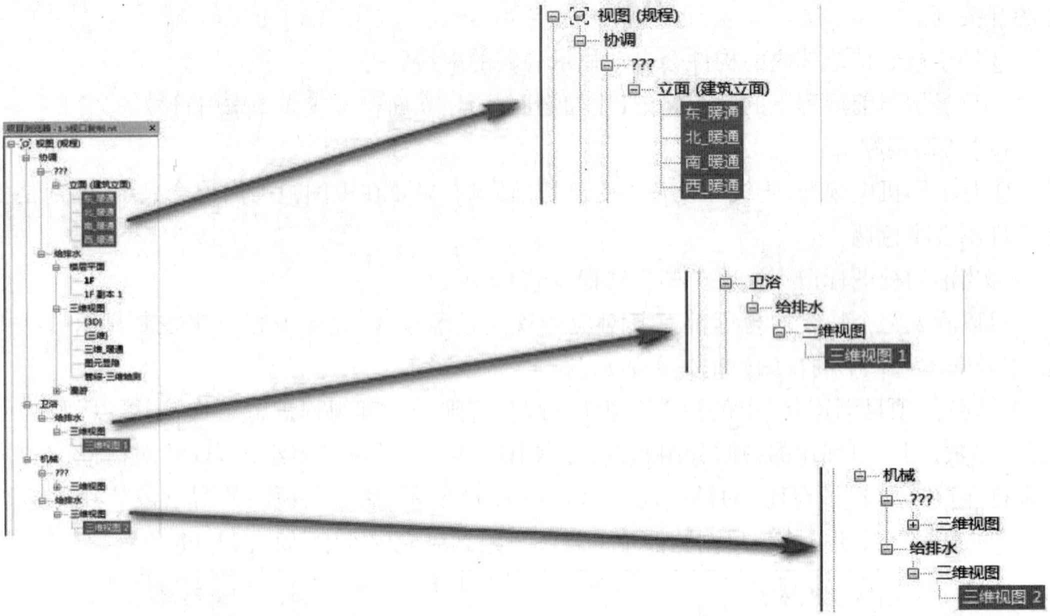
视图 (规程)
协调
???
立面 (建筑立面)
东_暖通
北_暖通
南_暖通
西_暖通
卫浴
给排水
三维视图
三维视图 1
机械
???
三维视图
给排水
三维视图
三维视图 2

图 11.69

学习笔记：

11.3.2　视图的复制与重命名

1)任务目标

①对楼层平面"－3F"视图进行复制,复制出"－3F 副本 1"及"－3F 副本 2"视图,如图 11.70 所示。

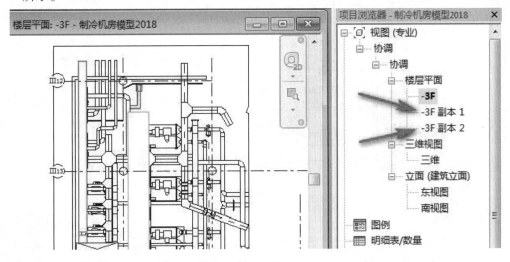

图 11.70

②把复制出的"－3F 副本 1"楼层平面移动到协调专业下的 HVAC 专业中,把复制出的 "－3F 副本 2"楼层平面移动到机械专业下的电气专业中,如图 11.71 所示。

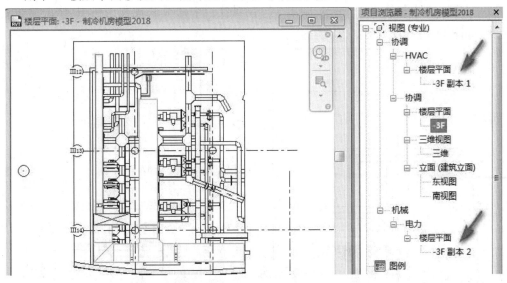

图 11.71

③把楼层平面"－3F"视图重命名为"地下室－3 层机房";把楼层平面"－3F 副本 1"视图重命名为"中央空调设备房",楼层平面"－3F 副本 2"视图重命名为"地下室用电设备间",如图 11.72 所示。

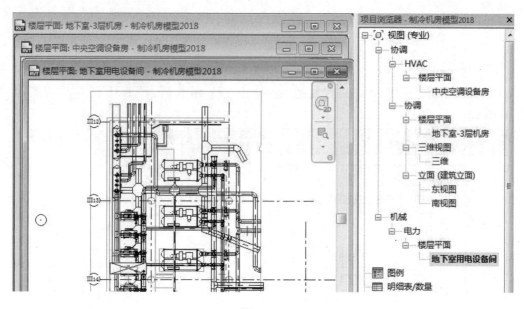

图 11.72

2) 同步学习

①打开"11.1　基础应用模型"项目文件,在项目浏览器中用鼠标右键单击楼层平面"-3F"视图,选择"复制视图"选项,再选择"带细节复制",复制出"-3F 副本 1",重复上述操作,复制出"-3F 副本 2",如图 11.73 所示。

视图的复制与重命名

②选中楼层平面"-3F 副本 1",在属性栏中修改其子规程为 HVAC,如图 11.74(a)所示;选中楼层平面"-3F 副本 2",在属性栏中修改其规程为机械,修改其子规程为电力,如图 11.74(b)所示。

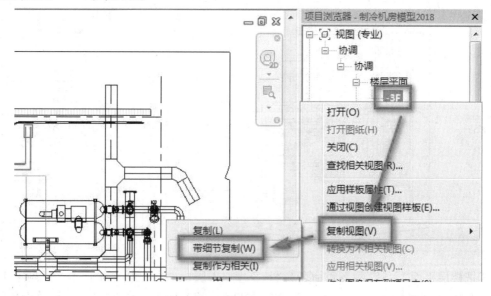

图 11.73

③在项目浏览器中,用鼠标右键单击楼层平面"-3F 副本 1"视图,选择"重命名",将其命名为"中央空调设备房",如图 11.75(a)所示。以同样的方法将楼层平面"-3F 副本 2"视

图重命名为"地下室用电设备间",如图 11.75(b)所示。

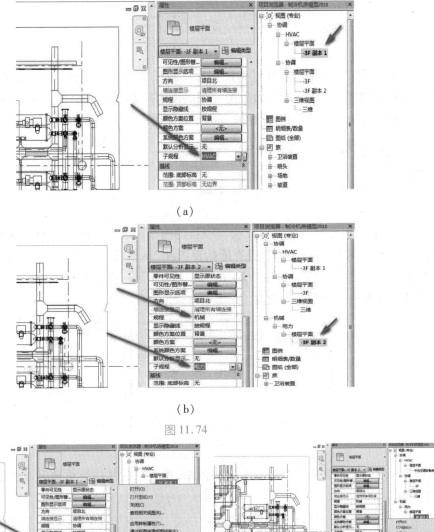

图 11.74

图 11.75

3)解析拓展

在机电项目中,一个模型里通常有多个系统存在,而在模型分析应用的时候又需要把各个系统独立展示,此时则需要把同一个视图按照不同的显示方式归类存放到不同的规程组别下,而一个视图只能同时存在于一种规程当中,若需要使其在别的不同规程中同时出现,则需要对该视图进行复制操作,在项目浏览器中复制视图的方式有 3 种,分别是"复制(L)""带细节复制(W)"以及"复制作为相关(I)"。

第一个选项"复制(L)"只能复制项目的三维模型图元,而二维标注等注释内容无法进行复制,如图 11.76 所示。

图 11.76

第二个选项"带细节复制(W)"可以将项目的三维模型图元和二维标注等注释信息同时复制到副本视图当中,也可以认为是把视图的所有内容进行完整的复制,如图 11.77 所示。由于该复制功能保存了视图的完整性,更利于复制后的再编辑修改,因此被使用得最多。

图 11.77

第三个选项"复制作为相关(I)"会将项目的模型图元和二维标注复制到该视图下的"从属视图"当中,如图 11.78 所示,并且在原始视图和"从属视图"之间建立关联,新复制出来的"从属视图"会显示裁剪区域和注释裁剪。在"从属视图"中任意添加或修改二维注释,与之关联的原始视图也会随着一起改变。

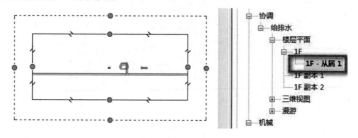

图 11.78

为了方便区分多个通过复制而生成的视图,还可以对其进行重命名以便清晰查看,如图 11.79 所示。

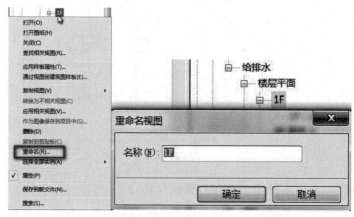

图 11.79

但在整个项目文件里的所有视图名称不允许重复,即使把视图放到不同的规程分类中也无法重复使用同一个图名。

4)巩固总结

①若需要复制某一视图的图元以及相关注释,应采用_____功能进行复制。

②复制出的视图仅用于展示模型外观时,应采用复制视图中的_____功能。

③打开"11.3　视口复制"项目文件,如图11.80所示,使用合理方法编辑项目浏览器中的视图组织。

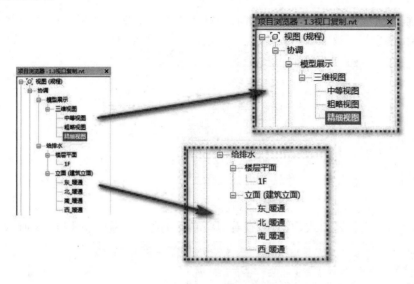

图 11.80

学习笔记:

11.4 功能区、快速访问工具栏的设置

1)任务目标

①把功能区调整为面板按钮模式,并尝试查看 HVCA 区的相关功能,如图 11.81 所示。

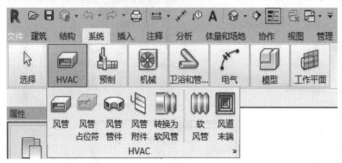

图 11.81

②把功能区调整为面板标题模式,并尝试查看 HVAC 区的相关功能,如图 11.82 所示。

图 11.82

③把功能区调整为选项卡模式,并尝试观察各个选项卡内容,如图 11.83 所示。

图 11.83

④关闭快速访问工具栏部分功能按钮,仅保留常用的"保存""放弃""重做""文字""默认三维视图""剖面""细线""关闭隐藏窗口"等多个功能,如图 11.84 所示。

图 11.84

2)同步学习

①利用"机械样板"新建项目,找到功能区右上角的窗口扩展按钮,用鼠标左键单击,可把原始状态下的功能区缩减为面板按钮模式,如图 11.85(a)所示,在面板

功能区的设置
应用

模式下把鼠标移动到任一面板按钮上,即可查看其对应的详细功能,如图 11.85(b)所示。

（a）　　　　　　　　　　　　　　　　　（b）

图 11.85

②在面板按钮模式下再次用左键单击该窗口扩展按钮,则可把功能区缩减为面板标题模式,如图 11.86(a)所示。在面板标题模式下把鼠标移动到 HVAC 标题并单击,即可查看其详细内容,如图 11.86(b)所示。

（a）　　　　　　　　　　　　　　　　　（b）

图 11.86

③在面板标题模式下再次用左键单击该窗口扩展按钮,就把功能区缩减至最精简的选项卡模式,如图 11.87 所示,该模式下只是隐藏了所有的功能按钮,当单击对应选项卡时,详细的功能按钮则会悬浮显示出来,其与系统默认的初始模式相似,但最大化了建模的操作显示空间。

图 11.87

单击快速访问工具栏最右侧的扩展按钮,逐项取消勾选对应内容,即可精简快速访问工具栏,如图 11.88 所示。

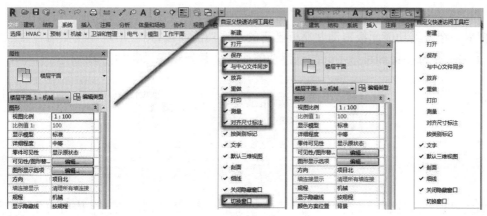

图 11.88

3) 解析拓展

功能区与快速访问工具栏都是绘图建模的重要区域,存放着大量的功能按钮,具有的常用功能包括基本模型的创建、模型参数分析、模型视图编辑、模型协作管理等,而基本模型的创建需要使用建筑、结构、系统、注释、体量和场地等多个功能选项卡。在辅助建模的视图和协作选项卡中,大量按钮占据屏幕较多区域,因此对于一个中级水平以上的熟练用户来说,通常会适当调整功能区显示的详细程度,尽量使用快捷键,使屏幕中显示的功能按钮应尽量少,而绘图区域尽量大,当把功能区最小化为选项卡时,绘图区的高度最高。

将功能区全部隐藏而使绘图区最大化,然后完全通过快捷键进行操作是最为理想又最为高效的用户体验,但由于该软件功能十分强大,绝大部分功能并未被赋予快捷键,因此,虽然软件提供了快捷键自定义的功能,但一般情况下不建议过分修改,即使完美定义了符合自己使用习惯的快捷键,当更换一台计算机后,软件又会回归原始状态。所以,快速编辑并组合常用的功能按钮更便于操作,如图 11.89 所示。

图 11.89

在每一个选项卡中,每个分区都可以被单独抽出作为悬浮功能面板。抽离选项卡时,使用鼠标左键长按任意分区的底部空白区域,同时拖动鼠标,然后按需要把悬浮功能面板拖动到方便单击的位置即可,如图 11.90 所示。

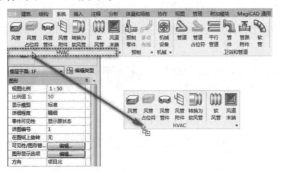

图 11.90

把另一个悬浮功能面板拖动并靠近已有的悬浮功能面板,则会出现虚线框的合并位置提示,此时松开鼠标左键即可把不同的悬浮功能面板合并到一起,如图 11.91 所示。

图 11.91

如此单独抽出的悬浮功能面板并不受选项卡的限制,从不同的选项卡抽出的分区都可以合并到同一个悬浮功能面板中去。当需要将悬浮功能面板恢复到选项卡中时,只需将鼠标在面板上停留 1 s 即可出现悬浮面板的边界控制区,单击右上方的小按钮即可把悬浮面板全部恢复到原始的选项卡中,如图 11.92 所示。

图 11.92

4)巩固总结

①为使绘图区空间最大化,应使功能区最小化为_____。

②自定义快速访问工具栏中一共提供了_____种工具。

③尝试生成如图 11.93 所示的临时组合悬浮功能面板。

图 11.93

学习笔记:

项目 12 软件选项设置

12.1 保存属性及自动保存设置

1)任务目标

①对已打开的项目进行保存操作,并创建 15 个备份文件,如图 12.1 所示。

图 12.1

②继续进行保存操作,把保存的备份文件减少为 5 个,并使备份名称继续向后排序,如图 12.2 所示。

图 12.2

③对项目进行基本设置,将"卫浴"规程下的"1-卫浴"及"2-卫浴"楼层平面修改为"1-给排水"及"2-给排水",再对设置好的项目创建新的项目样板,命名为"MEP 样板",如图 12.3 所示。

图 12.3

④设定系统的自动保存提醒,使其提醒时间间隔为"一小时",如图 12.4 所示。

图 12.4

2)同步学习

项目保存及相关设置

①使用鼠标左键第一次单击"保存"按钮,如图 12.5(a)所示;在弹出的保存对话框中新建文件夹并命名为"保存设置",再在该对话框中打开该新建的文件夹,在对话框下方修改文件名为"项目保存设置",然后单击对话框中的"保存(S)"按钮,如图 12.5(b)所示;完成初次保存后,打开新建的"保存设置"文件夹查看保存的文件,再次回到项目中连续单击"保存"按钮 15 次,创建 15 个备份文件,如图 12.5(c)所示。

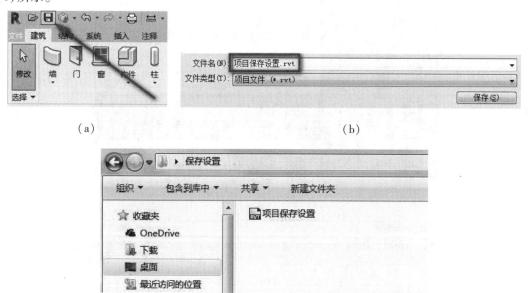

(a)　　　　　　　　　　　　　　　　(b)

(c)

图 12.5

②单击软件左上方的"文件"→"另存为"→"项目",如图 12.6(a)所示,在弹出的对话框右下角单击"选项(P)"按钮,在新弹出的"文件保存选项"对话框中修改最大备份数为 5 后单击"确定"按钮,再单击"保存"按钮,如图 12.6(b)所示。

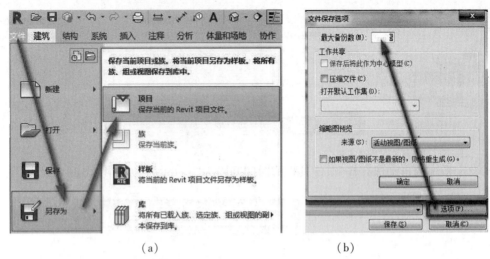

（a）   （b）

图 12.6

③参照 11.3.1 修改对应平面视图的规程,然后单击软件左上方的"文件"→"另存为"→"样板",如图 12.7(a)所示。在弹出的对话框中修改文件名为"MEP 样板"后单击"保存"按钮,如图 12.7(b)所示。

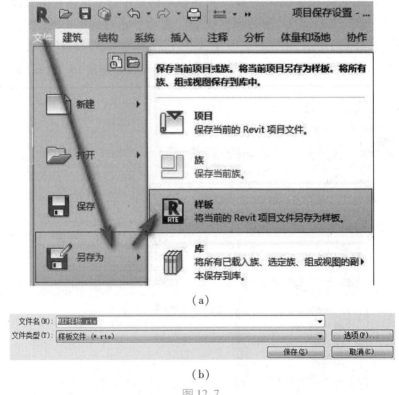

（a）

（b）

图 12.7

④单击软件左上方的"文件"→"选项",在弹出的"选项"对话框中的"常规"页面里设定"保存提醒时间"为"一小时",单击"确定"按钮,如图 12.8 所示。

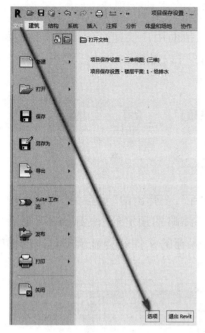 

图 12.8

3) 解析拓展

在三维模型的绘制过程中,由于绘制信息量比二维模型大得多,因此绘制时间也较长,为了防止在长时间建模过程中因用户误操作或设备软硬件故障而前功尽弃,Revit 系统默认设置了自动保存提醒功能,并默认了每隔 30 min 提醒一次,在一定程度上起到了保障工作成果的作用。

默认的保存提醒虽然能起到一定保障作用,但频繁且有规律地跳出"最近没有保存项目"对话框会造成不必要的干扰,如图 12.9(a)所示,因此中级水平及以上的用户都喜欢关闭该功能,而习惯性地使用快捷键" Ctrl + S"随时保存工作进度。关闭保存提醒只需在"选项"对话框中的"常规"页面内把"保存提醒间隔(V)"调整为"不提醒"即可,如图 12.9(b)所示。

(a)　　　　　　　　　　　　　　(b)

图 12.9

另外,三维模型的绘制过程也相对复杂,对于大型综合模型来说,其建模阶段性存档较多,在操作过程中容易出现覆盖前期存档的情况。对此,Revit 系统也默认设置了 20 重保存备份,可以保证在 20 次以内的保存操作都有对应的阶段文件。而对于上述功能,我们都可以自由设定具体目标数值。

虽然保存备份功能可以保护阶段性成果文件,但过多的备份文件也会对计算机造成不必要的负担。因此,在一般情况下,对于中小型项目的模型,保存的备份文件设置为 3 ~ 5 个即可,大型及超大型项目的模型则可设置 10 个以上的备份文件。

当用户面对大量的项目文件时,其预览缩略视图可以帮助用户快速判断目标文件,每一个文件都可以在保存的时候设定其预览缩略图,该缩略图可以是模型中的任意一个视口视图,如图 12.10 所示。

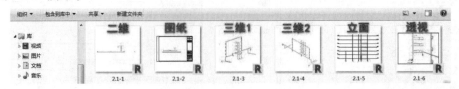

图 12.10

只需在保存的时候单击【另存为】按钮,然后选择"项目",在弹出的"另存为"对话框中单击【选项(P)…】按钮,再在"文件保存选项"对话框中选择缩略图预览的"来源(S)",最后勾选"如果视图/图纸不是最新的,则将重生成(G)"。这样保存的文件就会显示出对应的缩略预览图,如图 12.11 所示。

图 12.11

4)巩固总结

①若需要调整文件保存的最大备份数,应该从【_____】功能进入文件保存选项。

②文件保存提醒间隔应该到"选项"中的"_____"页面中进行设置。

③打开"11.1　基础应用模型"项目文件,通过修改保存设置使保存后的模型的预览缩略图显示项目的三维模型,如图 12.12 所示。

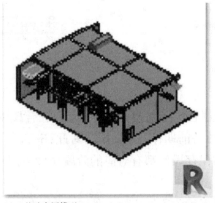

11.1　基础应用模型.rvt

图 12.12

学习笔记：

12.2 系统图形颜色设置

1)任务目标

①通过对系统图形颜色的设置,把绘图区域背景设置为黑色,如图 12.13 所示。

②通过对系统图形颜色的设置,使图形被框选或被指针靠近时呈现出黄色,如图 12.14 所示。

 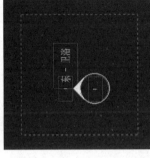 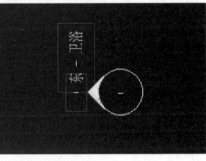

图 12.13   图 12.14

③通过对系统图形颜色的设置,使图形被选中后的颜色显示为绿色,并使选中的图形填充颜色显示为半透明状态,如图 12.15 所示。

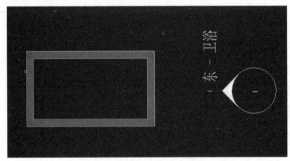

图 12.15

④通过对系统图形、颜色的设置,使图元报错警告时的颜色显示为红色,如图 12.16 所示。

图 12.16

2) 同步学习

系统颜色基本
设置

①单击软件左上方的"文件"→"选项",在弹出的"选项"对话框中选择"图形"页面,在该页面下找到"颜色"区域,将"背景(K)"颜色更改为"黑色",单击两处"确认"按钮,如图 12.17 所示。

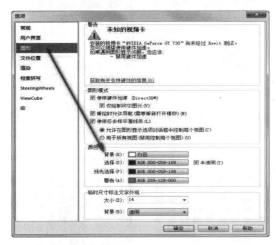
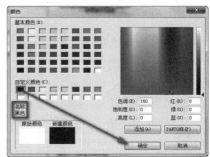

图 12.17

②单击软件左上方的"文件"→"选项",在弹出的"选项"对话框中选择"图形"页面,同样在"颜色"区域内把"预先选择(P)"颜色更改为"黄色",单击两处"确认"按钮,如图 12.18 所示。

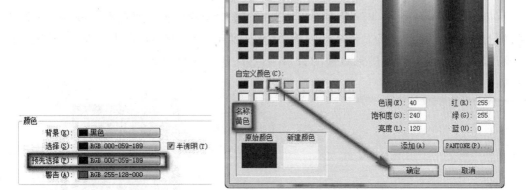

图 12.18

③再次在图形选项的"颜色"区域内把"选择(S)"颜色更改为"绿色",单击两处"确认"按钮,如图 12.19 所示。

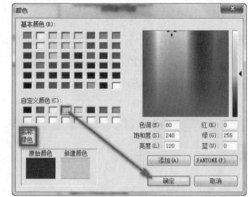

图 12.19

④依然在图形选项的"颜色"区域内把"警告(A)"颜色更改为"红色",单击两处"确认"按钮,如图 12.20 所示。

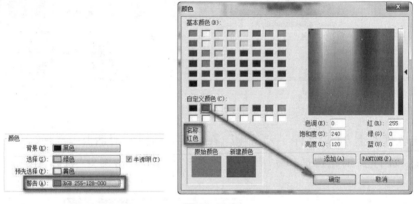

图 12.20

3)解析拓展

在建模过程中一般都伴随着多种不同颜色的图元出现,而当颜色数量较多和色调不一时,可能会使部分图元线条显得暗淡模糊,对此按照不同用户的使用习惯,Revit 提供了自行更改背景颜色的功能。除最常更换的背景颜色外,还有 3 种过程操作颜色可供用户自行修改,如图 12.21 所示。

图 12.21   图 12.22

系统默认的初始颜色比较符合 Windows 的经典风格色调,所以对于普通用户来说都很容易适应,但"警告(A)"的颜色是为了在用户操作错误时高亮显示出报错图元,因此该颜色应当相对鲜艳,而系统预设的"RGB 255-128-000"在实践过程中并不容易被快速识别,因此可以把该项颜色调整成更为显眼的颜色,例如亮度为 150 的红色(把默认的红色的亮度从 120 提高到 150),如图 12.22 所示。

　　为了凸显出三维视图的空间感,在三维视图下背景颜色可进一步修改,通常会采用渐变的背景以突出天空和地面,如图 12.23 所示。

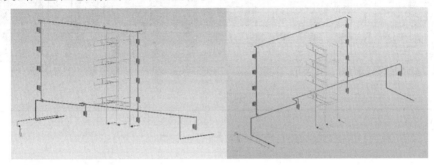

图 12.23

　　在三维视图下单击"属性栏"下"图形"区域中的"图形显示选项"的【编辑...】按钮,然后在弹出的"图形显示选项"对话框中找到"背景(B)",将其选项修改为"渐变",然后分别修改"天空颜色"和"地面颜色",如图 12.24 所示。完成修改后回到三维视图,把模型向上旋转则能看到天空的颜色,向下旋转则看到地面的颜色,当使用"ViewCube"把视图调整到任意一个正立面时将会同时看到天空、地面及地平线的颜色,如图 12.25 所示。

图 12.24

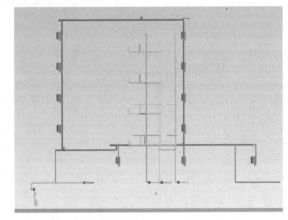

图 12.25

4)巩固总结

　　①若需要修改项目的绘图区背景颜色,则要到"选项"对话框中的"_____"页面进行设置。

　　②在平面、立面及三维视图中,无法在图形显示选项中设置背景的是_____视图。

　　③通过修改图形显示参数,在正视图中显示如图 12.26 所示的效果(接近即可)。

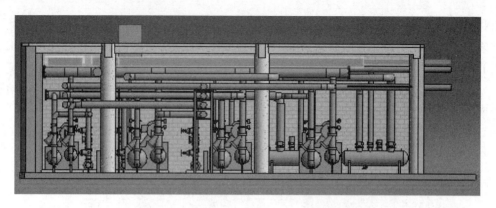

图 12.26

学习笔记：

12.3   文件类型与位置

1) 任务目标

①以机械样板为基础,创建出新的项目样板,并将其命名为"MEP 样板",然后把该"MEP 样板"加载到"最近使用的文件"页面中,如图 12.27 所示。

图 12.27

②使用"公制常规模型"族样板创建新族,对新族进行保存,并命名为"MEP 族",如图 12.28所示。

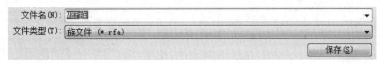

图 12.28

③打开族库中的 MEP 族,找到"截止阀-J21 型-螺纹"族并打开进行观察,如图 12.29 所示。

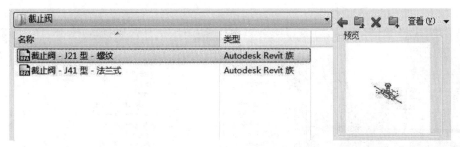

图 12.29

④打开 MagiCAD 样板,将其保存为项目文件并命名为"MC 项目",如图 12.30 所示。

图 12.30

2)同步学习

①按照上述步骤创建"MEP 样板"文件,然后单击软件左上方的"文件"→"选项",在弹出的"选项"对话框中选择"文件位置"页面,在该页面下找到"项目样板文件(T)",单击下方绿色"＋",如图 12.31 所示。然后在弹出的对话框中找到创建好的"MEP 样板",单击"打开"按钮,把该样板添加到"项目样板文件(T)"中,再按"确定"即可,如图 12.32 所示。

常用模型文件的提取

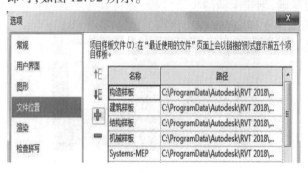

图 12.31

图 12.32

②在软件启动界面下单击"族"区域的"新建"选项,在弹出的对话框中选择"公制常规模型"的族样板,再单击"打开"按钮,然后进行保存操作,并把文件名命名为"MEP 族",即可创建新的族文件,如图 12.33 所示。

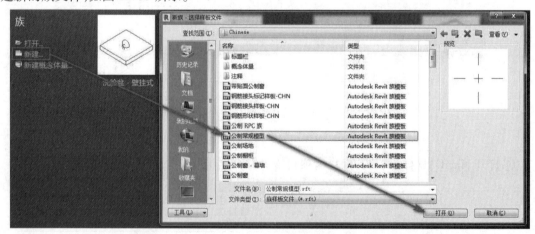

图 12.33

③在软件启动界面下单击"族"区域的"打开"选项,在弹出的对话框中依次单击"MEP"→"阀门"→"截止阀"文件夹,再选中"截止阀-J21 型-螺纹",最后单击"打开"按钮即可,如图 12.34 所示。

图 12.34

④在软件启动界面下单击"项目"区域的"新建"选项,在弹出的"新建项目"对话框中单击"浏览(B)"按钮,然后在新弹出的对话框中按顺序找到系统盘下的 ProgramData/MagiCAD-RS/2020-r20XX/Templates/CHN 即可找到 MagiCAD 样板文件,然后依次单击"打开"和"确认"按钮,打开 MC 项目后单击"保存"即可,如图 12.35 所示。

图 12.35

3)解析拓展

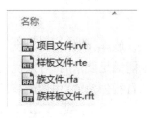

图 12.36

如图 12.36 所示,Revit 中的模型文件类型一般有 4 种,分别是项目文件(.rvt)、样板文件(.rte)、族文件(.rfa)以及族样板文件(.rft)。其中最核心的是项目文件(.rvt),这也是 BIM 用户最终需要的模型成果文件,通常基于样板文件(.rte)创建项目,编辑完成后保存为(.rvt)文件,作为设计所用的项目文件。

项目样板:项目的样板文件包含项目单位、标注样式、文字样式、线型、线宽、线样式、导入/导出设置等多项预设内容。为规范建模和避免重复设置,软件自带的项目样板文件是根据用户的一般需求和行业标准预先设定,并按不同专业分别保存的,便于用户新建项目文件时选用。其文件的存放位置为:系统盘\ProgramData\Autodesk\RVT 20××\Templates\China,其中包括 7 个系统自带的项目样板文件:"Default"是建筑样板,"Structural Analysis-Default"是结构样板,"Construction-Default"是构造样板,"Systems-Default"是系统样板(机电样板),另外,"Mechanical""Electrical""Plumbing"分别是机械样板、电气样板和管道样板,也就是 MEP 项目的独立样板,如图 12.37 所示。

族样板:族样板是系统自带的标准文件,无法自行创建。创建不同类别的族要选择不同的族样板文件,而族样板一般分为 3 类,分别是公制常规类、基于某种依附体类以及自适应

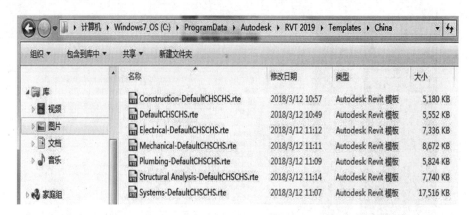

图 12.37

类,而其中的"公制常规模型"是最为原始也是最为常用的族样板,文件位置如图 12.38 所示。

图 12.38

族库:软件自身提供了大量基础族,用户可以根据项目需要加载各类族文件,当基础族库未能满足要求时,可以优先考虑使用网络中共享的族文件,特殊情况下用户可以根据项目需求自行创建族,虽然能满足特殊要求,但相应耗费时间,文件位置如图 12.39 所示。

图 12.39

使用 MagiCAD 功能时一般需要加载其配套的"数据集"文件,在"MagiCAD 通用"选项卡下的"项目管理"区中单击【管理数据集】按钮,然后在弹出的对话框中单击【选择】按钮,在"C:\ProgramData\MagiCAD-RS\2020_r2018\Datasets\CHN"文件夹下找到数据集样板文件并加载,最后单击【应用】按钮即可,如图 12.40 所示。

图 12.40

4)巩固总结

①后缀为 . rvt 的文件是_____,后缀为 . rfa 的文件是_____ 。

②在软件自带的"Libraries"文件夹中存放的是_____文件。

③打开"11.1 基础应用模型"项目文件,将其另存为同名的项目样板文件后加载到系统中,使其在新建项目中可见,如图 12.41 所示。

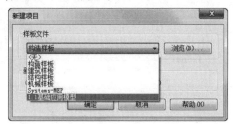

图 12.41

学习笔记:

项目 13 视图控制设置

13.1 视图比例与视图详细程度

1)任务目标

①打开"13.1 视图比例"项目文件,将其中的管道标注"XH"和"DN100"调小一半,如图 13.1 所示。

图 13.1

②打开"13.1 布局出图比例"项目文件,将其中的平面图内容调整至合适的大小并放置在图框中部,如图 13.2 所示。

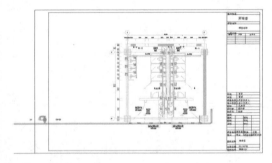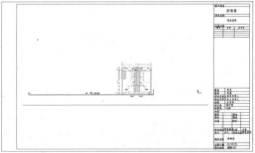

图 13.2

③打开"13.1 视图详细程度"项目文件,将其中多线显示的管道更换为单线显示,如图 13.3 所示。

图 13.3

2) 同步学习

视图比例与详细程度基本应用

①打开"13.1　视图比例"项目文件,找到对应的标注后,在"属性栏"的"图形"区域内把"视图比例"从"1:100"调整至"1:50",或在绘图区下方快捷功能区处单击"1:100"的视图比例按钮,然后再选中"1:50"的比例即可,如图 13.4 所示。

②打开"13.1　布局出图比例"项目文件,单击图中模型的任意地方即可选中图形视口,然后在"属性栏"的"图形"区域内把"视图比例"从"1:50"调整至"1:200",再把缩小的视口移动或拖动到图框中,最后单击图名下划线的右端,将其向左拖动至合适位置,如图 13.5 所示。

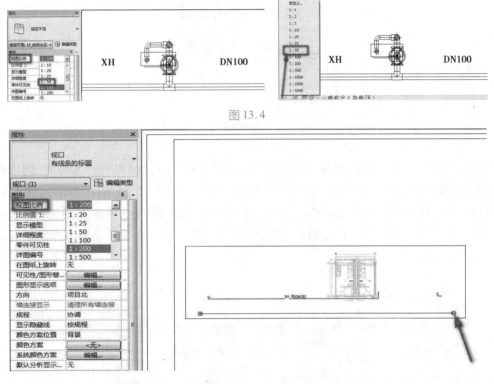

图 13.4

图 13.5

③打开"13.1　视图详细程度"项目文件,在"属性栏"的"图形"区域内把"详细程度"从"精细"修改为"中等"或"粗略",如图 13.6(a)所示;或在绘图区下方快捷功能区处单击"详细程度"按钮,然后选择"中等"或"粗略"即可,如图 13.6(b)所示。

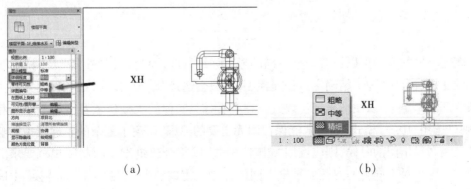

(a)　　　　　　　　　　　　　　　(b)

图 13.6

3) 解析拓展

　　无论是在项目中还是族中都需要调整视图比例。在对大小不同的模型进行注释时,可能会出现当选择的视图比例过大时,注释会覆盖模型轮廓,而且还会影响选择图元等操作,当选择的视图比例过小时,注释会融入图元难以识别的情况,这是因为我们的显示区域大小是固定的,显示大模型时实际上需要的比例会较大,显示小模型时实际上需要的比例则较小,此时就需要调整视图比例,如图 13.7 所示。

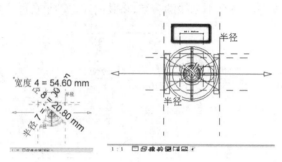

图 13.7

　　系统预设了常用的 13 种国际常用比例供直接选用,当需要使用特殊比例时,则需单击"自定义..."选项,在弹出的"自定义比例"对话框中修改"比率"为目标比例即可,如图 13.8 (a)所示。当选择的某一比例刚好能使注释大小符合全图显示要求,但该比例又不是目标出图比例时,可以在"自定义比例"对话框中勾选"显示名称(D)",然后手动输入所需的目标出图比例即可,如图 13.8(b)所示。

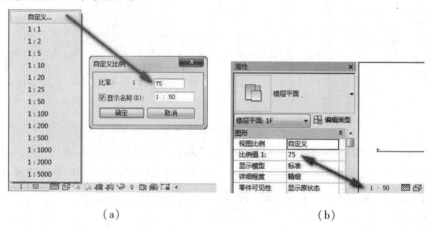

(a)　　　　　　　　　　　　　　　(b)

图 13.8

　　绘图区域中的模型可以设置 3 种不同的显示详细程度,即"粗略""中等"及"精细"程度。在常规的建模过程中,为了精确定位创建模型,一般会选择"精细"模式,把各种图元的主次轮廓线条全部显示出来,以便准确定位放置。在查看各类实体的大概位置及间距等布局相关信息时,则可选用"中等"模式,该模式能保留图元主要的轮廓,避免了复杂的轮廓线条影响视图的判断。在布局出图的时候,则应选用"粗略"模式,以符合建筑设备的制图规范要求。当需要在同一视图下对不同类的图元显示出不同的详细程度时,到"可见性/图形替换"中固定某一类别的详细程度即可。

4)巩固总结

①系统预设的常用视图比例一共有 13 种,最大的比例是_____,最小的比例是_____。

②在绘图区调整比例一般不会影响_____ 的显示大小,只会影响_____的显示大小。

③打开"13.1 布局出图比例"项目文件,在"项目浏览器"的"图纸"下打开"3.1-出图比例练习"图纸视图,如图 13.9 所示,然后调整其中的模型大小,使其与图纸相匹配。

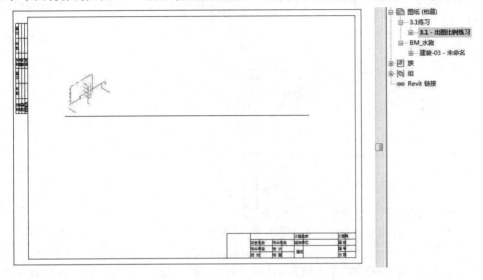

图 13.9

学习笔记:

13.2 基本模型显示样式

1)任务目标

①打开"13.2 模型显示样式"项目文件,把三维图形调整为"隐藏线"模式,并进行旋转观察,如图 13.10 所示。

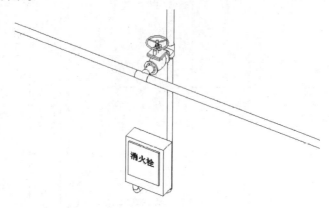

图 13.10

②把三维图形从"隐藏线"模式依次调整到"着色"和"一致的颜色"模式,并设置半透明,如图 13.11 所示。

图 13.11

③再把三维图形调整到"真实"模式,并取消显示边缘轮廓线,使模型接近实际后进行旋转观察,如图 13.12 所示。

④把三维模型调整到"光线追踪"模式,并进行轻度旋转观察,如图 13.13 所示。

图 13.12   图 13.13

2) 同步学习

①打开"13.2　模型显示样式"项目文件,在绘图区下方快捷功能区处单击"视觉样式"按钮,然后选择"隐藏线",如图 13.14(a)所示;或在属性栏的"图形"区域内单击"图形显示选项"右边的"编辑…"按钮,在弹出的对话框中找到"模型显示(M)"区域,然后把"样式"从"线框"改成"隐藏线"后按"确定"即可,如图 13.14(b)所示。

模型显示样式
基本应用

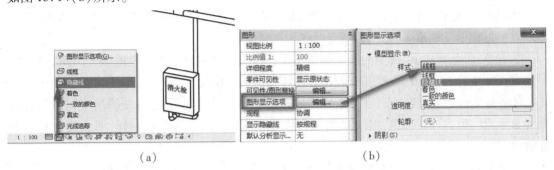

(a)　　　　　　　　　　(b)

图 13.14

②在上一步的"图形显示选项"对话框中把"样式"更换为"着色",然后把"样式"中的"透明度"数值修改为"50"后单击"确认"按钮,设置"一致的颜色"的步骤相同,如图 13.15 所示。

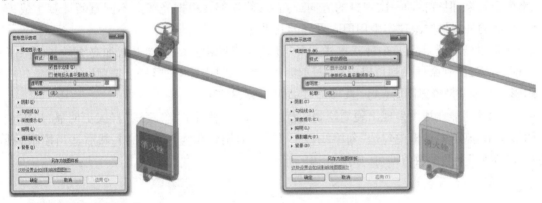

图 13.15

③再次把"样式"调整为"真实",取消勾选"显示边缘(E)",再把"透明度"数值归零,然后单击"确认"按钮,如图 13.16 所示。

④在绘图区下方快捷功能区处单击"视觉样式"按钮,然后选择"光线追踪",待计算机读取片刻即可,如图 13.17 所示。

图 13.16

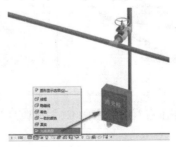

图 13.17

3) 解析拓展

软件给模型提供了 6 种显示样式,包括"线框""隐藏线""着色""一致的颜色""真实"以及"光线追踪",其中前 5 种在所有视图下都适用,最后一种"光线追踪"仅在三维视图下可用。各种样式的特点如下:

①线框:线框样式下,所有的轮廓线都会显示,图元没有填充颜色,近似于透视图,但没有光暗面效果,难以区分前后。

②隐藏线:隐藏线样式下,在任意角度,相对在下或在后的轮廓线条都会被合理隐藏,其显示效果近似于三维草图,也没有填充颜色和光暗面效果。

③着色:着色样式下,模型的表面被赋予了各种图元预先设定的颜色或填充图案,颜色的对比度更加明显,并且根据光照方向及角度,模型具有光暗面部分。

④一致的颜色:该样式下,在着色样式的基础上取消了光暗面效果,使得所有相同类别的图元显示出一致的外观颜色,但如果图元的系统颜色和自身着色颜色一样,那么就会看不到轮廓线。

⑤真实:真实样式下,所有的对象都会按图元被赋予的真实材质显示,视觉上较为逼真,并且与着色模式相似,能根据光照方向及角度,让模型具有光暗面部分。

⑥光线追踪:光线追踪样式下,基于真实样式增加轻度渲染效果,适用于观看最为真实的三维模型效果,但每转动一次观察的方向或角度,软件都会根据光线的不同重新计算生成模型。模型的外观材质跟现实中用肉眼看到的几乎一样。

图形的显示效果除了 6 种基本样式外,还能在每种样式的基础上增加高级效果。除了"线框"样式外,其余样式都可以增加"投射阴影"效果,只需在"图形显示选项"对话框中勾选"阴影(S)"区的"投射阴影(A)"选项即可,如图 13.18 所示。

"勾绘线"能让视图呈现出硬笔绘制的草图效果,一般用于"隐藏线"样式更明显,只需在"图形显示选项"对话框中勾选"勾绘线(k)"区的"启用勾绘线(n)"选项,然后适当控制"抖动"和"延伸"参数的数值即可,如图 13.19 所示。

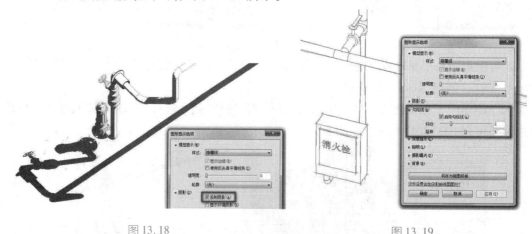

图 13.18   图 13.19

另外还有"深度提示(C)""照明(L)"以及"摄影曝光(P)"等,都能达起到特殊的显示效果。

4)巩固总结

①在"图形显示选项"中,模型显示样式除了_____ 外,其余样式都可以设置透明度。

②在"图形显示选项"中只能设置 5 种显示样式,无法设置_____ 样式。

③打开"3.2　模型显示样式"项目文件,按图 13.20 所示设置图形的显示样式(接近即可)。

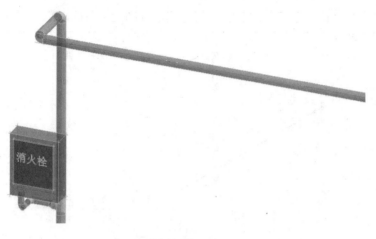

图 13.20

学习笔记:

13.3 图元显隐

1) 任务目标

①打开"13.3 图元显隐"项目文件,把左侧部分图元进行临时隐藏,如图 13.21 所示。

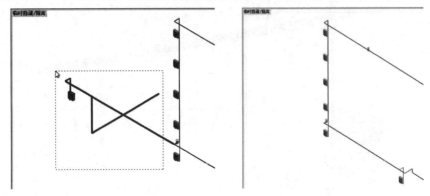

图 13.21

②恢复显示所有被临时隐藏的图元,再对左侧五层楼的消火栓箱及管道进行临时独立隔离显示,如图 13.22 所示。

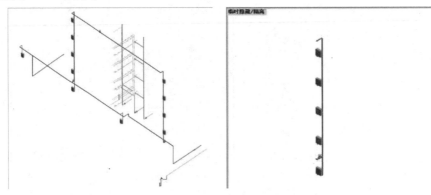

图 13.22

③再次恢复显示所有被临时隐藏的图元,然后将给水和污水管道永久隐藏(绘图区不显示"临时隐藏/隔离"的蓝色边框),如图 13.23 所示。

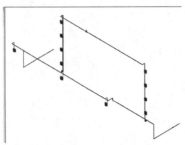

图 13.23

④把被永久隐藏的图元全部恢复显示,如图 13.24 所示。

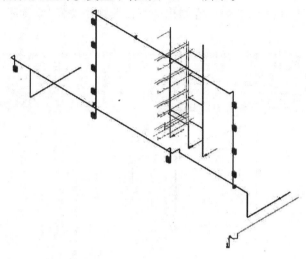

图 13.24

2)同步学习

①打开"13.3　图元显隐"项目文件,从右向左框选对应图元后,单击绘图区下方的快捷功能区中的小眼镜图标,然后在弹出的选项中选择"隐藏图元(H)"即可临时隐藏对应图元,如图 13.25 所示。

图元显隐基本应用

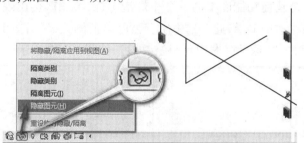

图 13.25

②在临时隐藏图元的状态下单击绘图区下方的快捷功能区的小眼镜图标,然后在弹出的选项中选择最后一项"重设临时隐藏/隔离",即可恢复显示所有被临时隐藏的图元,如图 13.26(a)所示;然后再从左向右框选左侧五层楼的消火栓箱及管道,再次单击下方的小眼镜图标,然后选择"隔离图元(I)"即可,如图 13.26(b)所示。

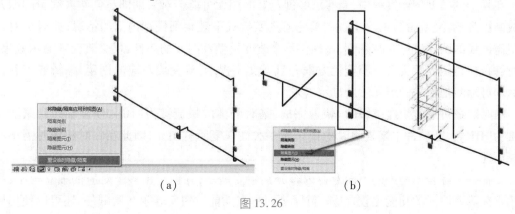

(a)　　　　(b)

图 13.26

③按照上一步操作恢复所有被隐藏的图元,然后选中所有给水和污水管道,单击上方"修改"页面下的"视图"区中的灯泡图标,在弹出的下拉菜单中选择"隐藏图元"即可,如图 13.27 所示。

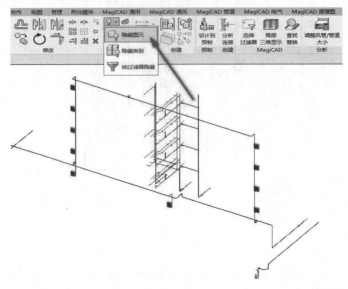

图 13.27

④单击绘图区下方快捷功能区中的一个小灯泡图标,绘图区会出现所有被隐藏的图元,未被隐藏的图元会被半透明显示,此时选中所有被隐藏的图元,然后单击上方"修改"页面下"显示隐藏的图元"区中的"取消隐藏图元"按钮即可,如图 13.28 所示。

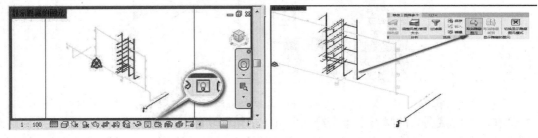

图 13.28

3) 解析拓展

在复杂的模型创建过程中,有些已经创建好的图元可能会对后期即将创建或编辑的图元造成遮挡影响,又或者是用户希望在着色或真实模式下观察到模型内部的情况,此时可对部分阻碍视线的图元进行临时隐藏,该操作不会改变模型及图元的属性,仅会改变其显示效果,临时隐藏在绘图界面会有一圈蓝色方框并且有文字提示,当完成对应的创建、编辑或查看操作后即可随时把隐藏的图元重新显示出来。

临时隐藏可通过快捷键[HH]快速完成,临时隔离的快捷键为[HI],恢复临时隐藏的快捷键为[HR]。在软件中恢复临时隐藏只能一次性恢复所有图元,因此在临时隐藏时需小心选择图元。

要把一个综合模型中的不同专业内容分别独立展示,并创建出多个对应的独立视图,则使用永久隐藏图元的功能比较合适。除了通过单击功能按钮实现永久隐藏外,还可以使用鼠标右键单击选中的图元,在下拉菜单中选择"在视图中隐藏(H)",再选择"图元(E)"即可,如图13.29所示,也可以直接采用快捷键[EH]。

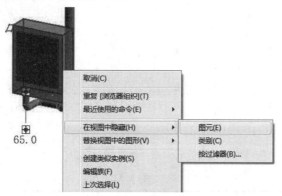

图13.29

当需要恢复被永久隐藏的图元时,可以使用快捷键[RH]启动"显示隐藏的图元"功能,然后再选中需要恢复的图元,输入快捷键[RU]即可,最后再使用一次[RH]恢复正常显示状态。

除了按图元进行隐藏,还可以按类别进行隐藏,使用隐藏类别功能会将模型中属于同一类别的所有图元一次性全部隐藏,如图13.30所示。使用该功能可快速隐藏大量不需要的图元,但也可能把同类别但不同参数的其他图元都隐藏了,因此需慎重使用该功能。

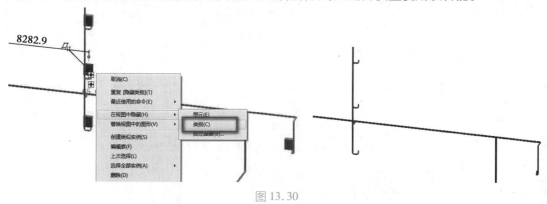

图13.30

临时隐藏图元和永久隐藏图元都可以用于布局出图,两者基本上可以达到同样的出图效果。

4)巩固总结

①当需要把指定图元进行单独显示以便观察时,应该采用_____功能快速实现。

②建模过程中为便于观察而进行的图元隐藏应该采用_____,用于生成图纸时进行的图元隐藏应该采用_____。

③打开"13.3 图元显隐"项目文件,通过隐藏或隔离的功能单独显示消火栓箱及水泵,如图13.31所示。

图 13.31

学习笔记：

13.4　视图范围与裁剪

1) 任务目标

①打开"13.4　视图范围"项目文件,在"1F 给排水及消防"平面图中显示地下一层的管道,如图 13.32 所示。

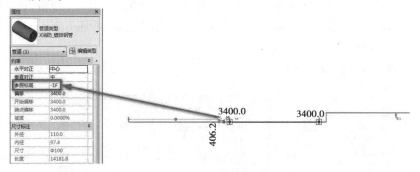

图 13.32

②显示所有楼层的管道,并查看4F 的管道属性,如图 13.33 所示。

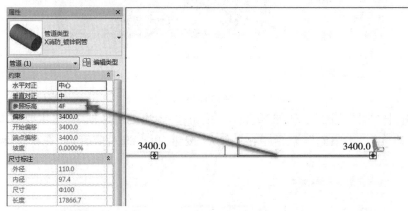

图 13.33

③从管道系统中部向右侧进行框选,使右半部分的图元能全部一次框选中,如图 13.34 所示。

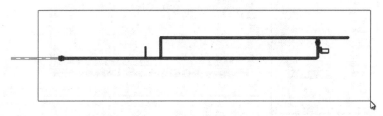

图 13.34

④对视图进行裁剪并使其只显示两侧的消火栓箱及部分连接管道,如图 13.35 所示。

图 13.35

2）同步学习

视图范围基本设置

①打开"13.4　视图范围"项目文件，在打开"1F 给排水及消防"平面图的状态下找到"属性栏"中的"范围"区域，单击"视图范围"右侧的"编辑…"按钮，在弹出的对话框中把"视图深度"的偏移值修改为"－1 500"，然后单击"确认"按钮即可，如图 13.36 所示。

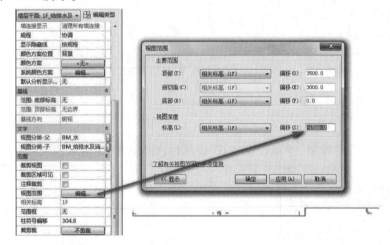

图 13.36

②再次单击"视图范围"右侧的"编辑…"按钮，在弹出的对话框中把"主要范围"下"顶部（T）"的参数修改为"无限制"，然后单击"确认"按钮，再点选对应管道，查看属性即可，如图 13.37 所示。

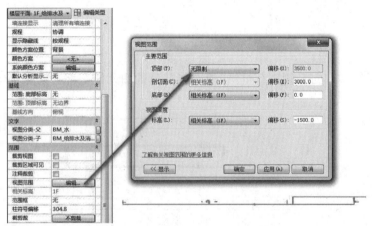

图 13.37

③仍然打开"视图范围"对话框，把"主要范围"下的"底部（B）"参数修改为"－1 500"，然后单击"确认"按钮，再尝试从左向右框选对应的管道，如图 13.38 所示。

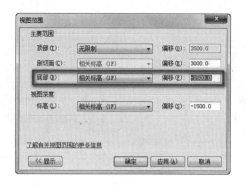

图 13.38

④首先在属性栏的"范围"区域中勾选"裁剪视图"及"裁剪区域可见"两项,然后单击出现的裁剪框,会出现 8 个裁剪符号,如图13.39(a)所示,单击上方或下方的裁剪符号,可把中间部分裁剪掉,然后再拖动左侧裁剪框中部的左右向箭头,使左侧裁剪框向右移动靠近另一半裁剪框,再取消勾选"裁剪区域可见"项即可,如图 13.39(b)所示。

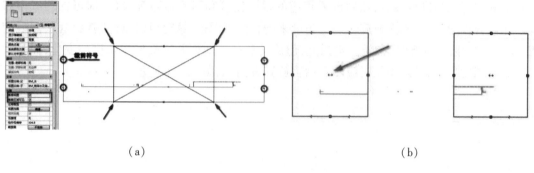

（a）　　　　　　　　　　　　　　　　（b）

图 13.39

3) 解析拓展

为了在平面视图中观察到不同高度的图元,系统提供了视图范围的设置选项,包括"主要范围"和"视图深度"两项重要参数,而"主要范围"又包含"顶部""剖切面"及"底部"3 个参数。

一般情况下,在当前楼层的平面视图中显示的是"剖切面"以下到"视图深度"以上的内容,而在该平面视图中可以实行框选操作的是从"剖切面"到"底部"之间,"底部"到视图深度的图元只支持点选,因此底部范围一般设定在该楼层的标高附近,覆盖所有属于该楼层的图元即可,而视图深度范围是便于观察该楼层平面以下的已有图元,方便参考对齐以精确建模,如图 13.40 所示。

从"顶部"到"剖切面"之间的区域有着多种特殊的情况,根据不同的规程设定,其模型图元的可见性也有所不同:

①在建筑规程下,只有橱柜与常规模型依然可见,而在该区域中,结构规程与建筑规程的可见性一致。

②在机械、电气及卫浴规程下的图元可见性是一致的,所有的机械、电气及卫浴相关的图元都可显示,而橱柜和常规模型则以半色调显示。

③在协调规程下,该区域内的机械、电气及卫浴相关的图元以及橱柜和常规模型都会正

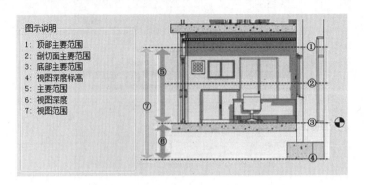

图 13.40

常显示,建筑墙、柱和结构墙则不显示。

除不同区域下的显示规律需要注意外,在"视图范围"对话框中的"顶部""剖切面""底部""视图深度"4 个视图范围属性也有规律,其对应数值必须从上往下依次减少。

裁剪视图的功能一般用于局部视图的展示,例如大样图与详图等,使用裁剪视图功能对复制出来的新视图进行裁剪,然后设置相应的视图比例和图元显隐等参数,即可往图纸中布局。在裁剪视图时,可能需要旋转一定角度来配合图纸图框,这时可以点选"裁剪框",然后使用"旋转"功能把"裁剪框"旋转一定角度,但旋转后的裁剪框并不会发生角度的变化,而是被裁剪的视图发生了旋转,操作时应注意适当旋转方向,如图 13.41 所示。

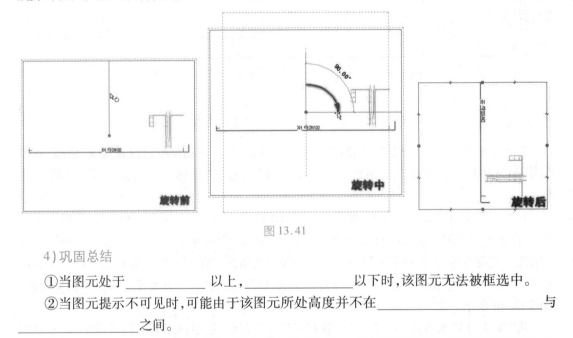

图 13.41

4)巩固总结

①当图元处于_____ 以上,_____以下时,该图元无法被框选中。

②当图元提示不可见时,可能由于该图元所处高度并不在_____与_____之间。

③打开"11.1 基础应用模型"项目文件,尝试在"−3F"楼层平面通过调整视图范围,达到图 13.42 所示的效果。

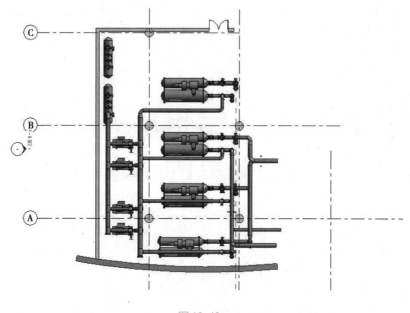

图 13.42

学习笔记:

项目 14 导入及链接 CAD 图、轴网及标高的创建

14.1 CAD 图的导入及链接

1) 任务目标

①打开"14.1 导入与链接"项目文件,仅在"1-机械"楼层平面导入"一层给排水-卫生间"CAD 文件作为项目底图,所导入的底图与原 CAD 图比例相同,如图 14.1 所示。

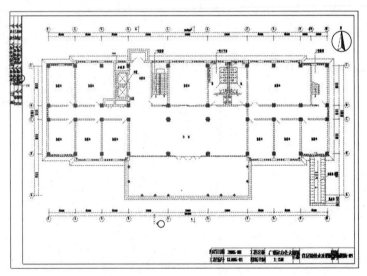

图 14.1

②查看项目原点位置并使底图的 1 轴和 A 轴交点与项目原点对齐,如图 14.2 所示。

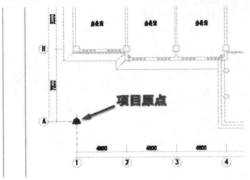

图 14.2

③仅在"2-机械"楼层平面链接"二层给排水平面图"CAD 文件作为项目底图,所链接的底图与原 CAD 图比例相同,如图 14.3 所示。

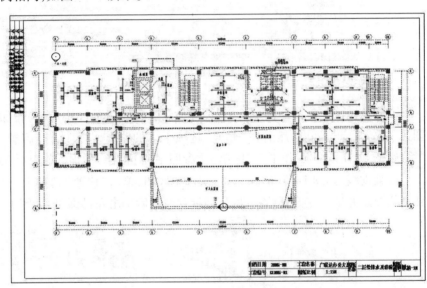

图 14.3

2)同步学习

①打开"14.1　导入与链接"项目文件,在"插入"选项卡下的"导入"区单击【导入 CAD】按钮,然后在弹出的"导入 CAD 格式"对话框中定位到"教材配套学习文件\给排水工程施工图"文件夹,点选"一层给排水-卫生间"文件,接着在下方勾选"仅当前视图(U)",修改"导入单位(S)"为"毫米",修改"定位(P)"为"自动-原点到原点",最后单击【打开(O)】按钮即可,如图 14.4 所示。

CAD的导入
与链接

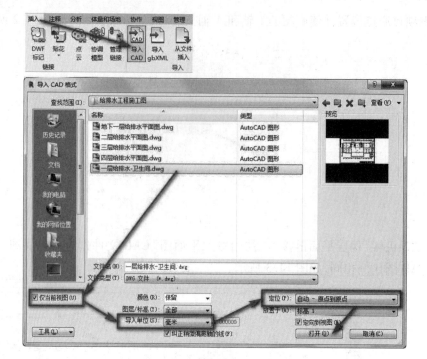

图 14.4

②到绘图区下方的便捷工具栏单击【显示隐藏的图元】(小灯泡)按钮,进入"显示隐藏的图元"模式后点选底图,然后在"修改"选项卡下的"修改"区单击【解锁(UP)】按钮,接着到"系统"选项卡下的"工作平面"区单击【参照平面】按钮,捕捉Ⓐ轴和①轴的引线端点各绘制出一段辅助线,如图 14.5(a)所示,再次选中底图,单击"修改"选项卡下的【移动】按钮,捕捉辅助线交点并单击左键开始移动,当捕捉到原点后单击左键即可,如图 14.5(b)所示。

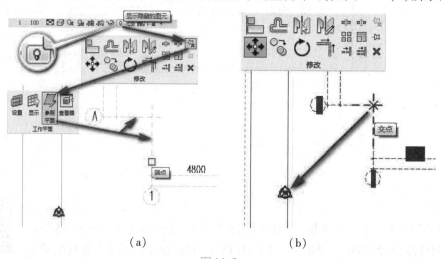

| (a) | (b) |

图 14.5

③在"项目浏览器"中,通过双击左键展开"机械"→"HVAC"→"楼层平面"菜单,再双击"2-机械"进入楼层平面,然后到"插入"选项卡下的"链接"区单击【链接 CAD】按钮,如图14.6所示,余下操作与上述①相同。

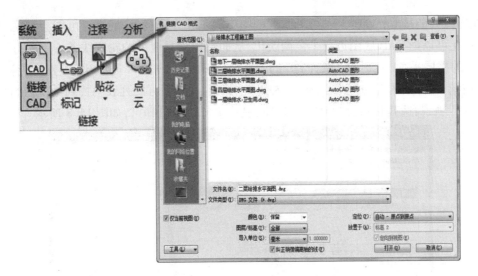

图 14.6

3) 解析拓展

　　CAD 的导入和链接在表面上能起到同样的效果,但在实际的翻模过程中采用导入 CAD 的方式。导入 CAD 是指把整个 CAD 文件完整导入 Revit 的项目文件中作为其重要的组成部分,当项目文件在其他设备上打开时依然能看到已经导入的完整 CAD 图。链接 CAD 则是在项目文件中建立一个外部参照的地址链接,该地址直接指向计算机中存放对应 CAD 文件的位置,在该模式下,当原 CAD 文件发生编辑修改时,在项目文件中的 CAD 图也会同步发生变化,如图 14.7 所示,在一定程度上便于两个软件之间的协作,但该方式会使项目文件的容量稍微增大。

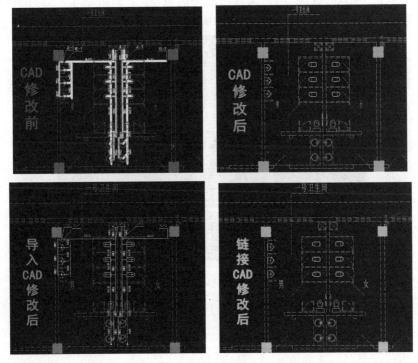

图 14.7

在导入或链接 CAD 底图后,可见原图的图层颜色较为光亮,在翻模时可能会与模型图线混淆,对此可以把 CAD 底图进行半色调淡化,从而突出项目模型的轮廓线条。首先打开已载入 CAD 的楼层平面,然后到"属性栏"的"图形"菜单下单击"可见性/图形替换"旁的【编辑…】按钮,在弹出的对话框中点选"导入的类别"页,在其下方的列表中找到"一层给排水-卫生间.dwg"项,勾选其右侧的"半色调"选项,最后单击【确认】即可,如图 14.8 所示。

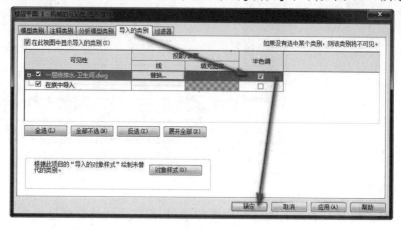

图 14.8

4) 巩固总结

①若需在当前视图导入或链接 CAD,且载入的底图与原 CAD 图比例相同,则在载入时应该勾选＿＿＿＿＿＿ 选项,以及设置导入单位为＿＿＿＿＿。

②当需要把导入的 CAD 与项目原点对齐时,需要打开＿＿＿＿＿＿功能。

③打开"14.1 导入与链接"项目文件,在"2-机械"楼层平面导入"二层给排水平面图"CAD 文件,并设置其为半色调显示,如图 14.9 所示。

图 14.9

学习笔记：

14.2 项目轴网及标高的创建

1)任务目标

①打开"14.2 轴网与标高"项目文件,根据底图绘制完整轴网,如图 14.10 所示。

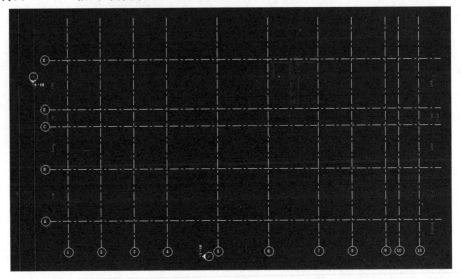

图 14.10

②重新打开"14.2 轴网与标高"项目文件,快速识别轴网,如图 14.11 所示。

图 14.11

③对识别后的轴网进行调整并完善,如图 14.12 所示。

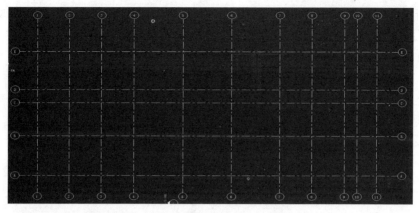

图 14.12

④创建一个新的标高,并创建出对应的楼层平面,如图 14.13 所示。

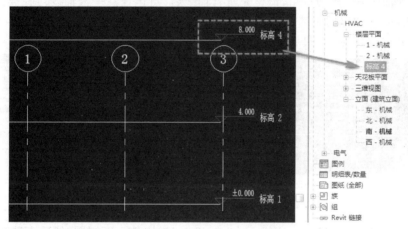

图 14.13

2)同步学习

①打开"14.2 轴网与标高"项目文件,在"建筑"选项卡下的"基准"区中单击【轴网】按钮启动绘制功能,然后捕捉①号轴线上一端点开始绘制,如图 14.14 (a)所示,绘制出①号轴线后接着绘制其余横向轴线,在完成所有的⑪段横向轴线后开始绘制纵向轴线(字母轴号),捕捉Ⓐ号轴线上一端点继续绘制出第⑫号轴线,如图 14.14(b)所示,然后点选该轴线,到"属性栏"中的"标识数据"下修改其名称为"Ⓐ",如图 14.14(c)所示,最后继续完成其余纵向轴线的绘制即可。

轴网及标高的创建

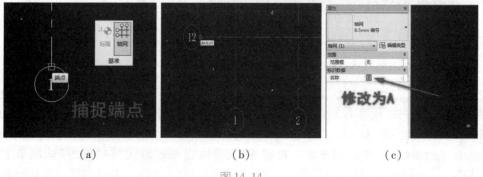

(a)   (b)   (c)

图 14.14

②重新打开"14.2 轴网与标高"项目文件,同样启动【轴网】功能后,在"修改 | 放置 轴网"选项卡下的"绘制"区中点选"拾取线"功能,然后捕捉轴线后单击左键即可生成轴网,如图 14.15 所示,识别纵向轴网时与上述①相同。

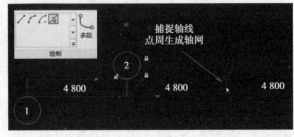

图 14.15

③点选①号轴线,使用鼠标左键长按其上方的"控制点"同时向上移动,如图 14.16(a)所示,直到捕捉到轴线另一端点即可,调整完所有轴线后,点选任意一根轴线,到"属性栏"单击【编辑类型】按钮,在弹出的对话框中找到"图形"菜单下的"平面视图轴号端点 1(默认)"项并勾选,如图 14.16(b)所示,最后单击【确认】即可。

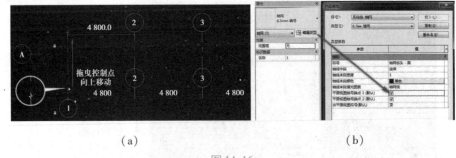

(a)   (b)

图 14.16

④在"项目浏览器"中双击"立面"下的"南-机械"进入该立面视图;然后点选"标高 2"的标高线,到"修改"选项卡下单击【复制】按钮,把标高向上复制同时输入"4000"按回车,如图 14.17(a)所示;接着在"视图"选项卡下单击【平面视图】按钮并选择"楼层平面",最后在弹出的对话框中点选对应标高,按【确定】即可,如图 14.17(b)所示。

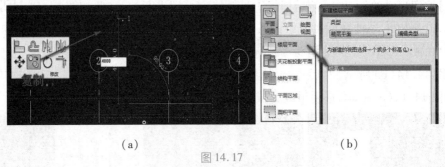

(a)   (b)

图 14.17

3)解析拓展

在绘制轴线时,对于不同的情况应该采取不同的绘制技巧,在没有 CAD 底图的前提下只能采用普通绘制方式,而在有 CAD 底图时则可以看情况采用普通绘制方式或识别绘制方式。由于轴网的整齐性原则,同一方向的轴线长度应尽量相等,对此,常规工程项目可以采用【复制】功能快速绘制轴线,当绘制出第一根轴线后,再次点选该轴线,在"修改"选项卡下单击【复制】按钮,然后捕捉并单击轴号附近一点,如图 14.18(a)所示,再向右移动并捕捉底图的下一根轴线,单击左键进行复制,在复制前可勾选功能区下方的"临时修改选项栏"中的"约束"和"多个",如图 14.18(b)所示,这样便可以连续向右复制出其他轴线。

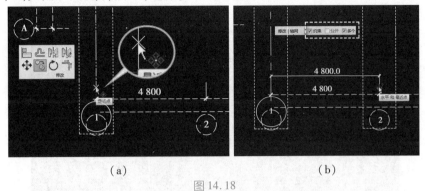

图 14.18

由于本项目的底图中轴网并非完整连续,因此采用识别功能相对较慢,若底图中的轴线是完整连续的,则采用识别轴网功能更快捷。每根轴网还支持特殊编辑,当点选任意一根轴网时,在轴号附近会出现一个小小的"折线符号",如图 14.19(a)所示,单击该符号可使轴号发生折弯,折弯后的轴线上有两个"拖曳控制点",长按并拖动可更改其位置,如图 14.19(b)所示,拖动到原来的位置上即可使轴线回复原始状态,如图 14.19(c)所示。

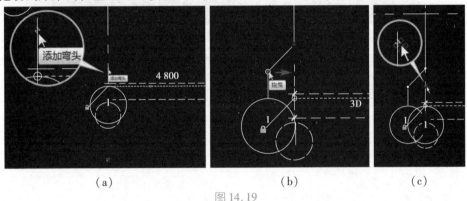

图 14.19

轴线一旦对齐后便自动锁定该对齐,拉伸任意一根轴线时,其余对齐的轴线会跟着一起被拉伸,如图 14.20(a)所示,当需要单独调整某一根轴线的长度时,需先点选该轴线,然后单击附近的"锁"符号解锁,之后就可以单独修改该轴线的长度,如图 14.20(b)所示。

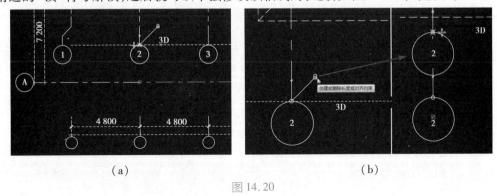

图 14.20

4)巩固总结

①在"1-机械"楼层平面创建的轴网,到"2-机械"楼层平面(填"是"或"否")_____

可见。

②绘制出一根ⓒ轴后,正常情况下接着绘制的一根轴线的轴号应该为ⓓ。

③尝试绘制出如图 14.21 所示的轴网。

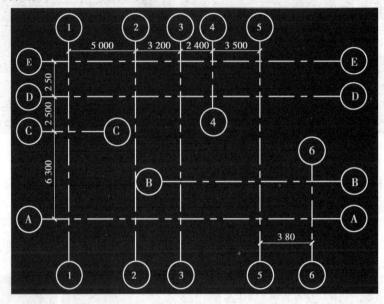

图 14.21

学习笔记:

模块6

机电 MEP-管道系统建模

　　模块简述：本模块主要介绍管道系统的模型创建方法、步骤和技巧，主要包括建筑给排水系统、建筑消防给水系统以及建筑采暖系统等的建模操作。通过本模块的学习，读者能准确地创建出 3 种完整的管道系统模型，并分别赋予各个管道系统模型基本的内部属性参数及外观显示参数，还能通过选择控制指定参数对不同类别的图元进行批量处理。该模块学习难度中高，建议重点学习并反复尝试每一个建模步骤，结合"解释拓展"，理清建模思路及掌控建模技巧。

　　学习背景：本模块属于 MEP 核心建模操作，是 BIM 技术中最为基本但十分重要的环节之一。管道系统在建筑中必不可少，现代化的工作和生活水平逐渐提升，管道系统的复杂程度也日渐提高，而管道工程施工图一直以单线表示，管道及管件的具体空间位置无法在二维图纸上完整并合理地表现出来，因此创建直观的可视化三维模型势在必行，也为后期的模型分析、优化及漫游等提供数据基础。创建直观可视化的三维管道模型有利于反映二维图纸上可能出现的信息冲突，可在工程项目正式施工前解决因图纸信息不清等原因导致的多种矛盾，减少在施工过程中因设计导致的变更，有效缩短施工工期，使施工阶段更接近一步到位的效果。

　　能力标准：能够根据项目需求创建对应的管道系统及管段类型，灵活运用多种基本的图元绘制方法及构件放置方法，针对各类图元的不同特性合理选取视图，完成 3 种管道系统的模型创建；能够编辑模型的外观显示参数，根据管道系统性质赋予不同的外观颜色；能对完成的管道系统模型进行全面排查，并对查出的错漏进行正确且合理的修复。

项目 15 建筑给排水系统

15.1 动力、储水及配水设备

1)任务目标

①打开"15.1 小型泵房"项目文件,在左侧 3 个定位线处放置"单级离心泵-卧式",并使其进水口朝右边放置,如图 15.1 所示。

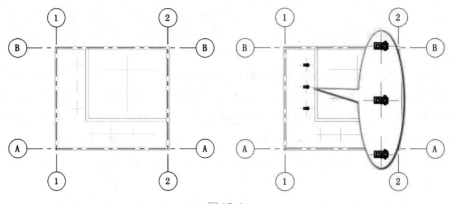

图 15.1

②在泵房的下方定位线处放置 2 个"5 接口分集水器",并使其排污管靠近设备的右侧,如图 15.2 所示。

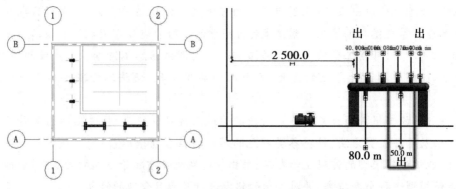

图 15.2

③在泵房右上方定位线处放置 2 个容量为 7 600 L 的"储水箱-水平",并使其进水口在水箱的右侧,如图 15.3 所示。

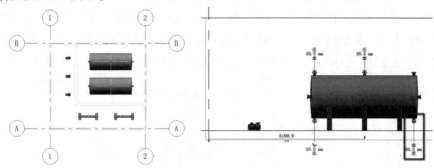

图 15.3

2)同步学习

给排水设备的基本放置方法

打开"15.1 小型泵房"项目文件后,单击功能区的"系统"选项卡,然后单击【机械设备】按钮,在项目自带的机械设备族中并未发现水泵设备,此时在"属性栏"中单击【编辑类型】按钮,在弹出的"类型属性"对话框中再单击【载入(L)...】按钮,然后找到族库中"China\机电\泵"文件夹下的"单吸离心泵-卧式-不带联轴器.rfa"并单击【打开】按钮进行加载,再按【确认】按钮即可开始放置泵,如图 15.4 所示。

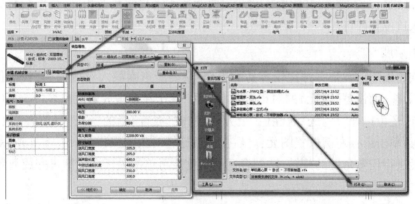

图 15.4

刚加载的卧式离心泵的默认进水口是向左侧的,此时只需按"Space(空格)"键即可实现方向的切换,在完成方向切换后把光标靠近定位线中心,当光标触碰到两条定位线并使其都变成预选颜色(默认蓝色)后单击鼠标左键完成放置,如图 15.5 所示,随后单击放置剩下的两台水泵即可。

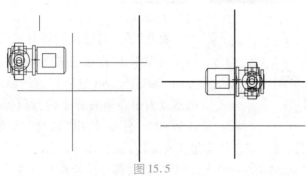

图 15.5

①分集水器在放置前同样需要载入对应的族"分集水器-5 接口. rfa",具体位置在族库中的"China\机电\通用设备\分集水器"文件夹下,在放置该设备时可以发现,该族的控制基点不在正中心,而是靠近左侧的支撑零件处,把光标靠近左侧的十字定位线并进入预选状态后单击放置即可,如图 15.6 所示。由于图形较复杂,完成放置后在"项目浏览器"中打开"立面"视图中的"南-机械"视图,再点选分集水器判断其排污管位置是否正确即可。

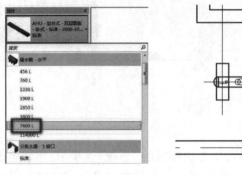
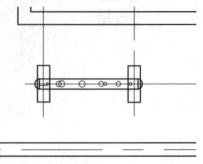

图 15.6   图 15.7

②储水箱可加载"储水箱-水平. rfa"的族,其位置在"China\机电\通用设备\水箱"文件夹中,该水箱族按照容积大小分别预设了 8 种类型,在放置前应先选择对应容积的类型为"7 600 L",如图 15.7 所示,其放置方法和方向调整方法与前两者相同,放置后打开南立面视图判断进水口位置即可。

3)解析拓展

设备族的添加放置是一种比较容易的操作,只要能正确载入对应的族,找准位置方向便可以简易添加。而设备(图元)的对正方式有多种,除了在单击放置之前按"Space(空格)"键切换方向外,还可以通过勾选"属性栏"上方的"修改|放置"栏的"放置后旋转"项,如图 15.8 所示,然后再单击鼠标左键放置图元,之后会出现旋转对象的操作,如图 15.9 所示,可以移动鼠标对图元进行任意角度的旋转,转到合适的角度后再单击鼠标左键即可完成放置。

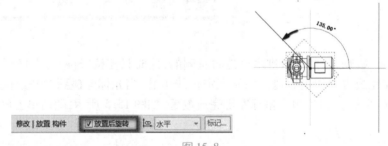

图 15.8

图 15.9

除此以外,对已经放置好的设备(图元)也可以进行对正操作,同样通过按"Space(空格)"键即可切换其方向,而按"Space(空格)"键的默认切换方向是以图元的基点为中心逆时针旋转,而且每一次旋转的角度默认为90°。另外,使用"修改"选项卡下的【旋转】按钮也可以对已经放置好的图元实行任意角度的旋转,如图 15.9 所示。

设备族是参数相对较多的一种族,而其参数大部分是轮廓尺寸参数,因此在使用的时候经常需要控制其轮廓尺寸大小以适应项目要求,而每种设备都有其不同的进出口,常设置的进出口包括"循环供回水"及"卫生设备",而"卫生设备"就是排水口,如图 15.10 所示。识别图标更容易辨别设备的多个连接口用途,但不是每个连接口都有图标,部分连接口需根据设备使用功能进行判断。

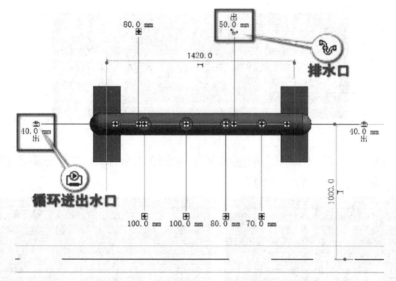

图 15.10

对机电设备的布置除正确对正放置外,还需要为其添加设备基础,在"系统"选项卡的"模型"区中单击【构件】按钮,在自动切换到的"修改 | 放置 构件"选项卡中单击【载入族】按钮,然后在"China\机电\通用设备"文件夹中找到"基础. rfa"并加载,在正式放置设备基础前先单击"属性栏"的【编辑类型】按钮,然后单击【复制(D)…】按钮,修改名称后创建出新类型,再把"尺寸标注"中的"长""宽""高"参数依次修改后完成编辑,然后在"属性栏"的"约束"菜单中把"偏移"值修改到与"尺寸标注"中的"高度"一致即可,如图 15.11(a)所示,然后捕捉水泵中心线单击鼠标左键即可放置设备基础。对于不同种类或类别的设备,都应复制出新的基础类型后再放置。放置基础后,由于设备图元底部与基础重叠,因此需要将设备抬升,其抬升高度的数值与设备基础的高度相同即可,如图 15.11(b)所示。

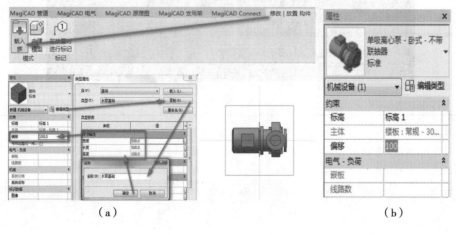

(a)   (b)

图 15.11

4)巩固总结

①完成小型泵房的所有设备放置及添加设备基础,如图 15.12 所示。打开任意立面视图并测量3 种设备的最高点标高:水泵顶标高_____;分集水器标高_____;储水箱标高_____。

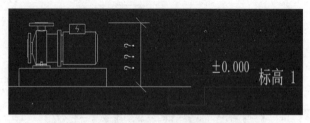

图 15.12

②如图 15.13 所示,在平面图上测量水泵与储水箱之间、储水箱与分集水器之间的最小净距,前者净距为_____,后者净距为_____。

 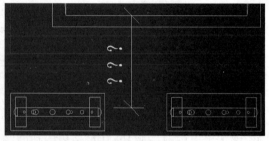

图 15.13

③如图 15.14 所示,换卧式离心泵为立式多级离心泵,测量其顶标高为_____。

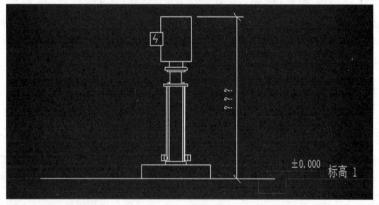

图 15.14

学习笔记:

15.2　卫生器具

1)任务目标

①打开"15.2 卫生器具"项目文件,在一号卫生间中加载对应的洗脸盆族并准确放置,规格为 900 长、600 宽,如图 15.15 所示。

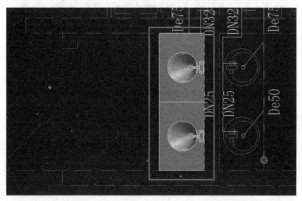

图 15.15

②在一号卫生间中准确放置冲洗水箱式坐便器,如图 15.16 所示。

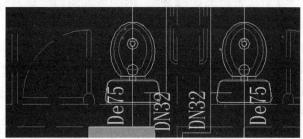

图 15.16

③在一号卫生间中加载对应的蹲式大便器族并准确放置,如图 15.17 所示。

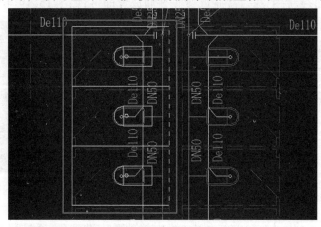

图 15.17

④在一号卫生间中准确放置小便器,如图 15.18 所示。

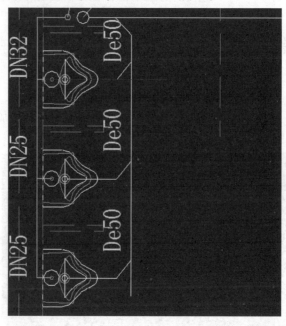

图 15.18

2)同步学习

①该项目文件中没有加载对应的洗脸盆族,因此放置前应先进行加载,在"系统"选项卡下"卫浴和管道"区中找到【卫浴装置】按钮并单击,在自动转到的"修改|放置 卫浴装置"选项卡中单击"模式"区的【加载族】按钮,在"China\机电\卫生器具\洗脸盆"文件夹中找到"洗脸盆-椭圆形. rfa"并加载,然后复制出新类型并命名为"400×400-9060",再把类型参数中的"椭圆形短轴长度"和"椭圆形长轴长度"都设置为"400",把洗脸盆的宽度修改为"600",长度修改为"900",如图 15.19(a)所示,然后准备放置。放置前先单击"系统"选项卡中"工作平面"区的【参照平面】按钮,再在自动切换到的"修改|放置 参照平面"选项卡的"绘制"区中点选"拾取线"功能,然后单击洗脸盆旁的墙轮廓线创建参照平面,最后把洗脸盆靠近参照平面放置即可,如图 15.19(b)所示。

卫生器具的放置

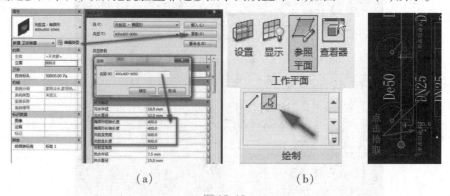

(a)　　　　　　　　　　(b)

图 15.19

②同样单击【卫浴装置】按钮,在"属性栏"中找到对应类型后,通过移动光标捕提底图轮廓线并对齐后,单击放置坐式大便器,如图 15.20 所示。

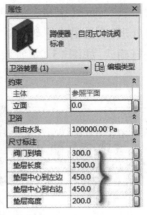

图 15.20

③与洗脸盆操作相似,先通过拾取底图墙线绘制参照平面线,然后在"China\机电\卫生器具\蹲便器"文件夹中找到"蹲便器-自闭式冲洗阀.rfa"并加载,再按图 15.21 所示在"属性栏"中的"尺寸标注"菜单下对应修改 5 个实例参数,最后沿着参照平面放置,放置后通过移动来对齐即可。

④小便器的放置与蹲便器类似,但为了更好地对齐,先在"建筑"选项卡的"模型"区中单击【模型线】按钮,然后沿着底图的小便器中心绘制一根模型线,接着再在"属性栏"中找到对应的小便器类型后,捕捉模型线和参照平面即可,如图 15.22 所示。

图 15.21　　　　　　　　　图 15.22

3)解析拓展

卫生器具的放置方式比较多样,系统为不同的设备族预设定了适合的放置方式。对于挂壁式安装的器具或设备,一般会把其放置方式预设定为"放置在垂直面上",该"垂直面"包括垂直平面和垂直曲面,墙体和参照平面是常用的垂直面,器具可以在墙体的两侧进行放置,但在参照平面上放置时则会根据参照平面的绘制方向而决定其放置的方向,系统默认把器具放置在绘制参照平面时前进方向的左侧,因此当参照平面沿顺时针切线方向绘制时,器具则会默认放置在参照平面所围成的图形外侧,如图 15.23 所示。

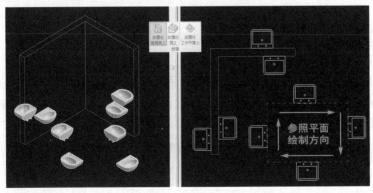

图 15.23

在二维平面图中按"Space（空格）"键时可以切换卫生器具的方向，但需要注意该操作并非对图元进行镜像处理，而是沿水平轴向进行 180°的翻转，在平面图中不一定能发现该问题，须到三维视图下进行确认，如图 15.24 所示。

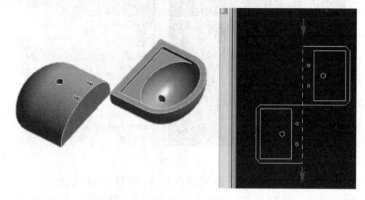

图 15.24

对于落地式安装的器具或设备，若非靠墙安装，则在放置时可选择"放置在面上"或"放置在工作平面上"。"放置在面上"的方式可以捕捉任意的平面或曲面进而把目标图元在其上放置，"放置在工作平面上"的方式只捕捉各个工作平面，而"楼层平面"也属于工作平面之一。

对于各种壁挂式的器具或设备，其安装高度都可以在"属性栏"中的"约束"菜单下进行修改，如图 15.25（a）所示，或转到任意立面视图后通过移动或复制功能调整高度，如图 15.25（b）所示。

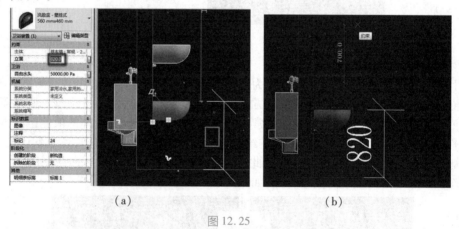

(a)　　　　　　　　　　　(b)

图 12.25

4）巩固总结

①加载双联洗涤盆，并在原洗脸盆的位置放置一个洗涤盆，如图 15.26（a）所示，调整其安装高度为"800"，则在西立面测量该洗涤盆的盆面高度为_____，如图 15.26（b）所示。
②加载梳洗台洗脸盆，并在原洗脸盆的位置放置一个梳洗台洗脸盆，如图 15.27（a）所示，并在西立面测量该洗脸盆台面高度为_____，如图 15.27（b）所示。

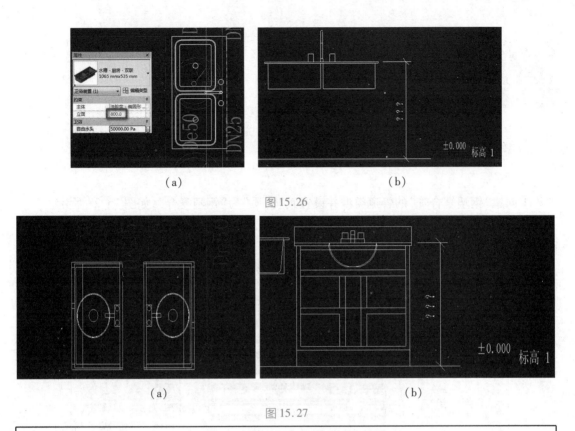

图 15.26

（a）　　　　　　　　　　　（b）

图 15.27

学习笔记：

15.3 管道及管件

15.3.1 管道类型及管道系统的创建

1)任务目标

①创建"钢塑复合管"的管道类型并设置其"材质"为"钢塑复合",如图 15.28 所示。

②对新创建的"钢塑复合管"的管件进行更换,统一换成"螺纹-钢塑复合-标准",如图 15.29所示。

③创建"【生活给水】"系统和"【生活排水】"系统,如图 15.30 所示。

 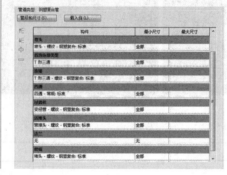 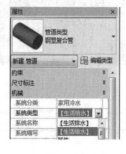

图 15.28　　　　　　　　　　图 15.29　　　　　　　　　　　图 15.30

④为创建的管道系统添加轮廓颜色,"【生活给水】"系统颜色为"青色","【生活排水】"系统颜色为"黄色",如图 15.31 所示。

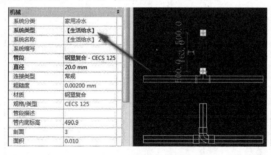  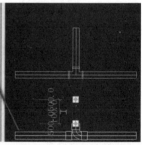

图 15.31

2)同步学习

①打开"15.3　管道与管道系统"项目文件,在"系统"选项卡下"卫浴和管道"区中单击【管道】按钮,然后在"属性栏"中单击【编辑类型】按钮,在弹出的"类型属性"对话框中复制新的管道类型并把名称修改为"钢塑复合管",然后在"类型参数"中单击"布管系统布置"右侧的【编辑…】按钮,在"布管系统配置"对话框中把"管段"调整为"钢塑复合-CECS 125",然后按【确定】按钮返回"属性栏"查看"材质"即可,如图 15.32 所示。

管道类型及系统的简易创建

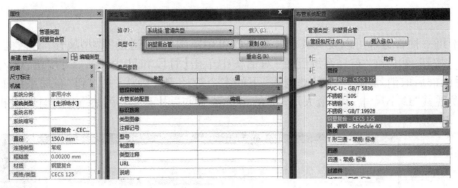

图 15.32

②在"布管系统配置"对话框中单击【载入族（L）...】按钮,然后在"China\机电\水管管件\CJT 137 钢塑复合\螺纹"文件夹中框选所有（5 个）管件族并加载,然后分别更换"弯头""连接""过渡件""活接头""管帽"等 5 项内容即可,如图 15.33 所示。

图 15.33

③在"项目浏览器"中单击"族"左侧的展开选项,然后在下方找到"管道系统",将其展开后可找到"家用冷水"和"卫生设备",使用鼠标右键单击"卫生设备"和"家用冷水"可将其进行复制,然后再次右键单击复制出的系统并选择"重命名（R）...",将其名称修改为"生活给水"和"生活排水"即可,如图15.34所示。

图 15.34

④同样在"项目浏览器"中双击"【生活给水】",然后在弹出的"类型属性"对话框中单击"图形替换"旁边的【编辑...】,最后在"线图形"对话框中修改"颜色"为青色即可,如图 15.35 所示。

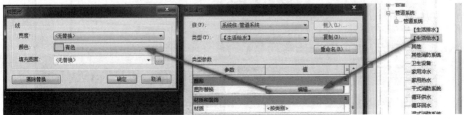

图 15.35

3)解析拓展

对于每一种管道都可以设置其尺寸规格的可用范围,在管道的"类型属性"对话框中单击【编辑…】按钮,然后在"布局系统配置"对话框中单击【管段和尺寸(S)…】按钮,进入"机械设置"对话框后取消勾选"用于尺寸列表"下的多个管径,按【确认】并回到"布局系统配置"对话框可发现其"最小尺寸"和"最大尺寸"的可选范围与"用于尺寸列表"中的勾选项相对应,如图 15.36 所示。

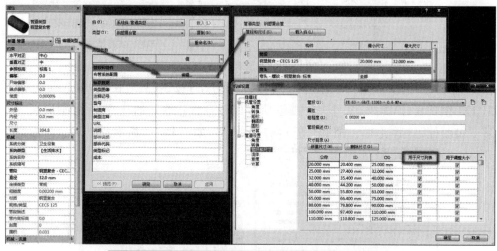

图 15.36

系统自带的管道系列有限,无法满足所有项目的需求,用户可以根据国标规范自行创建管段。单击管道"属性栏"的【编辑类型】按钮,复制出新的管道类型后单击"布管系统配置"的【编辑…】按钮,然后单击【管段和尺寸(S)…】,再到"机械设置"对话框中单击右侧的【新建】按钮,在"新建管段"选项卡内勾选"材质和规格/类型(A)",然后单击右侧【…】按钮,右键单击"PVC-U"材质并复制出新材质,重命名为"PPR",然后回到"新建管道"对话框,在"规格/类型(D)"中输入"S5"后完成创建,如图 15.37 所示。

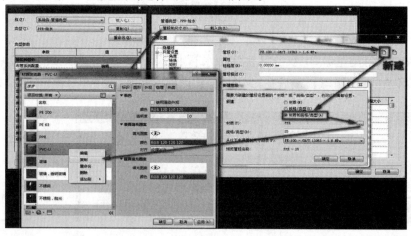

图 15.37

　　新建管段后其尺寸规格目录可以根据相关国标规范进行创建,在"机械设置"选项卡中单击【新建尺寸(N)…】按钮即可逐个创建,如图 15.38(a)所示,例如创建 PPR-S5 系列管道尺寸,可参考 GB/T 18742.2 的管道系列规格尺寸表,如图 15.38(b)所示。

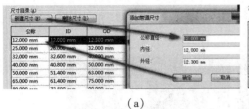

　　　　　(a)　　　　　　　　　　　　　　　　(b)

图 15.38

4)巩固总结

　　①在"15.3 管道与管道系统"项目文件中创建 PPR-5S 管道类型,加载族库中的"GB/T 13663 PE"系列管件,然后尝试绘制出如图 15.39 所示的管道并生成弯头、三通等管件。

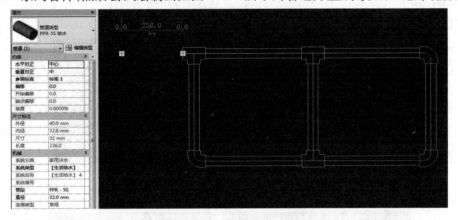

图 15.39

　　②在"15.3 管道与管道系统"项目文件中创建管道系统并赋予对应颜色:家用热水——橙色、家用冷水——绿色、消防喷淋——紫色、消防消火栓——红色。

　　③系统自带的管道系统除了"家用冷水""家用热水""卫生设备"以外,还有＿＿＿＿＿＿种系统。

学习笔记:

15.3.2 管道的绘制与连接

1)任务目标

①打开"15.3 管道及管件"项目文件,绘制"JL-1""JL-2""JL-3"的水平给水管道,如图
15.40 所示。

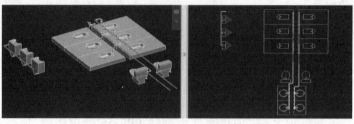

图 15.40

②绘制"JL-1""JL-2""JL-3"的立管及垂直连接管,并把所有卫生器具连接到管道上,如
图 15.41 所示。

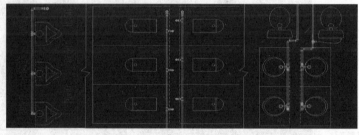

图 15.41

③绘制"WL-1"及"WL-2"的所有水平排水管道,如图 15.42 所示。

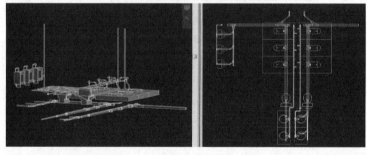

图 15.42

④绘制所有卫生器具的排水连接管,同时在连接管上添加存水弯,如图 15.43 所示。

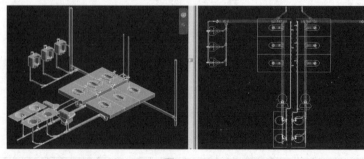

图 15.43

给水管道的轮廓
颜色及绘制方法

2)同步学习

①打开"15.3 管道及管件"项目文件后,在"项目浏览器"中找到"族"下的"生活给水"管道系统并对其双击,然后在弹出的"类型属性"对话框中单击"图形替换"的【编辑…】按钮,把"颜色"调整为"青色"后单击两处【确认】按钮,如图 15.44(a)所示。接着找到"系统"选项卡下"卫浴和管道"区,单击【管道】按钮启动管道绘制功能,然后在"属性栏"下选择"钢塑复合管"类型,再到"机械"菜单下修改"系统类型"为"生活给水",修改其直径为"50",偏移值为"600"后开始绘制管道,如图 15.44(b)所示。

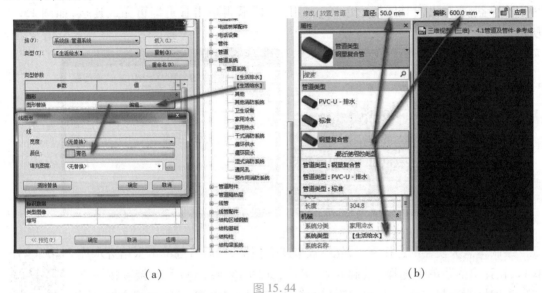

(a) (b)

图 15.44

从给水立管的位置开始沿水流方向绘制水平管道,并在遇到管道变径时直接移动鼠标到"修改|复制 管道"工具栏上点选更换管径,再继续往下绘制即可,如图 15.45 所示。

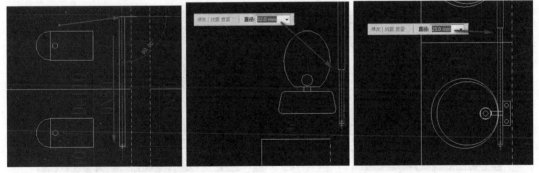

图 15.45

②在绘制洗脸盆的连接管时,先单击"修改"选项卡下的【对齐】按钮,然后准确单击洗脸盆的冷水连接口中心,再单击管道中心线即可把管道对齐到连接口,如图 15.46 所示。

管道与设备的
连接方法

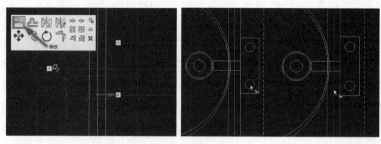

图 15.46

最后点选洗脸盆,在"修改 | 卫浴装置"选项卡下的"布局"区单击【连接到】按钮,然后先单击洗脸盆,在弹出的对话框中选择"家用冷水"后再单击管道即可完成连接,如图 15.47 所示。

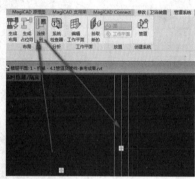

图 15.47

绘制坐式大便器的连接管时,先点选坐式大便器,然后右键单击水箱进水连接口,在弹出的菜单中选择"绘制软管(F)",如图 15.48(a)所示,接着按一下"Esc"键修改绘制起点,然后单击附近的管道开始绘制软管,再到水箱连接口附近轻微移动光标,捕捉水箱连接口节点,最后单击鼠标左键完成绘制,如图 15.48 (b)所示。

软管的绘制及连接到洁具的方法

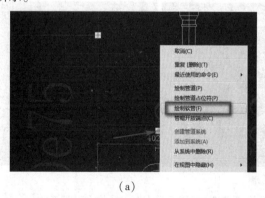
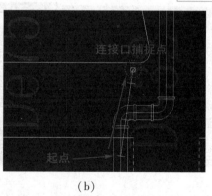

（a）　　　　　　　　　　　　　　　　（b）

图 15.48

绘制蹲式大便器的连接管时,先右键单击其进水管连接口,然后在弹出的菜单中选择"绘制管道(P)",如图 15.49(a)所示,绘制前先确认"属性栏"中的管道类型是否为"钢塑复合管",然后再开始向右绘制出一小段管道,接着按一下"Esc"键重新选择新起点,如图 15.49(b)所示。

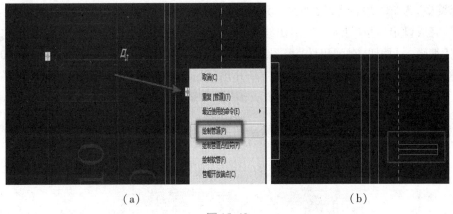

（a）　　　　　　　　　　　　　　　（b）

图 15.49

通过追踪极轴线找到干管上的连接点后开始绘制,然后单击"修改|放置 管道"选项卡下"放置工具"区中的【继承高程】按钮,如图 15.50(a)所示,再捕捉先前管道的同一终点完成绘制,如图 15.50(b)所示。

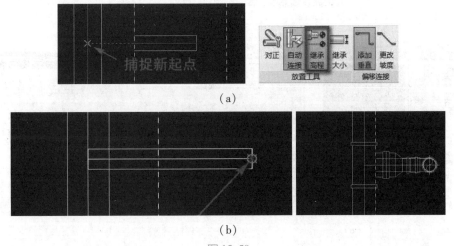

（a）

（b）

图 15.50

绘制小便器连接管时,先点选小便器,然后在"修改|卫浴装置"选项卡下的"布局"区单击【连接到】按钮,最后直接单击旁边需要与其连接的管道即可完成连接,如图 15.51 所示。

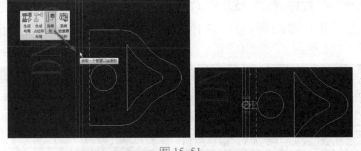

图 15.51

③与给水管道相似,绘制排水管前先把其线图形颜色调整为黄色,如图 15.52所示,然后找到"系统"选项卡下"卫浴和管道"区,单击【管道】按钮启动管道绘制功能,然后在"属性栏"下选择"PVC-U-排水"类型,再到"机械"菜单下修

排水管道的
绘制方法

改"系统类型"为"生活排水",如图 15.53(a)所示,最后修改其直径为"40",偏移值为"-550",完成设定后按"Esc"键退出绘制功能,在"属性栏"下"范围"菜单中单击"视图范围"右侧【编辑...】按钮,在弹出的"视图范围"对话框中把"视图深度"修改为"-600"后按【确认】按钮,如图 15.53(b)所示,最后重新开启【管道】功能,即可开始绘制管道。

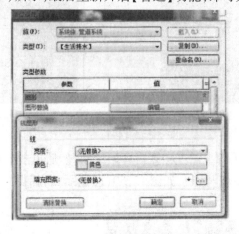

图 15.52

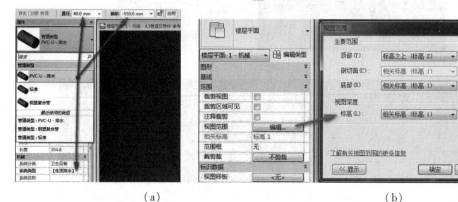

| (a) | (b) |

图 15.53

从洗脸盆旁边的地漏开始沿水流方向绘制排水管道,与给水管的绘制方式类似,在管道变径处修改管径后继续绘制即可。先绘制出横干管,然后单击横干管上的弯头,会看到在其上侧和右侧都出现"+"按钮,如图 15.54(a)所示,此时单击右侧"+"按钮把弯头升级为三通,然后右键单击三通右边的控制点,选择"绘制管道(P)"继续绘制一小段管道,如图 15.54(b)所示。

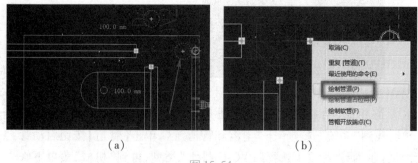

| (a) | (b) |

图 15.54

绘制支管可先从洗涤池开始,沿水流方向先绘制一小段,然后捕捉 45°角向左下绘制,直到捕捉到横干管中心线后单击连接管道,在捕捉横干管时注意要距离上一个管件足够远,以便正常生成新的管件,如图 15.55(a)所示。最后从小便器一侧开始绘制分支管,但先不连接到横干管上,而是把器具连接管绘制完后,再到"修改"选项卡下单击【修剪/延伸单个图元】按钮,最后先单击横干管,再单击需要延伸的支管即可完成连接,如图 15.55(b)所示。

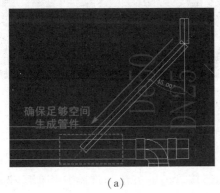
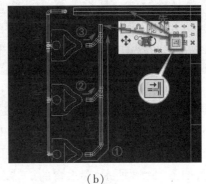

(a)   (b)

图 15.55

④绘制洗脸盆的排水连接管时,先单击洗脸盆,然后在其排水连接口处通过鼠标右键创建管道,确认其管道类型为"PVC-U-排水"后,修改其偏移值为"500",并单击两次右侧的【应用】按钮,如图 15.56(a)所示,最后把鼠标移动到绘图区即可绘制出连接小短管。接着在"系统"选项卡下单击【构件】按钮,然后单击【载入族】按钮,在"China\机电\水管管件\GB/T 5836 PVC-U \承插"文件夹中找到"S 形存水弯-PVC-U-排水. rfa"并加载,添加存水弯时应正确捕捉小短管管段的中心连接节点,再单击左键进行添加,如图 15.56(b)所示。

存水弯的添加

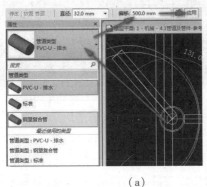
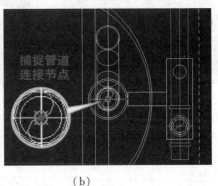

(a)   (b)

图 15.56

添加存水弯后需对其进行旋转以对齐横干管,先点选存水弯,然后在"修改|管件"选项卡下的"修改"区中单击【旋转】按钮,此时存水弯中出现旋转中心点,左键单击该中心点可更改其位置,把旋转中心点更改到与管道连接的一端后,在中心点竖直方向上方单击一次,然后移动鼠标捕捉横干管中心线后单击即可。最后再次点选存水弯,在"修改|管件"选项卡下的"布局"区单击【连接到】按钮,单击横干管即可完成连接,如图 15.57 所示。

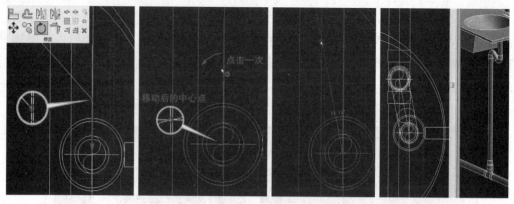

图 15.57

绘制蹲式大便器的连接管时,先绘制连接小短管并把其终端偏移值设置为"-550",然后在"China\机电\水管管件\GB/T 5836 PVC-U \承插"文件夹中找到"P 形存水弯-PVC-U-排水. rfa"并加载,添加存水弯的时候到三维视图进行操作,当靠近小短管下方并捕捉到中心线后单击即可,如图 15.58 所示,存水弯的旋转和连接管道的方法与洗脸盆相似。坐式大便器只需通过【连接到】按钮即可完成连接。

绘制小便器的连接管时先从连接横管的管端开始向左绘制,捕捉到小便器的排水连接口节点后单击即可完成连接,如图 15.59 所示。

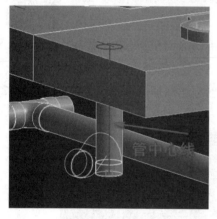

图 15.58

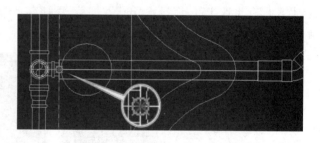

图 15.59

3)解析拓展

绘制给排水管道时一般遵循两个原则:一是先绘制水平管道后绘制竖直管道,二是尽量沿水流方向绘制。这是为了便于后期连接支管时生成正确方向的管件,在绘制排水管道时比较明显,先绘制的管道其绘制方向不同,其后生成的管道连接三通则有所不同,通过观察可发现生成的三通会与已有管道绘制方向保持一致。但在生成四通的时候并不是根据先绘制管道的绘制方向生成对应管件,而是根据后绘制管道的绘制方向来决定。对此若需在已有管道上生成方向正确的四通,则可先通过绘制支管生成一个三通,然后对三通进行升级操作,如图 15.60 所示。

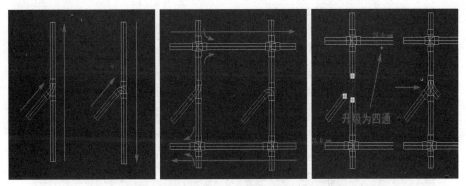

图 15.60

绘制竖直的管道除了在绘制过程中修改其偏移值外,还可以在立面或剖面视图上直接进行绘制。首先在"视图"选项卡下单击【剖面】按钮,然后在绘制竖直管道附近的合适位置绘制出剖面线,再对着剖面线单击右键弹出菜单,点选"转到视图(G)",转到剖面视图后即可按常规方式绘制出竖直管道,如图 15.61 所示。

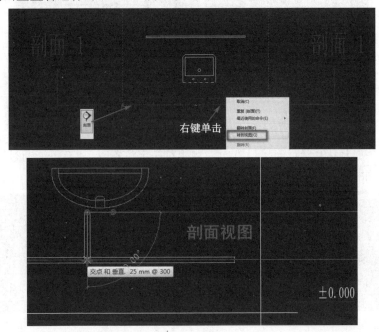

图 15.61

当卫生器具第一次与管道连接时,该卫生器具的系统类型会根据所接管道的系统类型发生变化,而当系统类型被赋予某种颜色时,被连接的卫生器具的轮廓线也会被赋予同样的颜色。当不同系统的管道同时连接到某一卫生器具时,系统则无法辨别该卫生器具的系统,进而取消该卫生器具的系统类型,因此会让卫生器具的轮廓线颜色回归到原始状态,如图 15.62 所示。

在使用卫生器具的"连接到"功能连接管道时需要注意两者之间的相对位置。对于水平方向的连接口,在向上或向下连接管道时一般会生成弯头,对此当管道在连接口的正下方或出口的反方向时,"连接到"功能都无法直接生成连接,如图15.63所示。

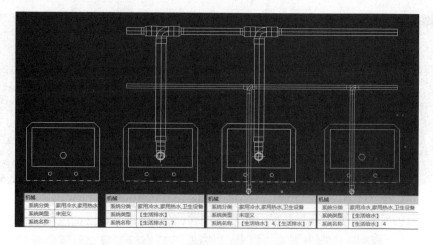

图 15.62

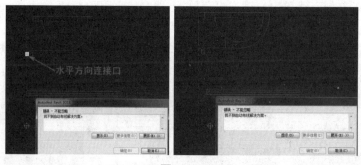

图 15.63

只有当管道处于卫生器具连接口方向一侧相对一定位置时,才有可能通过【连接到】功能实现直接连接,如图 15.64 所示。

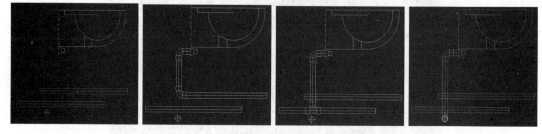

图 15.64

对于垂直方向的卫生器具连接口,只有在连接口反方向轴线上才无法连接,其余位置只要存在足够空间生成弯头,都可以通过"连接到"功能直接完成连接,如图 15.65 所示。

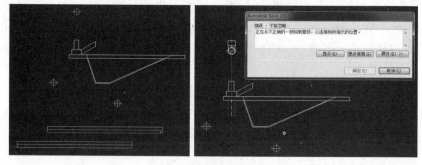

图 15.65

4)巩固总结

①利用"PVC-U-排水"管道类型绘制如图 15.66 所示管道,并调整其走向与管件,使管道走向与图 15.66 相同。

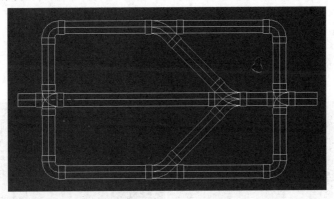

图 15.66

②在"15.3 管道与管件"项目文件学习成果上为小便器的排出管添加 S 形存水弯,如图 15.67 所示。

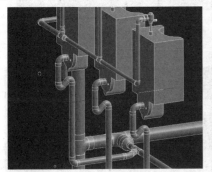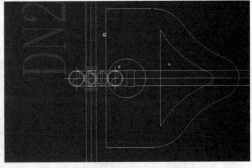

图 15.67

学习笔记:

15.4 管道附配件

1) 任务目标

①打开"15.4 管道附配件"项目文件,在给水管道上移动原有管件并添加截止阀,如图 15.68 所示。

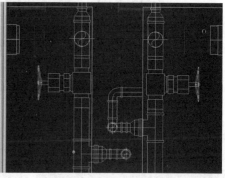

图 15.68

②在给水管道上添加水龙头,如图 15.69 所示。

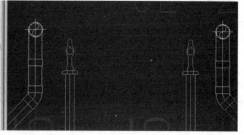

图 15.69

③在排水管道上添加地漏,如图 15.70 所示。

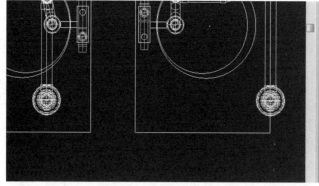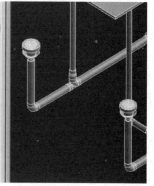

图 15.70

④在排水管道上添加清扫口,如图 15.71 所示。

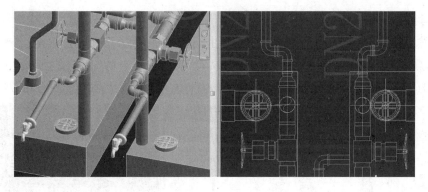

图 15.71

2)同步学习

①打开"15.4 管道附配件"项目文件,添加阀门之前需要先调整管件位置以留出足够空间。首先通过框选的方式选中右上方第一个大便器的竖直段给水连接管并将其删除,如图 15.72(a)所示,然后选中管道三通并向下移动一定距离,如图 15.72(b)所示。

给水管道截止阀的添加

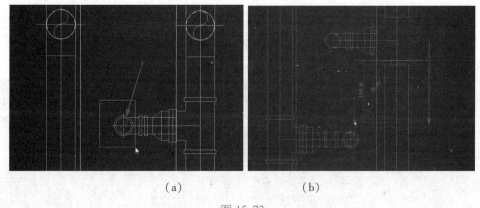

(a)   (b)

图 15.72

接着删除靠上方的弯头,再选中靠下方的管道弯头并对着连接点右键单击,在弹出的菜单中选择"绘制管道(P)",如图 15.73(a)所示;然后先修改偏移值为"750"再开始向上补绘一小段管道,最后通过"修改"选项卡下的【修剪/延伸为角】按钮连接两管道即可,如图 15.73(b)所示。

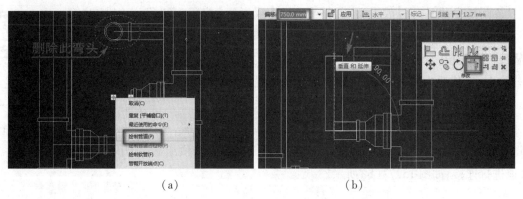

(a)   (b)

图 15.73

完成管件移位后可以添加阀门,在"系统"选项卡下"卫浴和管道"区中单击【管路附件】按钮,然后在"属性栏"中选择类型为"截止阀-J21 型-螺纹"的阀门,单击【编辑类型】按钮,复制出新类型为"J21-25-50 mm",然后修改"尺寸标注"栏下的"公称直径"为"50.0 mm",如图 15.74(a)所示,最后捕捉管道中心线,单击鼠标左键添加阀门即可,如图 15.74(b)所示。

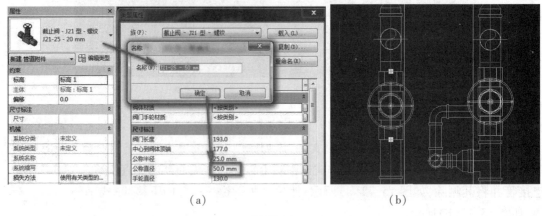

(a)   (b)

图 15.74

②在"系统"选项卡下单击"模型"区的【构件】按钮,然后单击【载入族】按钮,在配套文件"模块四/配套族"文件夹下找到"水龙头.rfa"并加载,然后在水龙头连接管端附近捕捉到管道中心线,单击鼠标左键即可连接,如图 15.75 所示。

图 15.75

③同样启动【构件】放置功能,然后单击【载入族】按钮,在"China\机电\给排水附件\地漏"文件夹中找到"地漏带水封-圆形-PVC-U.rfa"并加载,然后在"属性栏"中选中"50 mm"的类型后单击【编辑类型】按钮,把"尺寸标注"下的"公称直径"修改为"40.0 mm",确定后开始放置,如图 15.76 所示。

地漏的添加

放置地漏时先到"修改|放置 构件"选项卡下的"放置"区中点选【放置在工作平面上】按钮,然后把地漏靠近管道并捕捉到管中心线,单击鼠标左键放置即可,如图 15.77(a)所示;接着再次选中地漏,在"修改|管道附件"选项卡下单击【连接到】按钮,再单击管道进行连接,如图 15.77(b)所示。

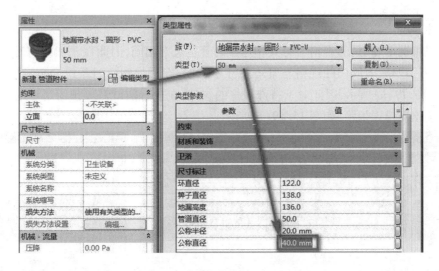

图 15.76

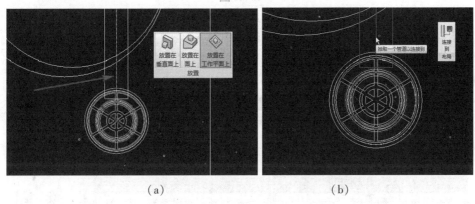

（a）　　　　　　　　　　　　（b）

图 15.77

④绘制清扫口前先绘制一段竖直管道延伸至蹲式大便器底座表面,控制管道偏移值为"200",并单击两次应用即可,如图 15.78（a）所示。然后同样启动【构件】放置功能,单击【载入族】按钮,在"China\机电\给排水附件\清扫口"文件夹中找到"清扫口-塑料. rfa"并加载,接着在"属性栏"下选择类型为"100 mm",捕捉到竖直管道中心点后单击左键即可,如图 15.78（b）所示。

清扫口的添加

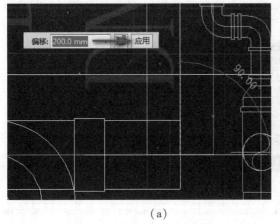

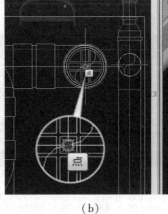

（a）　　　　　　　　　　　　（b）

图 15.78

3) 解析拓展

在一般情况下,阀门的规格会与其相连接的管道尺寸相同,因此在添加阀门时,应预先选择合适的阀门规格,若阀门的规格与管道尺寸不相同,在添加阀门时系统会自动生成转接异径管,如图 15.79(a) 所示,因此对于特殊规格的阀门,在放置前就需要预留足够的空间,否则在放置时会出现错误提示,如图 15.79(b) 所示。

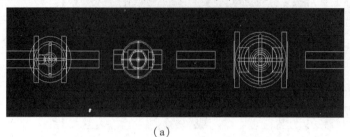

| (a) | (b) |

图 15.79

使用 MagiCAD 的产品功能可提高阀门绘制的效率,在"MagiCAD 管道"选项卡下单击【安装产品】按钮,在弹出的"产品选择"对话框中单击【截止阀】或其他阀门按钮,然后单击"产品布置"下的【尺寸匹配布置】按钮,接着单击需要添加阀门的管道,此时会开始生成与所单击管道对应规格的阀门族,生成完毕后即可直接添加阀门,如图 15.80 所示。

图 15.80

在管道上通过捕捉轮廓线或中心线都可添加阀门,一般情况下只要捕捉到其一,阀门就会自动顺应管道走向变换方向,但是偶尔也会出现阀门不会自动转向的情况,此时可以移开阀门,重新靠近并捕捉管道轮廓线或中心线,然后再轻微移动鼠标即可发现阀门方向会有所改变,如图 15.81 所示。

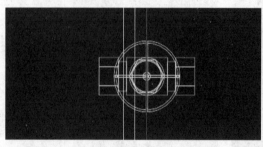
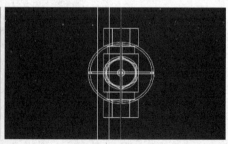

图 15.81

在系统自带的多个机电族里并没有水龙头这类附配件,在建筑族里有水龙头只是装饰用的族,并没有添加连接件导致无法与管道进行连接,虽然可以通过编辑族添加连接件,但操作相对复杂。而用户可以通过网上越来越多的免费族库,根据需要自行下载使用。"构件坞"是其中一个拥有庞大族库的网站,用户只需注册账号即可免费获取各类常用族,如图 15.82 所示。

图 15.82

4)巩固总结

①利用"截止阀-J21 型-螺纹"族创建多个规格类型,然后分别在 DN50、DN40、DN32 及 DN25 的管道上添加阀门,并根据管径选用对应规格的阀门,最后尝试调整阀门的方向,如图 15.83 所示。

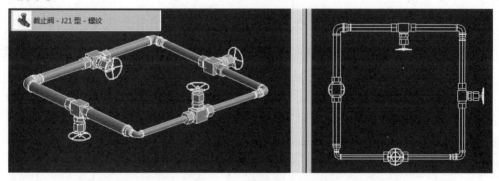

图 15.83

②登录构件坞网站搜索并下载"普通洗涤水嘴",然后更换学习成果中的其中一个水龙头,并适当调整其安装高度,如图 15.84 所示。

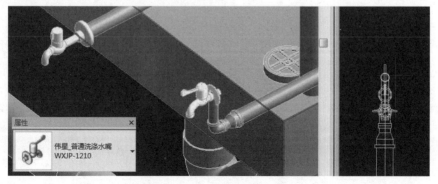

图 15.84

学习笔记：

项目 16 建筑消防给水系统

16.1 消防喷淋头及消火栓

1)任务目标

①打开"16.1 消防喷淋头及消火栓"项目文件,为喷淋头族添加半径为 200 mm 的圆形平面轮廓,如图 16.1 所示。

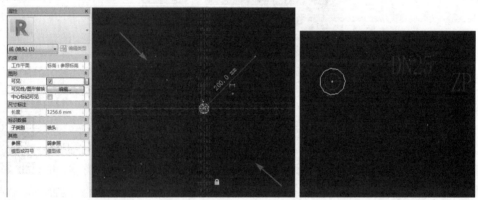

图 16.1

②完成地下层的消防喷淋头布置,如图 16.2 所示。

图 16.2

③快速完成一层～四层的喷淋头布置,如图 16.3 所示。

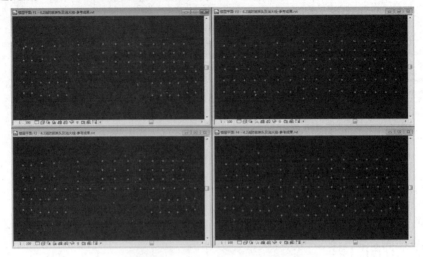

图 16.3

④完成所有消火栓箱的放置,如图 16.4 所示。

图 16.4

2)同步学习

消防喷淋头的
修改升级

①打开"16.1 消防喷淋头及消火栓"项目文件,单击"系统"选项卡下"卫浴和管道"区的【喷头】按钮,然后在"属性栏"确认选用"ZSTS-15-57 ℃"类型,再到其下"约束"菜单中修改偏移值为"3000.0",接着到绘图区捕捉一个喷头位置单击放置喷头,如图 16.5(a)所示。完成放置后再对着喷头双击鼠标左键进入喷头的族编辑模式,然后在"项目浏览器"中双击"楼层平面"下的"参照标高"切换到平面视图,如图 16.5(b)所示。

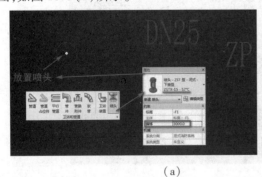

(a)   (b)

图 16.5

在平面视图下单击"创建"选项卡下"模型"区域的【模型线】按钮,然后在"绘制"区单击"圆形"轮廓选项,接着从喷头轮廓中心开始向外绘制一个半径为 200 mm 的圆形轮廓线,再单击该轮廓线,到"属性栏"下单击"可见性/图形替换"旁的【编辑…】按钮,弹出"族图元可见性设置"对话框,然后在该对话框中的"详细程度"内取消勾选"中等"及"精细"选项并单击【确定】按钮,最后回到族的"修改"选项卡下单击【载入到项目】按钮,再点选"覆盖现有版本及其参数值"选项即可,如图 16.6 所示。

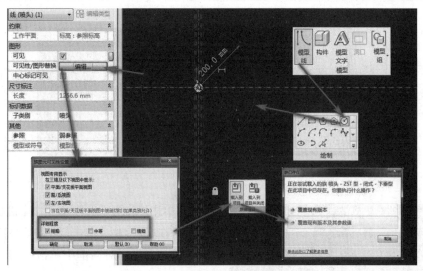

图 16.6

②首先设置图形的详细程度为"粗略",然后从左上方开始布置喷头,由于喷头的布置比较均匀且有规律,因此可以先布置 1 列,然后再通过框选 1 列或 1 行进行快速复制,复制时选择底图喷头轮廓线的圆心作为基准点能快速精确地进行操作,如图 16.7 所示。

图 16.7

③首先按照上一步的基本方法绘制首层喷淋头,然后框选首层所有喷头,到"修改|喷头"的"剪贴板"里单击【复制】按钮,然后再单击左侧【粘贴】按钮下的小三角,在弹出的下拉菜单中选择"与选定的标高对齐",再选择"F2"后按【确定】,如图 16.8(a)所示。三层的喷头部分可以从二层复制,四层的喷头可以从二层及三层复制,如图 16.8(b)所示。

楼层图元的批量复制及消火栓的布置

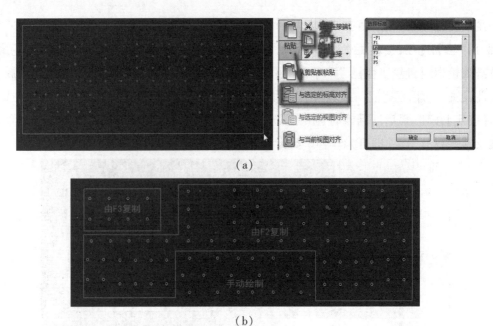

（a）

（b）

图 16.8

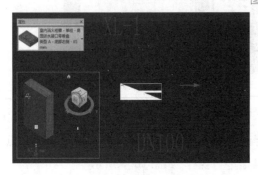

图 16.9

④单击"系统"选项卡下的【机械设备】按钮，然后在"属性栏"单击【编辑类型】按钮，在弹出的"类型属性"对话框中单击【载入(L)…】按钮，加载对应的消火栓族，在"China\消防\给水和灭火\消火栓"文件夹中找到"室内消火栓箱-单栓-底面进水接口带卷盘.rfa"并加载。加载完成后先退出绘制模式，然后沿消火栓箱依附的墙边从左向右绘制一参照平面线，然后再次单击【机械设备】按钮，在"属性栏"下选择"类型 A-底部右侧-65 mm"类型，再到下方"约束"菜单修改其"立面"数值为"1 100"后单击进行放置，最后到三维视图确认其方向，把消火栓箱复制到其余楼层即可，如图 16.9 所示。

3）解析拓展

在编辑喷头族时出现的"族图元可见性设置"对话框中，其"详细程度"分别对应该族在项目中不同详细程度显示的效果，当对喷头族增加的轮廓线同时设定勾选"粗略"和"精细"时，重新把喷头族载入回到项目可发现，在对应的"粗略"模式和"精细"模式下可以看到该轮廓线，而在"中等"模式下则并未显示，如图 16.10 所示。

图 16.10

在批量复制图元到其他楼层时,除了在平面图上进行操作之外,还可以到三维视图下或立面视图下进行操作。首先在三维视图下框选需要复制的图元,然后同样单击"修改|选择多个"选项卡下"剪贴板"区中的【复制】按钮,接着单击紧靠左侧的【粘贴】按钮下方小三角形,在下拉菜单中选择"与选定的标高对齐",最后选择对应标高即可,如图 16.11 所示。

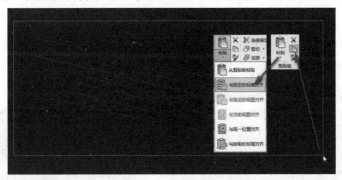

图 16.11

另外在单击【复制】按钮后还可以到任意一个立面视图中,再单击【粘贴】下拉菜单中的"与拾取的标高对齐"选项,然后单击对应的标高即可完成复制。在立面视图中需注意,所复制的内容一般在选定的标高之上,因此选择标高时要确认其位置,如图 16.12 所示。

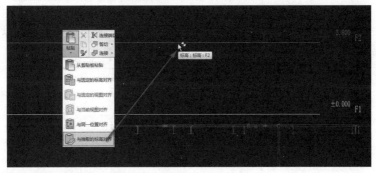

图 16.12

在放置消火栓箱的时候应该根据图例及放置场所判断箱体的正反面与箱门开启方向,还可根据消火栓箱体连接管道的部位判断该箱体是左右进水还是底面进水。根据消火栓箱图的表达原则——"实心三角形短边为栓口,空心三角形长边为箱门,空心三角形尖角为门锁",可以判断该项目的"XL-3"所连接的消火栓箱开门方向,然后从图上可以看出其进水为下进式,靠右侧进水,当合理判断出该消火栓箱的规格形式后开始放置图元,如图 16.13 所示。

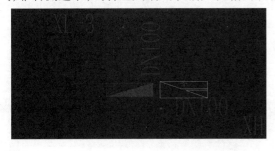

图 16.13

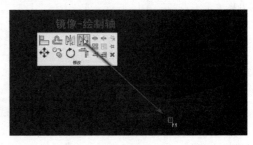

图 16.14

　　在放置该消火栓箱时发现无法一步到位合适放置,对此可以先就近放置图元,然后再次单击该图元,到"修改|机械设备"选项卡下"修改"区中单击【镜像-绘制轴】按钮,接着捕捉图元中线上的一点向上或向下画直线即可完成镜像,完成镜像后再进行对齐即可,如图 16.14所示。

　　4)巩固总结

　　①如图 16.15 所示,完成消防喷淋头的布置,从立面测量喷淋头最底部标高为_____。

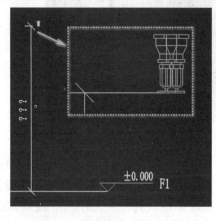

图 16.15　　　　　　　　　　　　　　图 16.16

　　②如图 16.16 所示,完成消火栓箱的布置,从立面测量其箱底距地面高度为_____。

　　③在增加喷头族的显示轮廓线时,所采用的绘制功能是【_____】。

学习笔记:

16.2　消防管道及管件

1) 任务目标

①创建"镀锌钢管"的管道类型并为其添加"CJT 137 钢塑复合"系列管件,如图 16.17 所示。

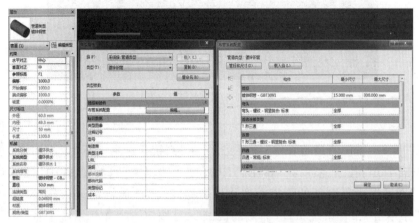

图 16.17

②创建"【消火栓】"及"【消防自动喷淋】"系统,并分别赋予红色及紫色的轮廓颜色,如图 16.18 所示。

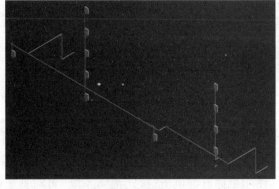

图 16.18

③绘制 −1 层至 4 层消火栓供水管并连接消火栓,如图 16.19 所示。

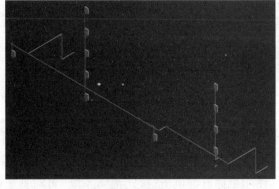

图 16.19

④绘制 −1 层至 4 层消防自动喷淋管并连接喷头,如图 16.20 所示。

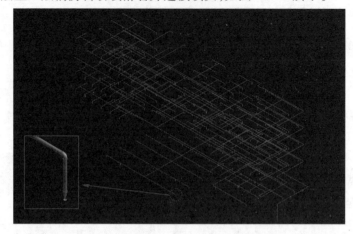

图 16.20

2)同步学习

消防管道的类型创建及绘制

①打开"16.2　消防管道与管件"项目文件,在"系统"选项卡下"卫浴和管道"区中单击【管道】按钮,然后在"属性栏"中单击【编辑类型】按钮,在弹出的"类型属性"对话框中复制新的管道类型并把名称修改为"镀锌钢管",然后在"类型参数"中单击"布管系统布置"右侧的【编辑…】按钮,在"布管系统配置"对话框中单击【管段和尺寸(S)…】,再到"机械设置"对话框中选择"管段(S)"为"钢,碳钢-Schedule 80"后单击右侧的【新建】按钮,在"新建管段"选项卡内勾选"材质和规格/类型(A)",然后单击右侧【…】按钮,右键单击"钢,碳钢"材质并复制出新材质,重命名为"镀锌钢管",然后回到"新建管道"对话框,在"规格/类型(D)"中输入"GBT3091"后完成创建,如图16.21 所示。

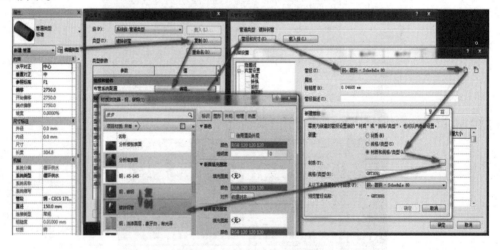

图 16.21

管件的添加请参考"15.3　管道及管件"。

②在项目浏览器中单击"族"左侧的展开选项,然后在下方找到"管道系统",将其展开后可找到"湿式消防系统",使用鼠标右键单击"湿式消防系统"可对其进行复制,然后再次右键

单击复制出的"湿式消防系统 2"系统并选择"重命名(R)…",将其名称修改为【消火栓】,再双击该系统,修改其轮廓颜色为"红色"即可。重复上述复制和重命名操作,创建【消防自动喷淋】即可,如图 16.22 所示。

图 16.22

　　③启动管道绘制功能,在"属性栏"中选用"镀锌钢管"的类型,再到下方"机械"菜单修改"系统类型"为"【消火栓】",接着到上方修改"直径"为"100 mm","偏移量"为"–1200 mm"后从室外的消防系统标记(X/1)开始向室内绘制管道,进入室内后在柱边捕捉到一中点标记,单击绘制管道,如图 16.23(a)所示,忽略弹出的"警告"对话框,然后修改"偏移量"为"3 400 mm"继续沿底图线管位置绘制即可,如图 16.23(b)所示。

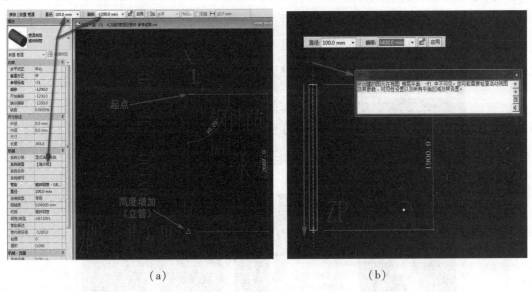

(a)　　　　　　　　　　　　　　(b)

图 16.23

　　当绘制到左侧的消火栓时,在消火栓后方附近处修改管道"直径"为"65 mm","偏移值"为"600 mm",然后单击两次【应用】按钮完成立管绘制,如图 16.24(a)所示,接着单击"修改"选项卡下的【对齐】按钮,在消火栓上找到"连接点"并点选其为基准参照,再单击管道中心线以对齐,如图 16.24(b)所示。再次启动管道的绘制,确保管道绘制参数为"65 mm"的直径和"600 mm"的偏移值后,从立管中心点开始向消火栓连接口绘制即可完成与消火栓的连接。

管道与消火栓及喷淋头的连接

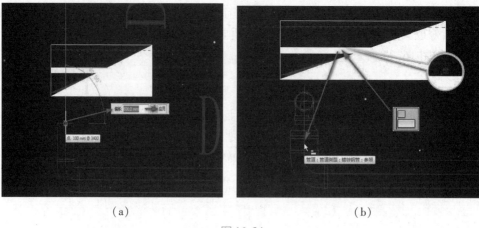

（a）   （b）

图 16.24

在绘制"XL-1"的立管时,首先绘制出三通分支管,然后在管端修改"偏移量"为"14700",单击【应用】按钮,接着转到三维视图,找到相同位置后点选三通旁的弯头,并单击其下方的"＋"升级符号把管件升级为三通,如图 16.25(a)所示,然后右键单击三通下方的"连接点"选择"绘制管道(P)",再修改其"直径"为" 65 mm","偏移量"为"600 mm",单击【应用】即可,如图 16.25(b)所示。

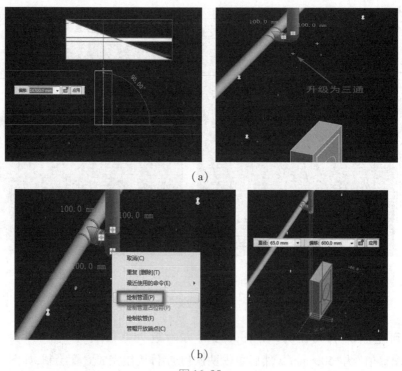

（a）

（b）

图 16.25

④启动管道绘制功能,在"属性栏 "下方"机械"菜单修改"系统类型"为【消防自动喷淋】,接着到上方修改"直径"为"25 mm","偏移量"为"3400 mm"后,从全图的左上方开始捕捉第一个喷头的中心点并单击左键开始绘制,然后直接捕捉同一管道最右侧的喷头中心点,单击完成绘制。然后逐个框选中间未连接的喷头,采用【连接到】功能连接管道,最后再对应修改管道尺寸即可,如图 16.26 所示。其余管道采用相同办法完成绘制。

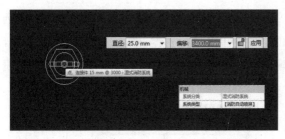

图 16.26

3）解析拓展

当在平面图上绘制楼层标高（0.00m）以下的图元时，通常会无法显示图元，并且会出现图元不可见的"警告"提示，此时须到"视图范围"对话框中修改"视图深度"的"偏移（F）"，其数值应小于等于管道的偏移量，如图 16.27 所示，完成设置后即可显示出管道轮廓。

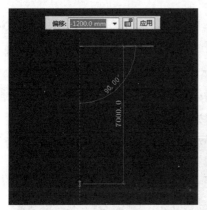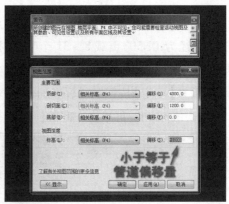

图 16.27

在已有管道上添加管道分支，并且希望该支管与干管规格相同、高度相等，若采用常规方法直接绘制，往往会因为系统默认的"直径"和"偏移值"导致出现失误的连接，虽然可以通过单击原有管道查看其"直径"及"偏移值"，但系统提供了更高效的功能，在启动管道绘制功能后，到"修改|放置 管道"选项卡下点选【继承高程】和【继承大小】两个按钮，激活该功能后再从管道分支点开始向外绘制支管即可达到目标效果，如图 16.28 所示。

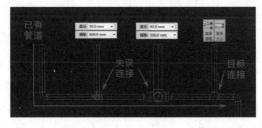

图 16.28

对于大量的消防喷淋管道而言，无论是建模过程中逐段切换"直径"进行绘制，或者先按照一种直径绘制完所有管道后再逐个修改，都显得工作量庞大，对此采用 MagiCAD 的喷淋管径计算功能可实现快速调整所有管径。

首先在"MagiCAD 通用"选项卡下"项目管理"区中单击【设计数据】按钮，如图 16.29

（a）所示，然后在弹出的"设计数据表管理"对话框中选择"管径自动选择标准/喷洒"，如图16.29（b）所示，接着到下方左侧列表的空白处单击鼠标右键，然后选择【新建】，在弹出的"喷淋管径自动选择标准"对话框中创建"高危险级"的标准，然后观察施工图中的喷淋管网规律。

（a）　　　　　　　　　　（b）

图 16.29

在施工图中可发现当负载 2 个喷头时管径为 DN32，负载 3 个喷头时管径为 DN40，负载 4~7 个喷头时管径为 DN50，负载 8~31 个喷头时管径为 DN65，以此类推。对此，在"喷淋管径自动选择标准"对话框内单击【添加…】按钮，然后逐项添加"最大喷头数"及"尺寸"，如图16.30 所示，最后按【确定】按钮完成标准的创建，接着回到"设计数据表管理"对话框中选择新创建的"高危险级"标准，再单击中间的【 = > 】按钮添加到项目中即可。

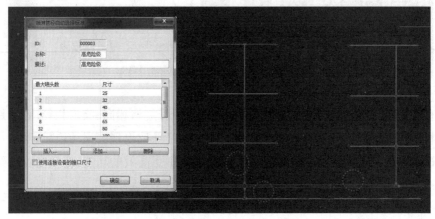

图 16.30

完成设计数据添加后，到"MagiCAD 管道"选项卡下单击【水管系列】按钮，并选择下拉菜单中的"水管系列更新器"，然后在弹出的对话框中修改"供回水管道粗糙度"及"生活水管道粗糙度"为"0.70000"，"海登-威廉系数"为"100"，单击【确定】更新数据，接着单击相同选项卡下的【计算】按钮，在下拉菜单中选择"喷淋管径自动选择"，如图 16.33（a）所示，在弹出的对话框中选择"管网"及"高危险级"并单击【确认】，到绘图区点选任意一段管道即可生成"计算报告"，最后单击【确认-更新模型】即可完成喷淋管径的调整，如图 16.31（b）所示。

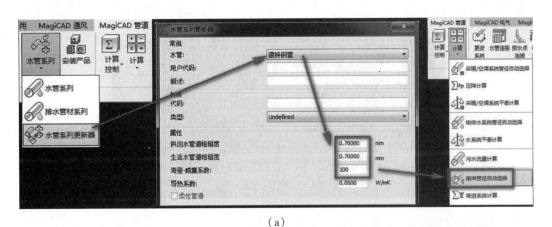

(a)

(b)

图 16.31

在连接喷头与管道时,可使用 MagiCAD 的喷洒连接功能实现较为快速的连接。首先单击"MagiCAD 管道"选项卡下的【喷洒连接】按钮,然后在默认采用第一种连接方式的情况下框选同一段直线管道(不含管件)上的所有喷头,然后到"属性栏"上方单击【完成】按钮,接着点选需要连接的直线管道,最后在弹出的对话框中单击【确认】即可完成连接,如图 16.32 所示。

图 16.32

4)巩固总结

①如图 16.33 所示,完成其余楼层的消火栓供水管及喷淋管的绘制。从南立面图测量消

火栓的水平连接管管底距楼层之间的高度为_____。

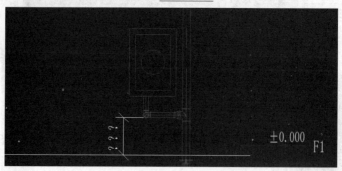

图 16.33

②如图 16.34 所示,完成喷淋管道的绘制,从里面测量管径最大的喷淋管顶标高距离上一楼层的长度为_____。

图 16.34

③需要编辑管道系统颜色时,可以到_____的_____中找到"管道系统"进行修改。

学习笔记:

16.3　消防管道附配件

1)任务目标

①打开"16.3 消防管道附配件"项目文件,在管道系统上添加截止阀(闸阀)、球阀、排气阀及湿式报警阀,如图 16.35 所示。

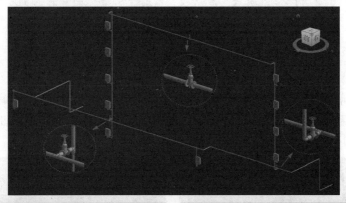

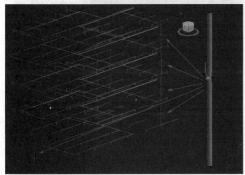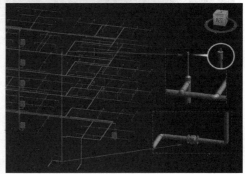

图 16.35

②在管道上添加信号电动阀及水流指示器,如图 16.36 所示。

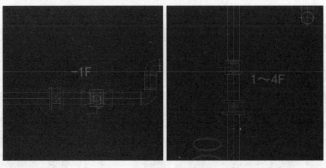

图 16.36

③在消防自动喷淋管道的末端试水装置位置上添加气压表,如图 16.37 所示。

图 16.37

2）同步学习

消防管道普通
阀门的添加

①打开"16.3 消防管道附配件"项目文件并转到其三维视图,把光标移动到
任意一个消火栓箱上使其进入"预先选择"状态,然后连续按 3 次键盘的 Tab 键
选中所有消火栓系统的图元,然后到绘图区下方单击【临时隐藏/隔离】按钮,再
点选"隔离图元(I)",如图 16.38 所示。

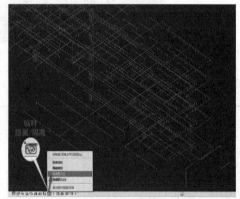

图 16.38

然后依据项目 CAD 图中的消防管道系统图,在三维视图中找到一层和顶层总共 3 处需
要添加阀门的位置,然后单击"系统"选项卡下的【管路附件】按钮,选择"闸阀-Z41 型"规格
为"100 mm"的类别,在图中捕捉到对应管段单击添加即可,如图 16.39 所示。

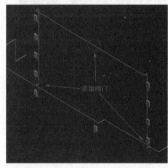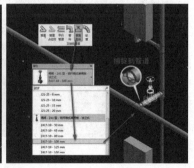

图 16.39

添加球阀需载入对应的族,在"China\机电\阀门\球阀"文件夹中找到"球阀-Q11F 型-螺
纹.rfa"并加载,在加载前弹出的"指定类型"对话框中长按鼠标左键并拖选"1-件-Q11F-16"

系列的所有类型,然后按【确定】按钮进行加载,如图 16.40(a)所示。使用同样的方法隔离出喷淋管网,然后单击"系统"选项卡下的【管路附件】按钮,然后选择"球阀"中的"1-件-Q11F-16-20 mm"的类别,定位到−1F 楼层右下角的消防试水立管,捕捉管道中心线并单击添加阀门,最后点选阀门,在"属性栏"下的"约束"菜单中修改其偏移值为"1500.0"即可,如图 16.40(b)所示。按此添加其余楼层的球阀。

(a)   (b)

图 16.40

排气阀与湿式报警阀都需载入对应的族,分别在"China\机电\阀门\排气阀"文件夹中找到"排气阀-自动-螺纹.rfa"并加载,在"China\消防\给水和灭火\阀门"文件夹中找到"湿式报警阀-ZSFZ 型-100-200 mm-法兰式.rfa"并加载,按照上述方法选择对应规格的类型后,在三维视图下定位到对应位置添加即可,如图 16.41 所示。

图 16.41

②加载水流指示器的族,在"China\消防\给水和灭火\附件"文件夹中找到"水流指示器-100-150 mm-法兰式.rfa"并加载,然后选择"100 mm"的类别后,在各层平面图对应位置捕捉管道中心线添加即可,如图16.42 所示。

添加信号电动阀前,需要在"MagiCAD 管道"选项卡下单击【安装产品】按钮,然后在"产品选择"对话框中单击【其他阀门】按钮,找到"二通控制阀 PN16"并选

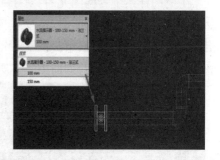

图 16.42

择其最后一种类型,按【确定】结束选择,然后在弹出的"产品布置"对话框中单击【选定尺寸布局】按钮,接着捕捉管道中心线添加阀门,再单击【应用】按钮完成产品添加,最后重新点选

阀门,在“类型属性 ”中修改“卫浴”菜单下的“MC_R”(即连接半径)为“50.0 mm”即可,如图 16.43 所示。添加其余楼层的指示器及电动阀。

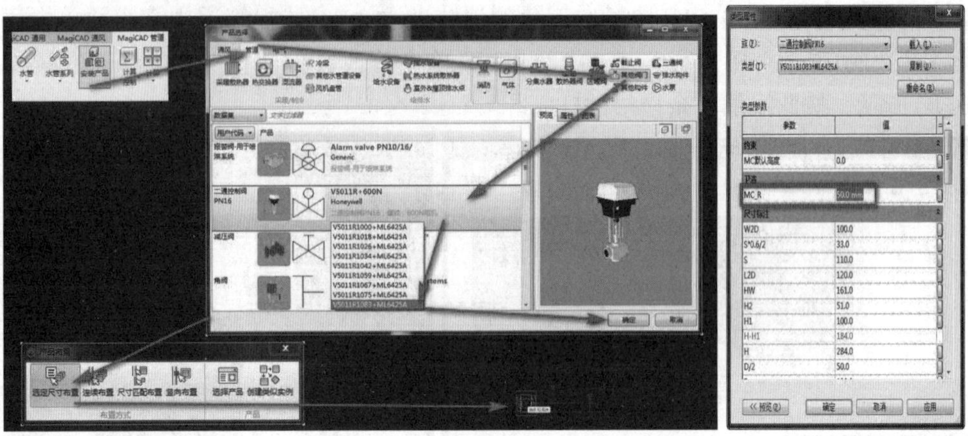

图 16.43

③先到 4F 平面图的对应位置绘制一段转角 90°向上的小短管,然后在“China\机电\卫浴附件\仪表”文件夹中找到“压力计. rfa” 并加载,接着选中“50 mm 标度盘-8 mm”类型,捕捉短管中心线单击鼠标左键放置,如图 16.44 所示,再将其顺时针旋转 90°即可。

末端试水装置的添加

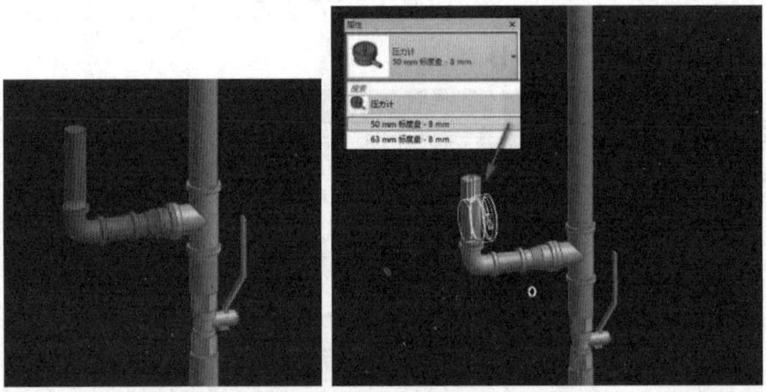

图 16.44

3)解析拓展

在全选择系统管网图元时,对于一开始的预选择对象不同,也有不同的效果。当预选择设备、附配件、支管等图元时,需要按 3 次 Tab 键才能选中整个管网,按第一次 Tab 键可选中相邻的管道或附配件,按第二次 Tab 键可选中相邻最近的管件,按第三次 Tab 键则可以选中整个已连接成功的管网,如图 16.45 所示。

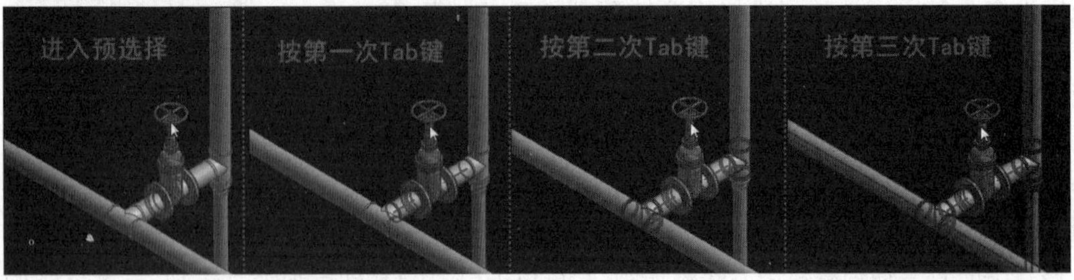

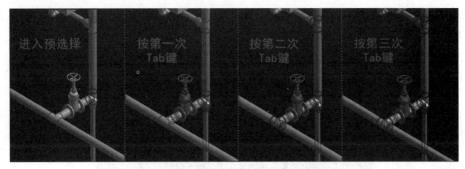

图 16.45

当预选择主干管或主立管,即管径最大的主要管道时,只需按 2 次 Tab 键即可选中整个管网,按第一次 Tab 键可选中管道相邻的管件,按第二次 Tab 键就可选中整个已连接的管网,如图 16.46 所示。

图 16.46

另外无论使用上述哪种方法,在预选中整个管网后,再按一次 Tab 键则可选中该管网的"管道系统",管道系统为一立方体虚线框,如图 16.47 所示。

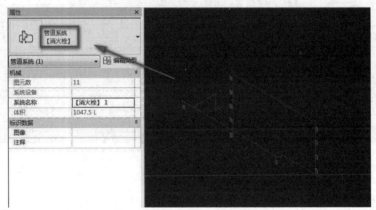

图 16.47

在立管上添加阀门除可在三维视图中操作外,还可以到立面或剖面视图上操作。在立面视图操作时首先转到任意一立面视图,此处以南立面添加球阀为例,在立面视图中很容易就定位到需要添加球阀的立管位置,然后直接启动球阀绘制功能,捕捉立管中心线同时移动鼠标调整临时尺寸的距离,如图16.48所示,确认后单击添加即可。

在剖面视图操作时,此处以 4F 末端试水装置为例,首先在平面图上对应位置创建一剖面标记,如图 16.49(a)所示,然后转到该剖面视图,启动管道绘制功能,捕捉立管中心线即可绘制支管及压力表,如图 16.49(b)所示。

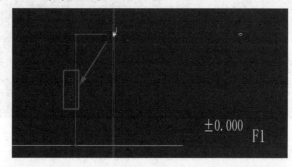

图 16.48

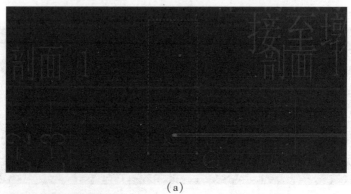

(a)

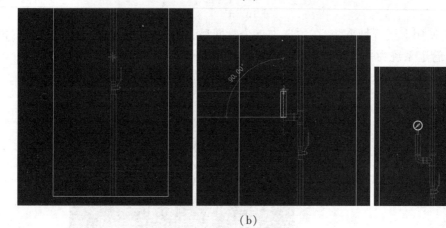

(b)

图 16.49

4)巩固总结

①添加各类阀门时应该单击【_____】按钮以启动绘制功能。

②如图 16.50 所示,把消火栓系统上的闸阀更换为"闸阀-50-300 mm-法兰式-消防"。

 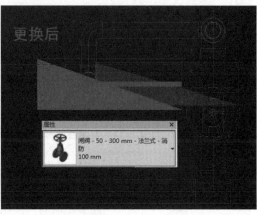

图 16.50

③如图 16.51 所示,采用 MagiCAD 的【安装产品】功能,更换成果模型中的水流指示器为 "VSR-S-100"。

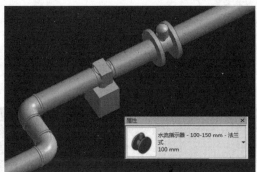 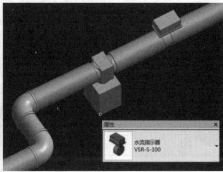

图 16.51

学习笔记:

项目 17 建筑采暖系统

17.1 末端散热器及采暖管道管件

1)任务目标

①打开"17.1 散热器及采暖管道"项目文件,按图示加载并放置 1F 楼层中"N-A-1"回路的散热器,设置散热片的片数为 15 片,放置高度为 600,如图 17.1 所示。

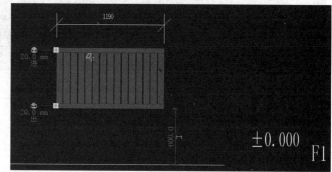

图 17.1

②布置 1F 楼层的所有散热器,并从三维进行查看,如图 17.2 所示。

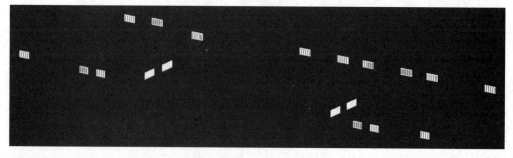

图 17.2

③创建"【采暖供水】"及"【采暖回水】"系统,绘制 −1F ~ 4F 楼层的采暖管道,并正确连接所有散热器,如图 17.3 所示。

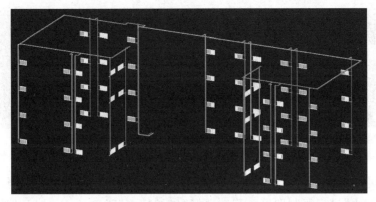

图 17.3

2) 同步学习

①打开"17.1 散热器及采暖管道"项目文件,单击"系统"选项卡下的【机械设备】按钮,接着在"修改|放置 机械设备"选项卡下单击【载入族】按钮,然后在"China\机电\采暖\散热器"文件夹中找到"散热器 – 铜铝复合-同侧-上进下出. rfa"并加载,接着在"属性栏"下选择该散热器规格为"600"的类型后,到下方

散热器的添加及放置

"约束"菜单修改"立面"高度为"500.0",再到下方"尺寸标注"菜单修改"数量"为"15",如图 17.4(a)所示,接着到 1F 平面中找到对应位置,沿建筑外墙内边线从左向右绘制一参照平面,如图 17.4(b)所示,然后通过捕捉该参照平面放置散热器即可。

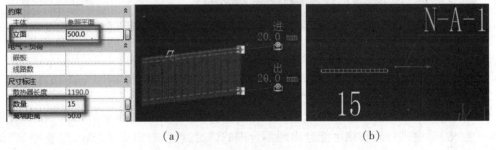

(a)　　　　　　　　　　　　(b)

图 17.4

②完成第一个散热器放置后,重新点选该散热器可发现其管道连接端在左侧,与底图上的方向相反,此时单击"修改|机械设备"选项卡下"修改"区中的【镜像-绘制轴】按钮,然后到"选项卡"下方的"辅助选择"区取消勾选"复制"功能,最后捕捉散热器图元的中点并垂直向上或向下绘制一段镜像对称轴即可,如图 17.5(a)所示。相似的部位可以采用复制功能直接把散热器进行定点复制,如从"N-A-1"侧复制到"N-A-3"侧,复制时注意取消勾选"约束"功能,如图 17.5(b)所示,以墙体轮廓线为复制基准点进行操作即可。其余散热器绘制方法相同。

(a)

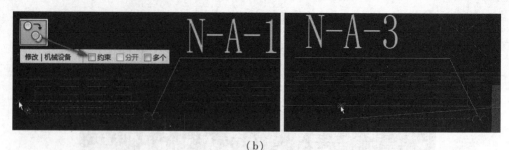

（b）

图 17.5

③创建采暖供回水系统可参考"15.3　管道及管件"章节的操作,采用系统自带的"循环供水"及"循环回水"进行复制即可。管道选择"镀锌钢管"类型从 4F 楼层开始绘制,绘制分支垂直管段时可设定终点"偏移量"为"－10000"便可直接绘制到 1F 楼层,如图 17.6(a)所示。连接散热器管道时只需单击散热器,然后采用【连接到】功能即可直接与附近管道连接,如图 17.6(b)所示。

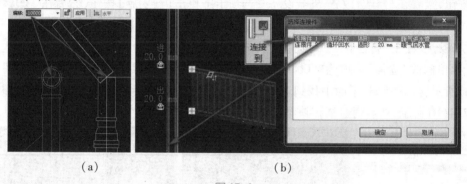

（a）　　　　　　　　　　　　（b）

图 17.6

3)解析拓展

在布置散热器时一般应在平面使用"镜像"或"旋转"功能进行图形方向的编辑,若采用"Space(空格)"键进行旋转则可能会出现不合理的情况,可以看出通过"Space(空格)"键进行的旋转是以散热器前后方向为中心转轴,进行逆时针的旋转,如图 17.7 所示,在平面图操作时不容易辨别。每种族图元的"Space(空格)"旋转都有其固定的方向,并非统一,因此需注意使用。

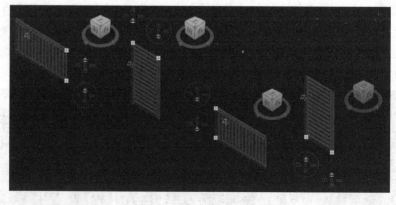

图 17.7

在绘制该项目的分支立管时,由于数量较多,且规格相同,因此可先绘制一根贯通 4 层平面的立管,然后通过选取复制基点进行批量定位复制,最后可到三维视图通过"连接到"功能把管道逐段连接即可,如图 17.8 所示。

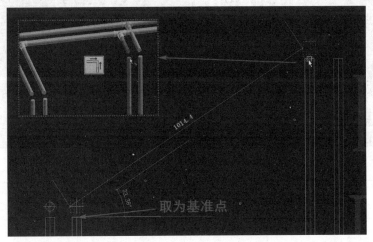

图 17.8

连接散热器管道时可采用 MagiCAD 的"水管连接"功能。首先在"MagiCAD 管道"选项卡下的"管道工具"区单击【水管连接】按钮,然后依次单击散热器及两根连接立管,接着在弹出的对话框中单击【确认】即可完成连接,如图 17.9 所示。

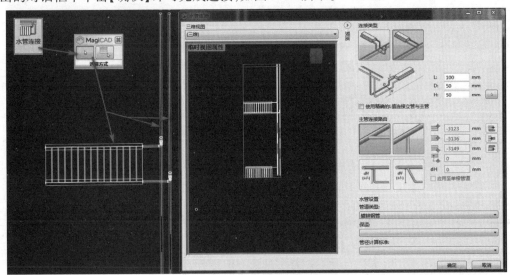

图 17.9

4）巩固总结

①当启动散热器放置功能时,应单击"系统"选项卡下的【＿＿＿＿＿＿】按钮。

②如图 17.10 所示,加载族"散热器-钢制-柱形-基于面附着",设置该散热器的"立面"高度为"600",散热器片数为"15",放置散热器后到立面测量其顶部高度为＿＿＿＿＿＿。

③采暖供水及回水系统的创建应该基于项目样板自带的＿＿＿＿＿ 及 ＿＿＿＿＿ 管道系统进行复制创建。

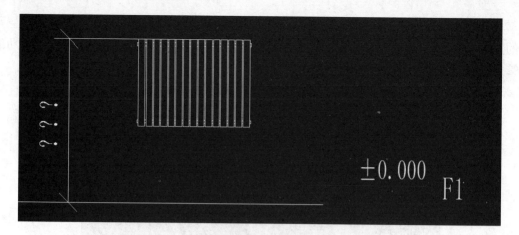

图 17.10

学习笔记：

17.2　采暖管道附配件

1)任务目标

①打开"17.2　采暖管道附件"项目文件,在采暖管网上添加闸阀及截止阀,如图 17.11 所示。

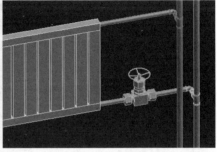

图 17.11

②在采暖干管上添加排气阀,如图 17.12 所示。

图 17.12

③在采暖管网上添加平衡阀及温控阀,如图 17.13 所示。

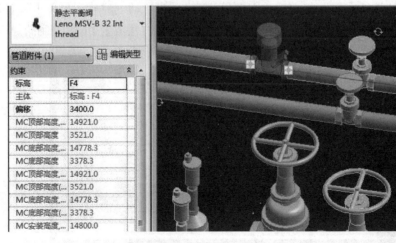

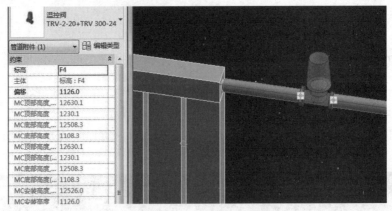

图 17.13

2) 同步学习

①打开"17.2 采暖管道附件"项目文件,在三维视图或楼层平面"4F"中定位到需要添加阀门的位置后,单击"系统"选项卡下的【管路附件】按钮,然后选择"闸阀-Z41 型"规格为"65 mm"的类别,在图中捕捉到对应管段单击添加即可,如图 17.14 所示。

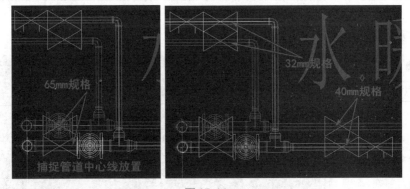

图 17.14

添加在两支管上的闸阀时,单击"MagiCAD 管道"选项卡下的【安装产品】按钮,然后在"产品选择"对话框中单击【截止阀】按钮,如图 17.15(a)所示,在列表中选择"闸阀-螺纹式"并选择规格"DN40"后选择"连续布置",接着点选对应管道,待系统自动创建族后再单击管道进行放置,最后单击【应用】按钮即可,如图 17.15(b)所示。以同样的方法放置 DN32 的闸阀。

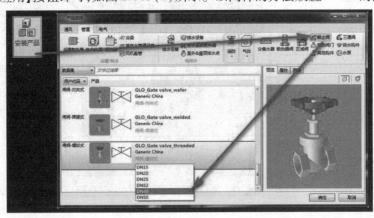

(a)

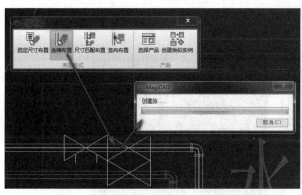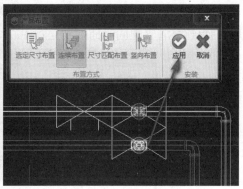

(b)

图 17.15

添加散热器出口的截止阀时,到"系统"选项卡下的【管路附件】处找到"截止阀-J21 型-螺纹",然后选择"20 mm"的类型后单击对应管段添加即可,如图17.16所示。

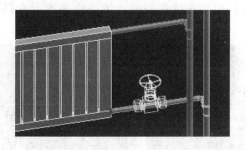

图 17.16

②同样单击"系统"选项卡下的【管路附件】按钮,然后单击【载入族】按钮,在"China\机电\阀门\排气阀"文件夹中找到"排气阀-自动-螺纹. rfa"并加载,然后先绘制一段连接管,在三维视图定位到主立管顶部,单击选择弯头管件,然后单击上方的升级符号"＋"将其升级为三通,如图17.17(a)所示,接着重新点选该三通,鼠标右键单击上方的连接点,然后在弹出的临时菜单中选择"绘制管道(P)",接着直接修改该管道的临时绘制属性,把"直径"改为"20.0 mm",把"偏移值"改为"3600.0 mm",最后单击两次右侧的【应用】按钮即可完成连接管的绘制,如图17.17(b)所示。

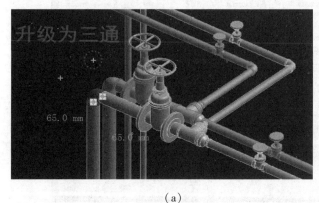

(a)　　　　　　　　　　　　　　　(b)

图 17.17

接着重新启动【管路附件】功能,在"属性栏"中选择"排气阀-自动-螺纹"的"20 mm"类型后,捕捉连接管管顶同时捕捉到立管中心线单击放置即可,如图 17.18 所示。

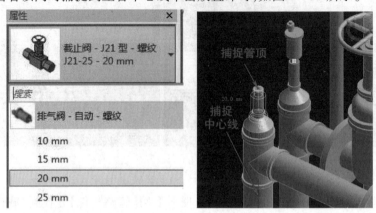

图 17.18

绘制横管上的排气阀时,可到三维视图或二维平面视图上直接捕捉管道添加即可,如图 17.19 所示。

图 17.19

③添加平衡阀时先单击"MagiCAD 管道"选项卡下的【安装产品】按钮,然后在"产品选择"对话框中单击【区域阀】按钮,在"产品"列表中找到"静态平衡阀"并在其规格列表中选择"leno MSV-B 32 int thread"规格,再单击【确认】完成产品选择,接着在"产品布置"对话框中单击【尺寸匹配布置】按钮,然后单击需要放置阀门的管道,待系统自动创建出对应的阀门族后捕捉管道中心线单击对应位置放置即可,如图 17.20 所示。

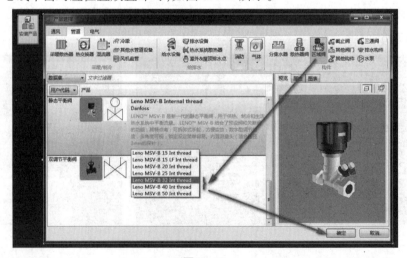

图 17.20

　　完成第一个平衡阀放置后,随即单击另外一根需要放置平衡阀的管道,系统再次自动创建对应的族,完成两处阀门添加后单击"产品布置"中的【应用】按钮即可,如图 17.21 所示。

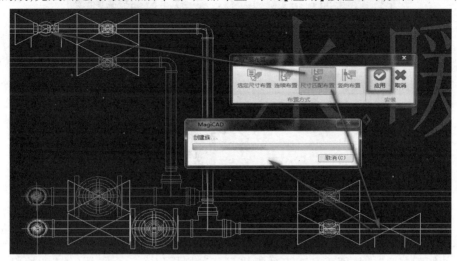

图 17.21

　　添加温控阀时,单击【安装产品】按钮,在"产品选择"对话框中单击【散热器阀】按钮,然后在产品列表中找到"温控阀",接着使用【连续布置】功能在散热器的供水管上逐个捕捉管道添加即可,如图 17.22 所示。

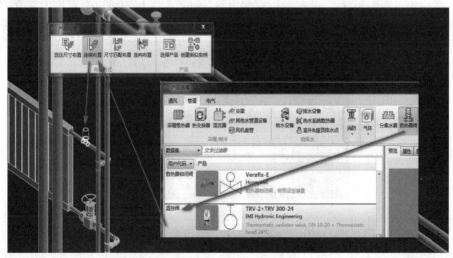

图 17.22

3)解析拓展

　　在使用 MagiCAD 的产品布置时,系统提供了 4 种布置方式,除第 1 种"选定尺寸布置"以外,其余 3 种皆为高级智能方式。"连续布置"功能便于存在多种不同规格且同一规格下有多个相同产品(族)的情况下使用,首先单击"产品布置"下的【连续布置】按钮,然后点选需要放置该产品族的管道,待系统生成对应的族后分别多次单击管道不同位置进行批量布置,布置完毕后单击【应用】按钮,然后可以重复操作步骤到下一尺寸的管道上布置对应规格的产品,如图 17.23 所示。进一步提高效率,布置完毕后的【应用】按钮可使用键盘的 Esc 键代替。

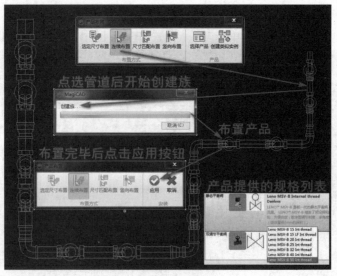

图 17.23

　　"尺寸匹配布置"功能便于存在多种规格且每种规格仅有一个产品（族）的情况下使用，操作过程中同样需要先点选管道自动创建族，但每次只能布置一个产品，随即要重新点选管道方可布置下一个产品。

　　"竖向布置"功能是便于在平面图上对垂直管道添加产品（族）时使用的，首先单击【竖向布置】按钮，然后单击需要布置产品的立管，在弹出的"高度"对话框中可以查看该段立管的管顶及管底标高，接着输入产品（族）的安装高度，然后单击【确定】即可完成布置，如图 17.24 所示。

图 17.24

　　若需要布置的阀门在项目中已存在至少一个时，再次布置同样的阀门可使用"创建类似实例"的功能，用鼠标右键单击已有的阀门（图元），在弹出的菜单下选择"创建类似实例（S）"，然后就可以布置或绘制相同的图元，如图 17.25 所示。

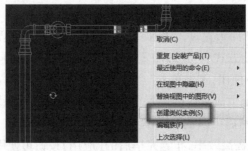

图 17.25

4）巩固总结

①在添加"静态平衡阀"时，可以到 MagiCAD 的【安装产品】中单击【＿＿＿＿＿＿】按钮，然后在下方列表中即可找到。

②如图 17.26 所示，尝试采用 MagiCAD 的"竖向布置"功能在一段直径为 50 mm 的立管上添加一个螺纹式的闸阀，然后到任意立面测量该阀门底部距当前楼层高度为＿＿＿＿。

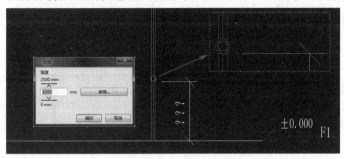

图 17.26

③通过加载族添加的"螺纹自动排气阀"自带的规格类型共有＿＿＿＿种。

学习笔记：

17.3　管道保温

1)任务目标

①打开"17.3　采暖管道隔热层"项目文件,创建新的采暖管道隔热层并命名为"橡塑板材",如图17.27所示。

图 17.27

②分别在整个采暖供水和采暖回水系统的管网上添加厚度为 13.0 mm 的隔热层,如图 17.28 所示。

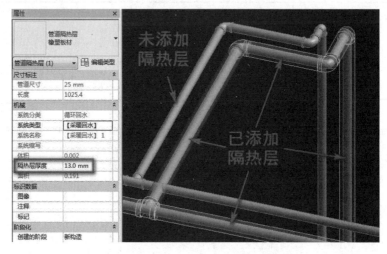

图 17.28

③按照施工图说明的要求,对主干管及立管的隔热层厚度进行修改,如图 17.29 所示。

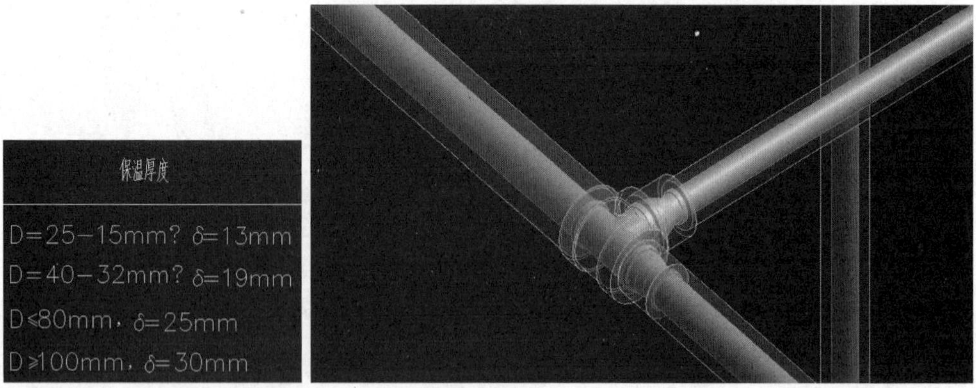

图 17.29

2）同步学习

①打开"17.3　采暖管道隔热层"项目文件，到任意视图点选任意一管道，到"修改|管道"选项卡下的"管道隔热层"区单击【添加隔热层】按钮，在弹出的"添加管道隔热层"选项卡中单击【编辑类型】按钮，然后在"类型属性"对话框中复制出新的类型并修改其名称为"橡塑板材"，接着单击下方菜单中"材质"右侧的【…】按钮，在"材质浏览器"中单击左下方的【新建材质】按钮，重命名新材质为"橡塑材质"后回到"类型属性"中把下方菜单中的"说明"内容修改为"橡塑材质"，最后按【确定】即可，如图17.30所示。

管道隔热层
的创建

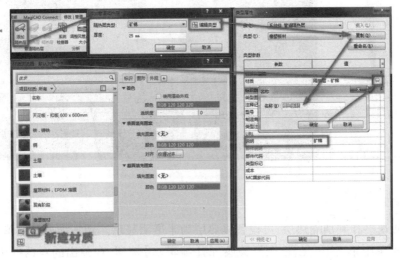

图 17.30

②先转到三维视图，把光标对着一段"采暖供水"系统的横管，然后然按两至三次 Tab 键把整个管网进行预选择，注意不要选择到散热器，然后单击左键选中所有管道、管件及附件，接着到"修改|选择多个"选项卡下单击【添加隔热层】按钮，在弹出的对话框中选择"橡塑板材"隔热层，修改厚度为"13 mm"后按【确认】即可，如图17.31所示。

管道隔热层的
添加与修改

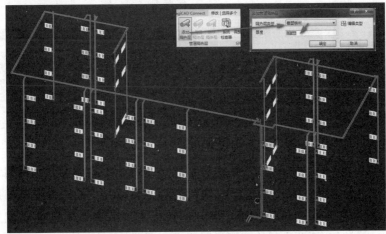

图 17.31

③选中管网中的主立管,然后到"修改|管道"选项卡下单击【编辑隔热层】按钮,最后到"属性栏"下方"机械"菜单中修改"隔热层厚度"为"25.0 mm"即可,其余管径的管道做法相同,如图 17.32 所示。

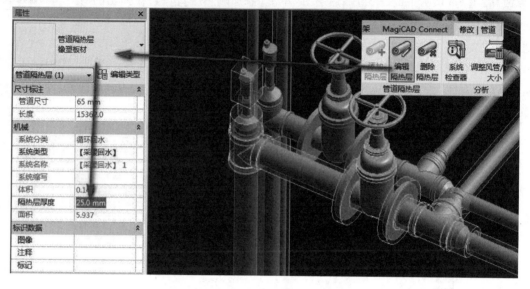

图 17.32

3)解析拓展

为了方便观察和判别隔热层,可设置隔热层为半透明显示。到三维视图下单击"属性栏"下方"图形"菜单中单击"可见性/图形替换"的【编辑...】按钮,在弹出的对话框中找到"模型类别"页,然后在类别中找到"管道隔热层",接着在列表中部单击"透明度"对应的【替换...】按钮,最后把"透明度"数值修改为"50"即可,如图 17.33 所示。

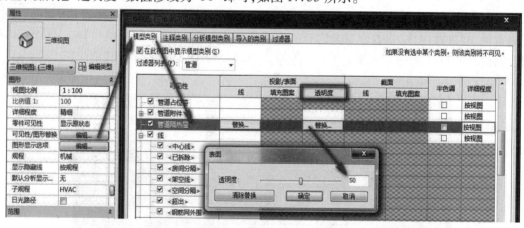

图 17.33

采用 MagiCAD 提供的"管道特性"功能添加隔热层可以提高效率。首先到"MagiCAD 通用"选项卡下"项目管理"区中单击【设计数据】按钮,接着在弹出的对话框上部选择"保温层系列/水系统",然后在右侧双击之前创建好的"橡塑板材",接着在弹出的"保温层系列"对话框中单击【添加...】按钮,按照水暖施工图说明要求逐项添加"最大管径"及"保温层厚度",最后单击【确认】完成数据创建,如图 17.34 所示。

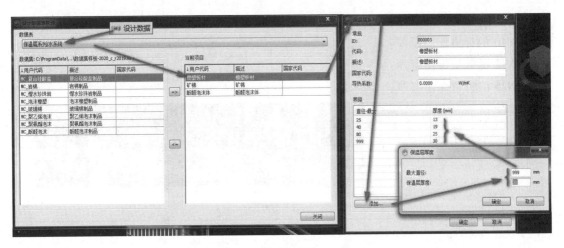

图 17.34

　　添加隔热层时,到"MagiCAD 管道"选项卡下的"通用工具"区单击【更改特性】按钮,在弹出的对话框中单击"值自"下方的【*】按钮,然后再单击"值至"右侧的【…】按钮,在弹出的"保温层系列选择"对话框中选择"橡塑板材",回到"更改特性"对话框,点选"范围"为"管网"后按【确定】,最后单击任意一段管道,等待片刻即可完成所有管道的隔热层添加,如图17.35 所示。

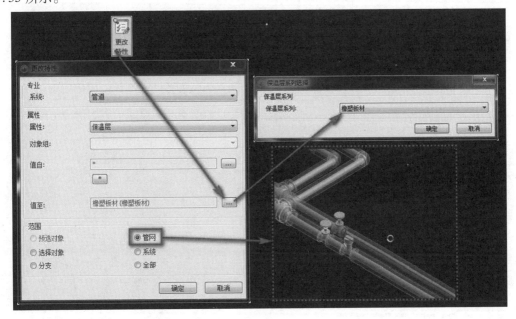

图 17.35

4)巩固总结

①为了激活【添加隔热层】按钮,需要先_____。

②为了激活【编辑隔热层】按钮,需要先_____。

③能添加隔热层的对象除了管道,还包括_____及_____等图元。

④采用 MagiCAD 的【特性匹配】功能添加完隔热层后,查看图 17.36 中各规格的管道上保温层的厚度分别为:

DN65 的管道保温层厚：_____，

DN40 的管道保温层厚：_____，

DN32 的管道保温层厚：_____，

DN25 的管道保温层厚：_____。

图 17.36

学习笔记：

附录

附录 1 历年真题案例（初级）

2019 年第一期"1+X"建筑信息模型（BIM）职业技能等级考试——初级
实操试题

考题:参照下图创建建筑及机电模型。模型以"机电模型+考生姓名"为文件名保存在考生文件夹。

要求:(未明确要求处,考生可自行确定)

1. 根据图纸创建建筑模型,建筑每层高 4 m,位于首层,建筑模型包括轴网、墙体、门、窗等相关构件。其中未注明的墙厚均为 240 mm,窗距地面 900 mm,要求尺寸和位置准确。

2. 根据图纸创建照明模型,要求布置照明灯具、开关和配电箱,灯具高度 3.0 m,开关高度 1.5 m,配电箱高度 1.5 m。按照图纸对照明灯具、开关及配电箱进行导线连接,并创建配电盘明细表。

3. 创建视图名称为"首层通风平面图",并建立相应的风系统模型,风管中心对齐,风管中心标高 3.4 m,风口类型可自行确定。

4. 创建视图名称为"首层卫生间详图",要求布置坐便器、小便斗、洗手盆、拖布池、地漏和隔板,洁具型号自定义,位置摆放合理,将洁具和管道进行连接,管道尺寸及高程按图中要求。

5. 根据"首层照明平面图"和"首层通风平面图"图纸内容标注尺寸,创建名称为"首层照明平面图"和"首层通风平面图"2 张图纸,要求 A2 图框,且标注图名。

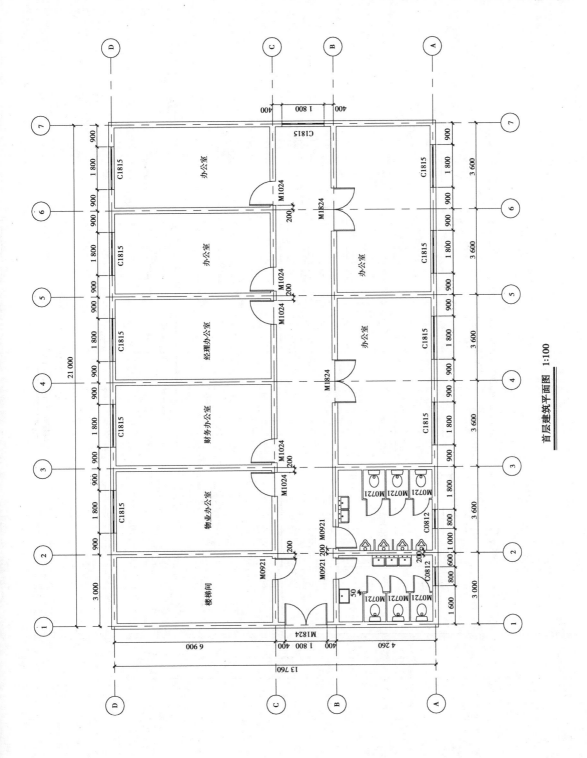

首层建筑平面图 1:100

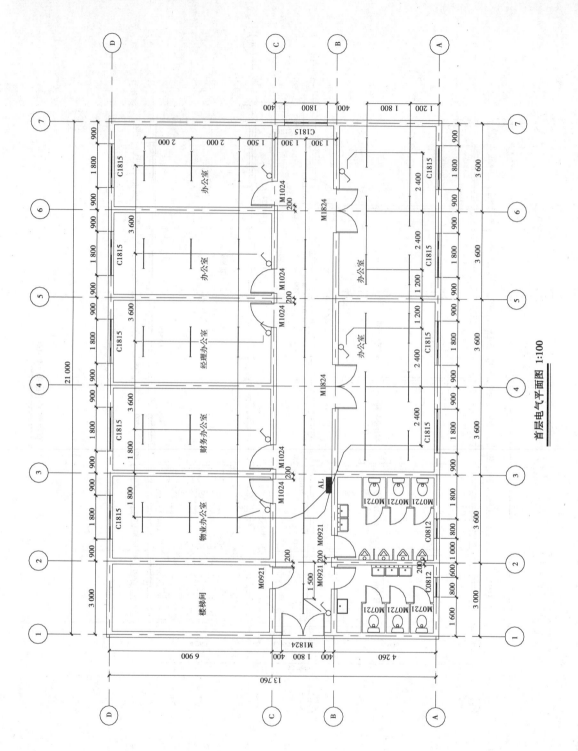

首层电气平面图 1:100

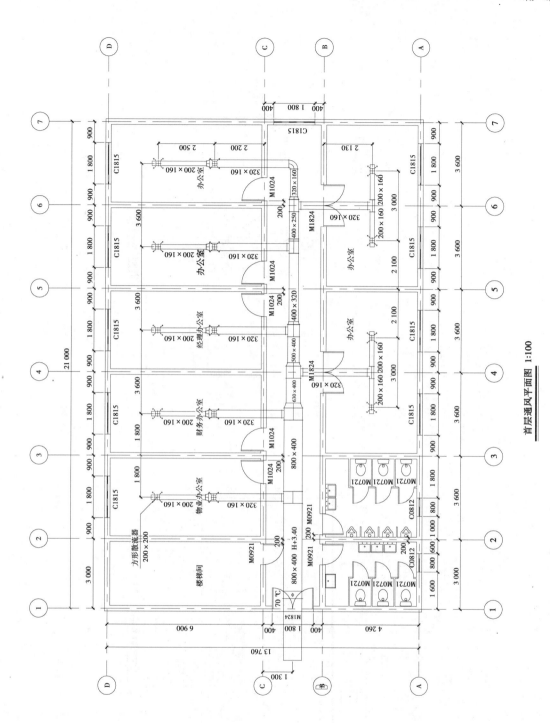

首层通风平面图 1:100

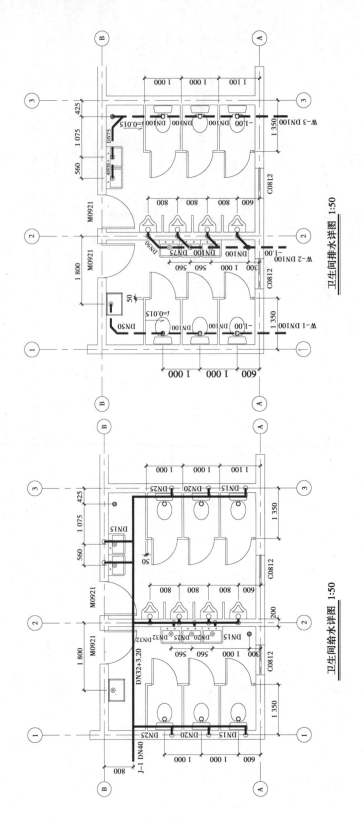

卫生间排水详图 1:50

卫生间给水详图 1:50

2019 年第二期"1 + X"建筑信息模型(BIM)职业技能等级考试——初级
实操试题

考题:参照下图创建建筑及机电模型。模型以"机电模型 + 考生姓名"为文件名保存至考生文件夹。

要求:(未明确要求处,考生可自行确定)

1. 根据"建筑平面图图纸"创建建筑模型,已知建筑位于首层,层高 4.5m,其中墙体厚度 240 mm(材料不限),柱尺寸 800 mm × 800 mm。

2. 按要求命名风管和水管系统名称,并创建相应过滤器,过滤器颜色按要求设置。

3. 创建视图名称为"首层通风、空调平面图",并建立相应的风系统模型,风管中心对齐,风管中心标高 3.5 m,风口类型可自行确定。

4. 创建视图名称为"首层空调水管平面图",并建立相应的水系统模型。

5. 创建视图名称为"首层消防喷淋系统平面图",并建立相应的喷淋系统模型。

6. 创建风管明细表,包括系统类型、尺寸、长度、合计 4 项内容。

7. 创建名称为"首层通风、空调平面图"和"首层空调水管平面图"2 张图纸,要求 A2 图框,需标注图名,标注不作要求。

系统名称及过滤器配置原则

编号	系统名称	颜色编号(RGB)
BF-X	补风系统	153,204,255
PY-X	排烟系统	255,204,000
SF-X	送风系统	000,153,255
—— LRG ——	空调冷热水供水管	000,153,255
—— LRH ——	空调冷热水回水管	000,102,204
—— n ——	空调冷凝水管	102,204,255
—— ZP ——	自动喷淋水管	255,000,000

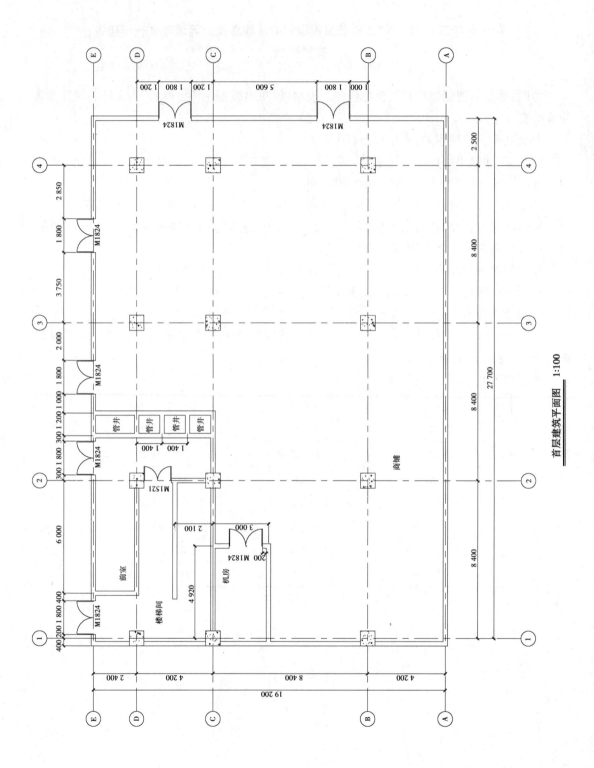

首层建筑平面图 1:100

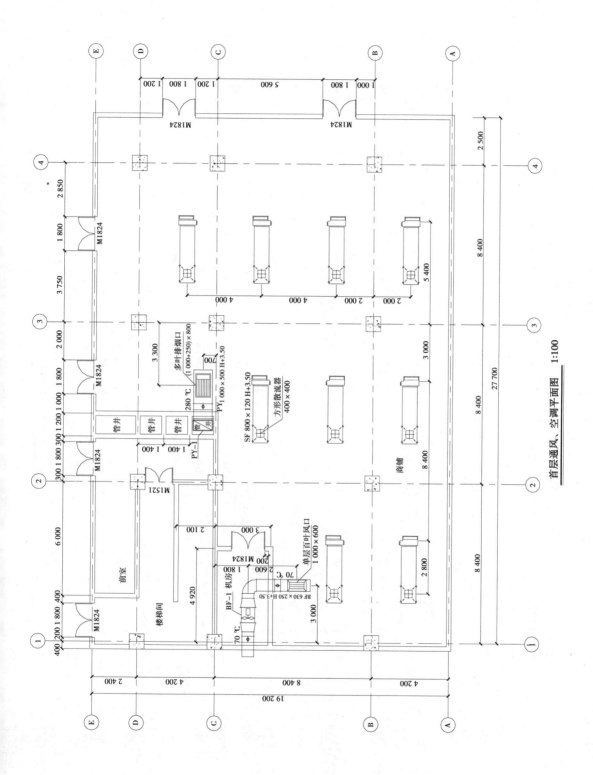

首层通风、空调平面图 1:100

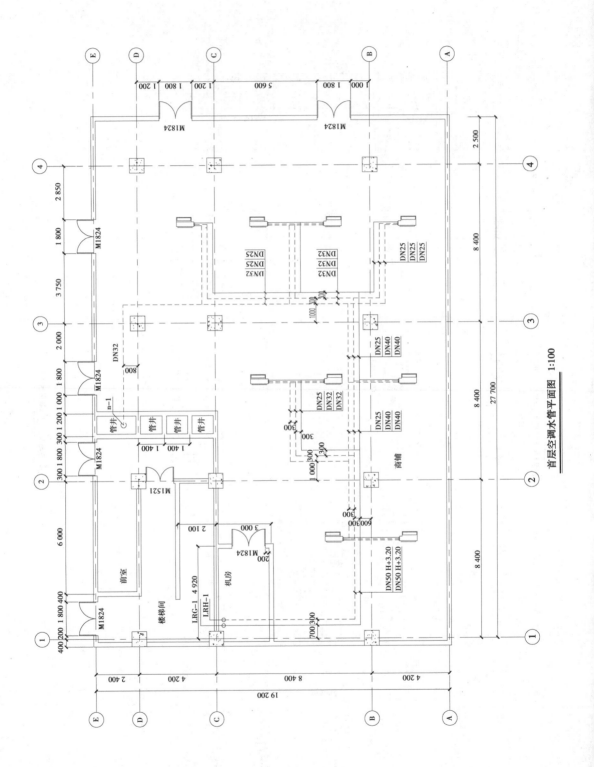

首层空调水管平面图 1:100

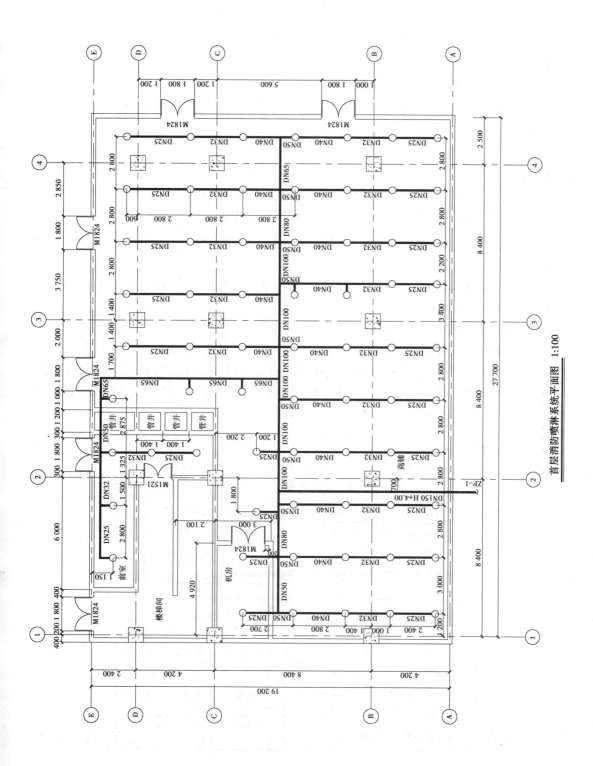

首层消防喷淋系统平面图 1:100

2020 年第一期"1＋X"建筑信息模型(BIM)职业技能等级考试——初级
实操试题

考题:参照下图创建建筑及机电模型。模型以"机电模型＋考生姓名"为文件名保存在考生文件夹。

要求:(未明确要求处,考生可自行确定)

1. 根据图纸创建某酒店七层局部建筑模型,建筑层高为 3.4 m,七层建筑标高为 20.6 m,建筑模型包括标高、轴网、柱、墙体、门、窗等相关构件。其中柱尺寸为 700 mm×700 mm,轴网居中布置;管井处墙厚为 100 mm,其余墙厚均为 200 mm,窗距地面 900 mm,要求尺寸和位置准确。

2. 创建视图名称为"七层强电平面图",根据图纸创建强电桥架模型。

3. 创建视图名称为"七层暖通平面图",根据图纸创建暖通系统模型,风口类型可自行确定,风机盘管选用自带下回风风机盘管,大小自定义,冷凝水管坡度为 2％,管道尺寸及高程按图中要求。

4. 创建视图名称为"七层给水平面图",根据图纸创建给水系统模型,管道尺寸及高程按图中要求。

5. 创建视图名称为"七层喷淋平面图",根据图纸创建喷淋系统模型,管道尺寸及高程按图中要求,其中喷头标高为 2 500 mm。

6. 创建视图名称为"综合三维视图",创建管道过滤器并根据给定管道的颜色添加颜色。

7. 根据给定的七层给水平面图在模型中创建 A3 图框图纸,并根据图纸内容进行管道标版尺寸定位,并导出 CAD 图纸以"七层给水平面图"保存于文件夹中。

图例说明			
LRG	空调冷热水供水管	Zy	直饮水管
LRH	空调冷热水回水管	J1	加压给水管
n	冷凝水管	R1	热水给水管
⊶▭BECH	280° 防火阀	⋈	闸阀
⊶▭ FD	70° 防火阀	⏚	截止阀
说明:CL代表管道中心标高, BL代表管道底标高。			

管道颜色表			
排烟管	RGB 000－075－150	直饮水管	RGB 000－255－000
排风管	RGB 000－000－255	加压给水管	RGB 150－050－255
送风管	RGB 000－255－255	热水给水管	RGB 150－050－100
空调冷热水供水管	RGB 000－000－255	喷淋管	RGB 255－000－255
空调冷热水回水管	RGB 128－128－255	强电桥架	RGB 255－000－000
冷凝水管	RGB 000－255－255		

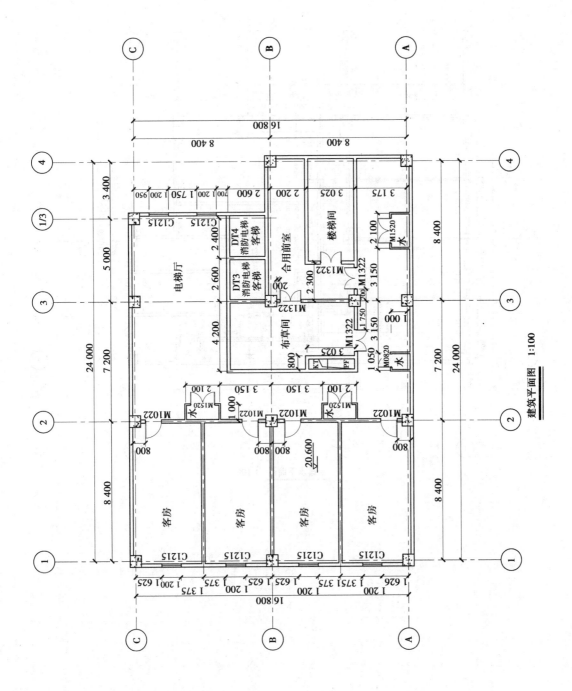

建筑平面图 1:100

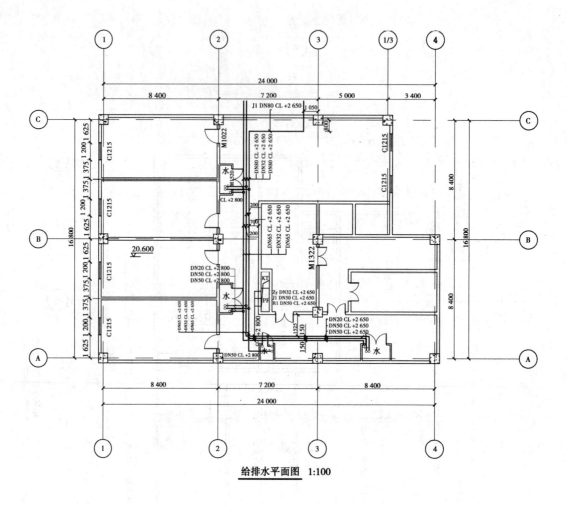

给排水平面图 1:100

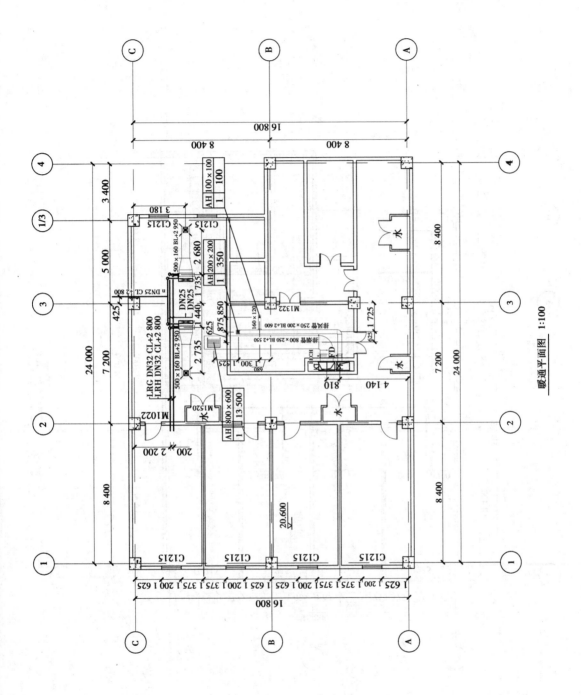

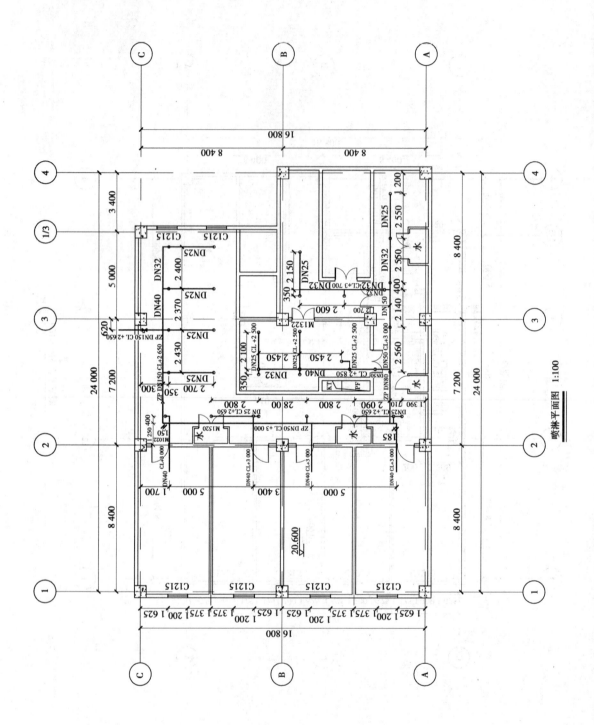

喷淋平面图 1:100

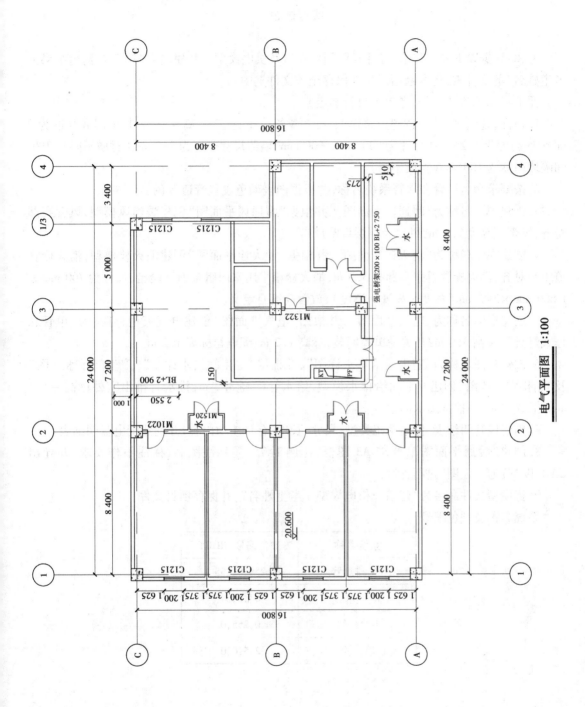

电气平面图 1:100

2020 年第二期"1＋X"建筑信息模型（BIM）职业技能等级考试——初级
实操试题

考题：根据以下要求和给出的图纸，创建建筑及机电模型。新建名为"第三题输出结果＋考生姓名"的文件夹，将本题结果文件保存至该文件夹中。

要求：（未明确要求处，考生可自行确定）

1. 根据"建筑平面图"创建建筑模型，已知建筑位于首层，层高 4.0 m，其中门底高度为 0 m，窗底高度为 1.2 m，柱尺寸为 600 mm×600 mm，墙体尺寸厚度为 240 mm（材质不限），卫生间隔墙厚度为 100 mm（材质不限）。

2. 按要求命名风管和水管系统名称，并根据图表颜色设置管道颜色。

3. 创建视图名称为"暖通风平面图"，并根据"暖通风平面图"创建暖通风模型，风管底部对齐，风管底高度 2.8 m，风口为单层百叶风口。

4. 创建视图名称为"消火栓平面图"，并根据"消火栓平面图"创建消火栓模型，消火栓管道中心对齐，消火栓管道中心标高 3.3 m；消火栓箱采用室内组合消火栓箱，尺寸为 700 mm×1 600 mm×240 mm（宽度×高度×厚度），放置高度自定义。

5. 创建视图名称为"电气平面图"，并根据"电气平面图"创建电气模型，灯具为"单管悬挂式灯具"，标高 3.0 m；开关为单控明装，标高 1.2 m；配电箱标高 1.2 m。

6. 创建视图名称为"卫生间给排水详图"，并根据"卫生间给水详图""卫生间排水详图"及"给排水系统图"创建卫生间给排水模型，给水管标高 3.2 m；排水管排出室外标高－1.5 m，坡度为 3%；并根据图示创建卫生器具。

7. 创建风管明细表，包括系统类型、尺寸、长度、合计 4 项内容；并创建配电盘明细表。

8. 创建"暖通平面图"，要求 A3 图框，比例 1∶75，需标注图名，标注不作要求，并导出 CAD，以"暖通平面图"进行保存。

9. 将模型文件命名为"建筑及机电模型＋考生姓名"，并保存项目文件。

系统名称及颜色编号

系统名称	颜色编号（RGB）
PY-排烟管	255,0,255
W-污水管	64,0,64
J-给水管	0,255,0
F-消火栓管	255,0,0

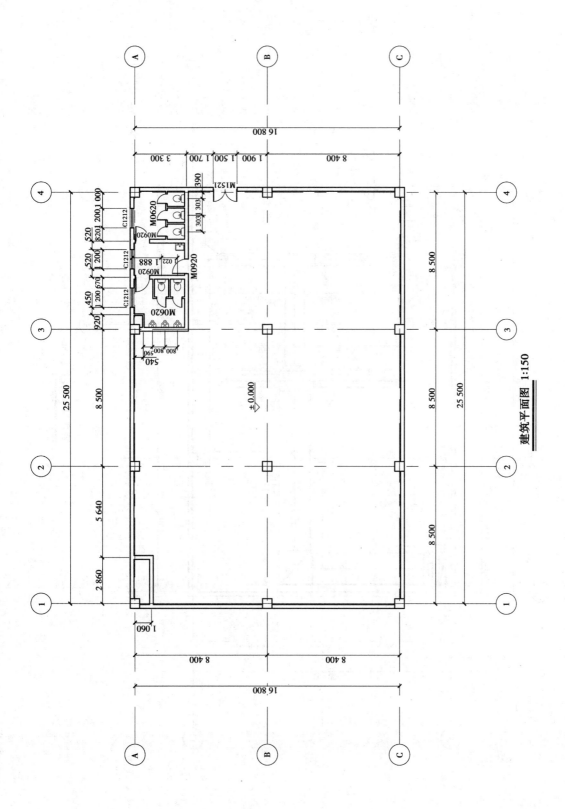

建筑平面图 1:150

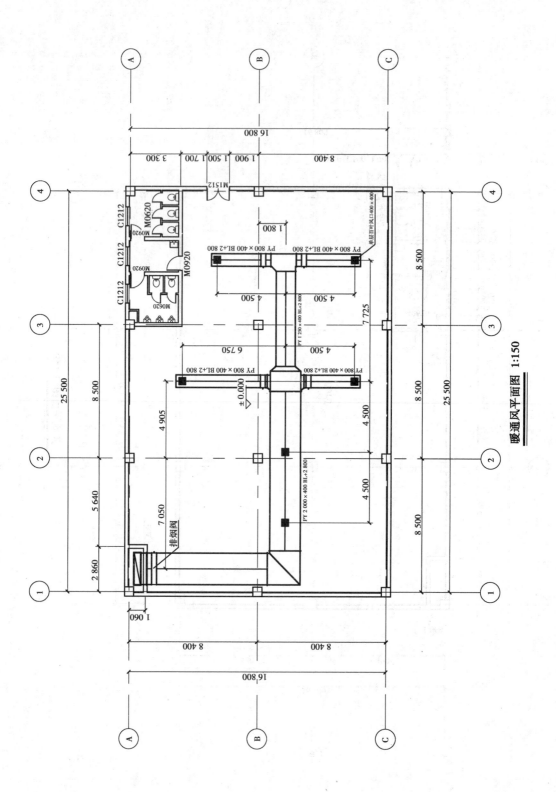

暖通风平面图 1:150

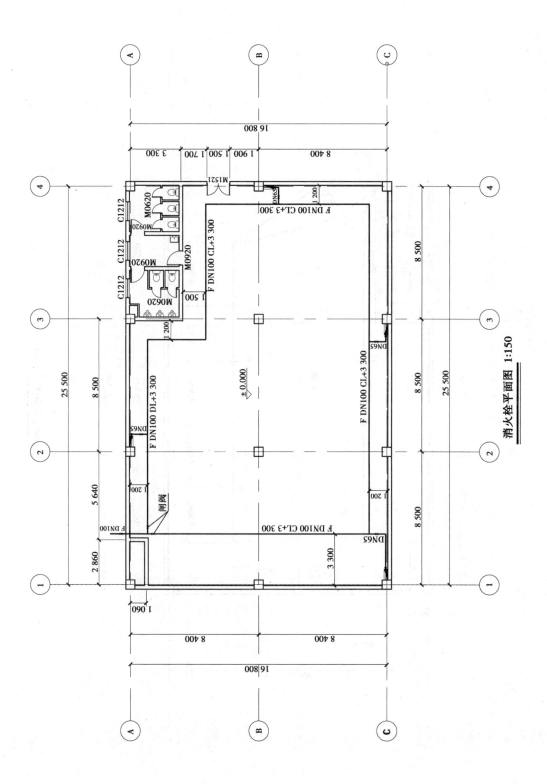

消火栓平面图 1:150

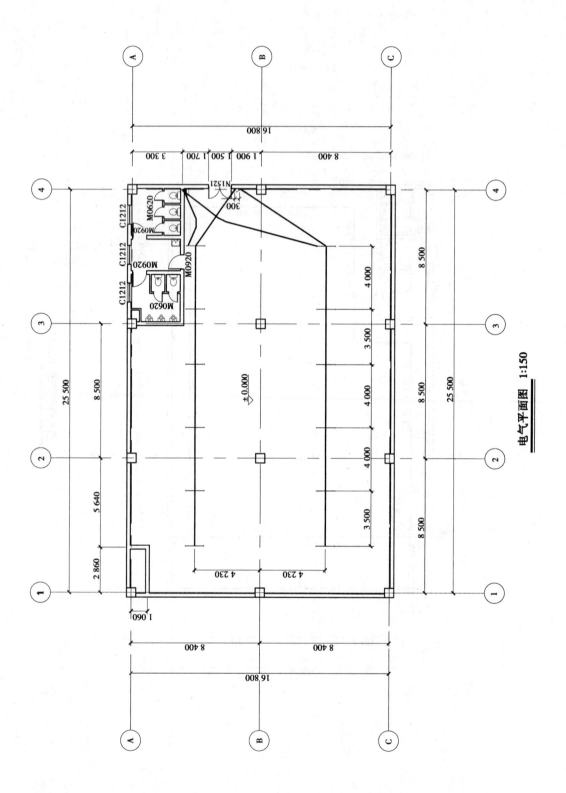

电气平面图 1:150

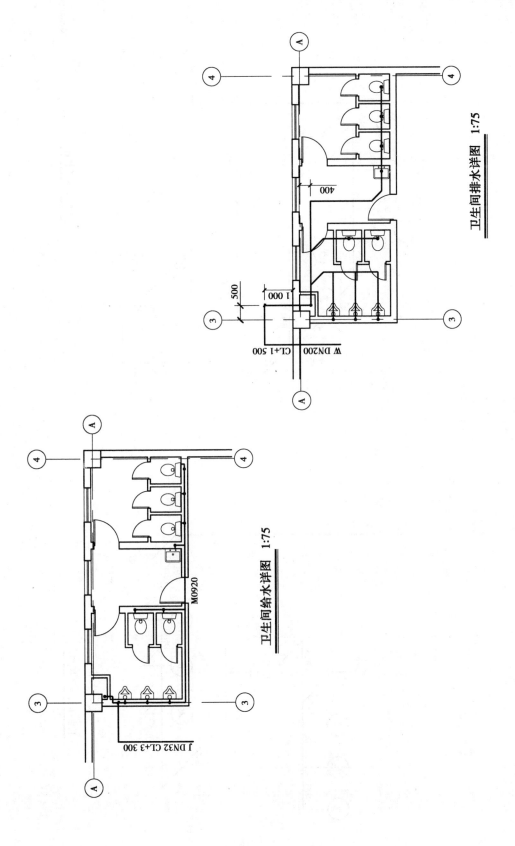

卫生间排水详图 1:75

卫生间给水详图 1:75

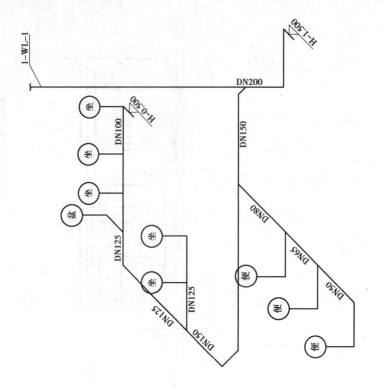

卫生间排水系统图

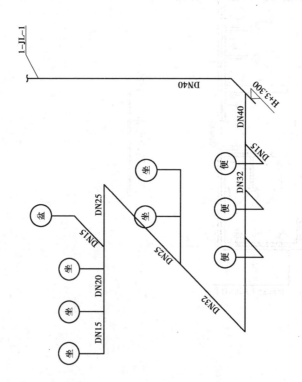

卫生间给水系统图

附录2 历年真题案例（中级）

2019 年第一期"1＋X"建筑信息模型（BIM）职业技能等级考试——中级（建筑设备方向）实操试题

考生须知：

1. 每位考生在电脑桌面上新建考生文件夹，文件夹以"准考证号＋考生姓名"命名。

2. 所有成果文件必须存放在该考生文件夹内，否则不予评分。

一、设备族创建（20 分）

根据题目给出的图纸尺寸创建模型，并完成以下要求：

1. 使用"基于墙的公制常规模型"族样板，按照如图所示的尺寸建立照明配电箱。（8 分）

2. 在箱盖表面添加如图所示的模型文字和模型线。（2 分）

3. 设置配电箱宽度、高度、深度和安装高度为可变参数。（4 分）

4. 添加电气连接件，放置在箱体上部平面中心。（2 分）

5. 按下表为配电箱添加族实例参数。（3 分）

序号	参数名称	分组方式
1	箱柜编号	标识数据
2	材质	材质和装饰
3	负荷分类	电气

6. 选择该配电箱的族类别为"电气设备"，最后生成"照明配电箱＋考生姓名.rfa"族文件保存到考生文件夹。（1 分）

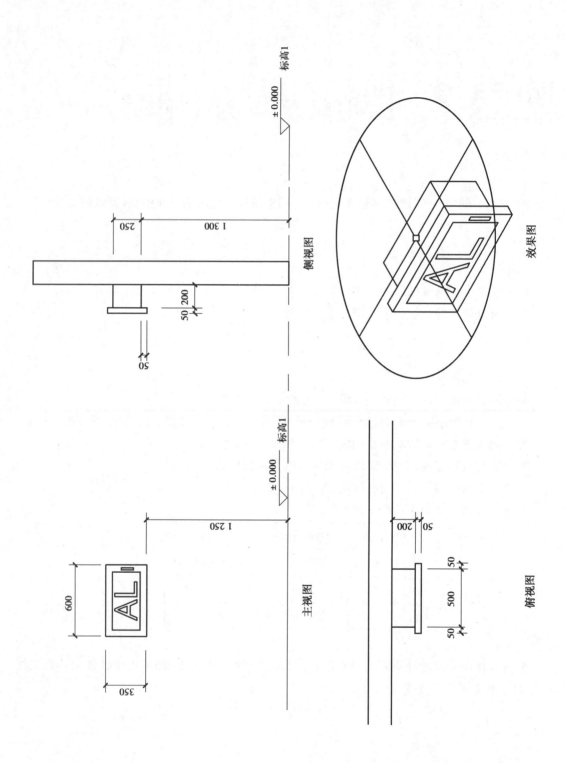

侧视图

主视图

效果图

俯视图

±0.000 标高1

±0.000 标高1

250

1 300

50 200

50

600

350

1 250

200

50

50

500

50

二、碰撞检查（20分）

打开考生资料文件夹附件二中"机电综合模型.rvt"项目文件,运用软件自带的碰撞检测功能对模型进行碰撞检测,并根据专业优化原则进行模型优化,最后以"机电综合优化模型+考生姓名.rvt"为文件名保存到考生文件夹。

要求:

1. 对模型进行碰撞检测(只对机电系统内部检查),并导出碰撞报告,以"机电综合模型碰撞报告+考生姓名.html"为文件名保存到考生文件夹。(5分)

2. 对碰撞报告中出现的碰撞点根据调整原则进行解决,确保模型达到零碰撞。(10分)

3. 对管道和桥架穿墙处加穿墙洞,圆形预留洞与管外壁间隙50 mm,方形预留洞为管线长短边各大100 mm。(5分)

三、模型综合应用（40分）

打开考生资料文件夹附件三中"机电模型.rvt"项目文件,按照"自动-原点到原点"链接建筑模型和结构模型,按下列要求完成相应成果并以考试系统规定的格式进行提交。

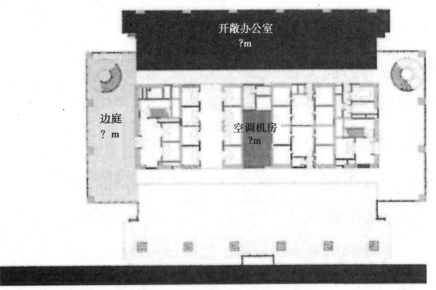

1. 对图示中的三个区域进行净高分析,分析机电管线底部净高。正确填写净高值,在视图中添加区域颜色方案进行标识,并导出图片,以"净高分析+考生姓名.jpg"格式保存到考生文件夹。(10分)

2. 创建电缆桥架明细表,字段包括类型、宽度、高度、底部高程、长度,按宽度、底部高程设置成组,按长度计算总数。创建管道明细表,字段包括类型、系统类型、直径、材质、长度,按系统类型、直径设置成组,按长度计算总数。创建风管明细表,字段包括类型、系统类型、尺寸、底部高程、长度,按系统类型、尺寸设置成组,按长度计算总数。明细表以"××明细表+考生姓名.xlsx"格式保存到考生文件夹。(9分)

3. 写出六项机电工程模型中包含的系统,列出一项得一分,以"模型系统列举+考生姓名.txt"格式保存到考生文件夹。(6分)

4.选择合适的图框,导出风系统平面图、给排水系统平面图、喷淋系统平面图、电气桥架平面图、空调水系统平面图(各专业平面施工图无须进行文字、尺寸等标注),为每个不同的系统添加不同的颜色,导出文件格式为 dwg,图幅 1∶100,图纸名称跟视图名称保持一致,保存到考生文件夹。(15 分)

2019 年第二期"1＋X"建筑信息模型(BIM)职业技能等级考试——中级(建筑设备方向)实操试题

考生须知:

1. 每位考生在电脑桌面上新建考生文件夹,文件夹以"准考证号＋考生姓名"命名。

2. 所有成果文件必须存放在该考生文件夹内,否则不予评分。

一、设备族创建(20 分)

根据题目给出的图纸信息(DWG 格式图纸详见考生资料文件夹附件一),运用公制常规模型族样板,创建组合式空调机组模型,最后将模型文件以"组合式空调机组＋考生姓名.×××"保存到考生文件夹。

1. 根据图中标注尺寸创建模型,未标出的尺寸,考生自行定义。(10 分)

2. 创建风管、水管连接件。风管、水管的连接件尺寸和类型根据图纸要求设置。(5 分)

3. 将设备参数表中的信息添加到模型文件中。(5 分)

空调机组参数	参数	单位
额定风量	10 000	m^3/h
制冷量	64	kW
风机全压	2 000	Pa
电机功率	11	kW

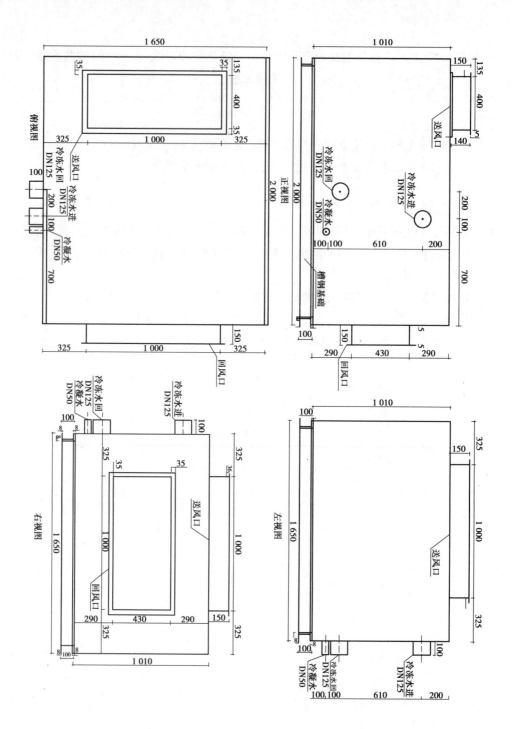

二、碰撞检查(20分)

打开考生资料文件夹附件二中"机电模型.rvt"项目文件,按"自动-原点到原点"的方式链接建筑、结构模型运用软件自带的碰撞检测功能对模型进行碰撞检测,之后根据专业调整原则进行修改,并创建视图,成果以考试系统规定的格式进行提交。

1.对机电模型所有图元间进行碰撞检查并导出报告;对机电模型所有图元与结构模型结构框架进行碰撞检查并导出报告;以"机电碰撞报告 + 考生姓名.html""机电与结构碰撞报告 + 考生姓名.html"为文件名保存到考生文件夹。(3分)

2.写出五项机电管线碰撞调整原则,以"调整原则 + 考生姓名.txt"格式保存到考生文件夹。(5分)

3.确认模型中的碰撞点,在不同调整位置创建视图(剖面视图、局部三维视图均可),分别命名为"碰撞调整1""碰撞调整2"…"碰撞调整6"。(6分)

4.在模型中对碰撞问题进行解决,调整模型至零碰撞,最终成果以"机电优化模型 + 考生姓名.rvt"保存到考生文件夹。(6分)

三、模型综合应用（40分）

打开考生资料文件夹附件三中"制冷机房机电模型.rvt"项目文件,按"自动-原点到原点"的方式链接制冷机房建筑模型和结构模型,按题目要求完成相应成果并以题目规定的格式保存在考生文件夹。

1.创建电缆桥架明细表,字段包括类型、宽度、高度、底部高程、长度,按宽度、底部高程设置成组,按长度计算总数。创建管道明细表,字段包括系统类型、类型、直径、材质、长度,按系统类型、直径设置成组,按长度计算总数。创建风管明细表,字段包括系统类型、类型、尺寸、底部高程、长度,按系统类型、尺寸设置成组,按长度计算总数。明细表以"××明细表 + 考生姓名.xlsx"格式保存到考生文件夹。(9分)

2.写出六项机房模型中包含的系统,列出一项得一分。以"模型系统列举 + 考生姓名.txt"格式保存到考生文件夹。(6分)

3.为制冷机组、分集水器、循环水泵添加设备基础。每种类型设备添加一个基础即可,基础位置、尺寸、高度合理。(9分)

4.请在风管穿墙位置添加风阀;水泵、制冷机组、分集水器供回水口添加相应的阀部件,每种类型设备添加一个阀部件即可。(12分)

5.创建制冷机房综合平面图,图框自选,图纸比例1∶100,图框内添加项目名称,图纸名称,出图日期,图纸编号。最终成果以"制冷机房优化模型 + 考生姓名.rvt"保存到考生文件夹。(4分)

2020 年第一期"1＋X"建筑信息模型(BIM)职业技能等级考试——中级(建筑设备方向)实操试题

考生须知：

1. 考生需要将每道实操题的所有成果放入以"考题号"命名的文件夹内,并以 zip 格式压缩上传至考试平台(例:01. zip)；

2. 实操题答完一题上传一题,重复上传以最后一次上传的成果答案为准。

一、设备族创建(20 分)

根据题目给出的图纸尺寸创建模型,并完成以下要求：

1. 使用"公制常规模型"族样板,按照如图所示尺寸建立落地式室内机并添加连接件,未注明尺寸可自行定义。(12 分)

2. 将下列参数表中的信息添加到模型文件中。(5 分)

3. 为该装置选择正确的族类别,最后生成"落地式室内机＋考生姓名. rfa"上传。(3 分)

序号	室内机参数	数值	单位
1	额定制冷量	3 200	W
2	额定制热最	3 400	W
3	余压	30	Pa
4	风量	550	m^3/h
5	电机功率	50	W

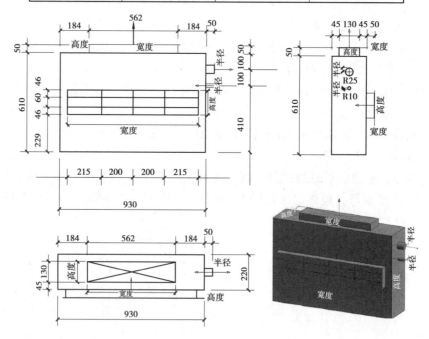

二、碰撞检查(20 分)

打开考生资料文件夹附件二中"机电模型.rvt"项目文件,运用软件自带的碰撞检测功能对模型进行碰撞检测,根据专业调整原则进行修改,并完善三维图形中的太阳能热水器的连接管网,按要求对三维视图下的通信桥架设置颜色,成果以考试系统规定的格式进行提交。

1. 对机电模型所有图元间进行碰撞检查并导出报告;以"机电碰撞报告 + 考生姓名.html"为文件名保存到考生文件夹。(2 分)

2. 在"模型中桥架不可调整移动,设备机组水平移动距离不受限制"的要求及相关机电碰撞调整原则下,解决模型中管线间的碰撞问题。(12 分)

3. 模型中太阳能热水器的连接管网中有一处是断开的,请将它连接,并使太阳能热水器的连接管网形成一个整体。(3 分)

4. 请在三维视图下设置过滤器,命名为"通信桥架",对模型中的通信桥架设置成红色实心轮廓线,最终成果以"机电优化模型 + 考生姓名.rvt"保存到考生文件夹。(3 分)

三、模型综合应用(40 分)

打开考生资料文件夹附件三中"制冷机房模型.rvt"项目文件,按下列要求完成相应成果并以考试系统规定的格式进行提交。

1. 创建电缆桥架明细表,字段包括类型、宽度、高度、底部高程、长度,按宽度、底部高程设置成组,按长度计算总数。创建管道明细表,字段包括类型、系统类型、直径、材质、长度,按系统类型、直径设置成组,按长度计算总数。创建风管明细表,字段包括类型、系统类型、尺寸、底部高程、长度,按系统类型、尺寸设置成组,按长度计算总数。明细表以×××明细表 + 考生姓名.xlsx"格式保存到考生文件夹。(9 分)

2. 写出六项机电工程模型中包含的系统,列出一项得一分,以"模型系统列举 + 考生姓名.txt"格式保存到考生文件夹。(6 分)

3. 在三维视图中为不同电缆桥架、管道和风管系统添加不同的颜色进行区分,添加一项得一分。(10 分)

4. 为缺少基础的设备添加设备基础,基础位置、尺寸、高度合理。(6 分)

5. 为机房添加排水沟,排水沟截面尺寸 200 mm × 100 mm。(4 分)

6. 创建制冷机房综合平面图,图框自选,图纸比例 1 : 100,图框内添加项目名称、图纸名称、出图日期、图纸编号。最终成果以"制冷机房优化模型 + 考生姓名.rvt"保存到考生文件夹。(5 分)

2020 年第二期"1 + X"建筑信息模型(BIM)职业技能等级考试——中级(建筑设备方向)实操试题

考生须知:

1. 本试题共三道实操题,要求考生每题必做;

2. 考生需要将每道实操题的所有成果放入以"考题号"命名的文件夹内,并以 zip 格式压缩上传至考试平台(例:01. zip);

3. 实操题答完一题上传一题,重复上传以最后一次上传的成果答案为准。

一、设备族创建(20 分)

根据题目给出的图纸尺寸创建模型,并完成以下要求:

1. 使用"公制常规模型"族样板,按照如图所示尺寸建立"消火栓灭火器一体箱"族,未注明尺寸可自行定义。(10 分)

2. 在箱盖表面添加如图所示的模型文字。(2 分)

3. 设置箱盖中间面板材质为"玻璃",箱盖边框材质为"不锈钢"。(2 分)

4. 设置箱体总高度 H、总宽度 W、总厚度 E 为可变参数。(3 分)

5. 在箱体左侧添加管道连接件,放置在如图所示高度。(2 分)

6. 选择该族的族类别为"机械设备",最后生成"消火栓灭火器一体箱 + 考生姓名. rfa"族文件保存到本题文件夹。(1 分)

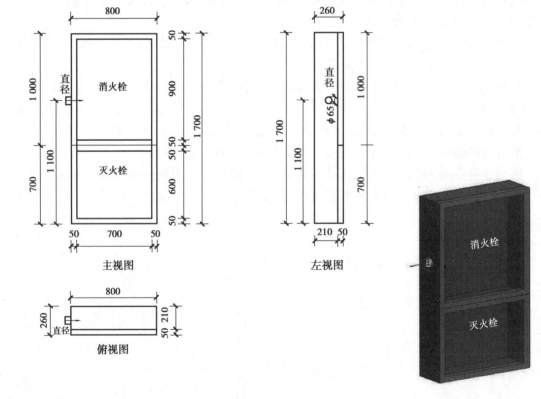

二、碰撞检查（20分）

打开考生资料文件夹附件二中"机电模型.rvt"项目文件，按"自动-原点到原点"的方式链接建筑、结构模型，运用软件自带的碰撞检测功能对模型进行碰撞检测，之后根据专业调整原则进行修改，并创建视图，成果以考试系统规定的格式进行提交。

具体要求如下：

1. 对机电模型所有图元间进行碰撞检查并导出报告；对机电模型所有图元与结构模型"结构框架及结构柱"进行碰撞检查并导出报告；以"机电碰撞报告+考生姓名.html""机电与结构碰撞报告+考生姓名.html"为文件名保存到本题文件夹。（2分）

2. 在三维视图下设置过滤器，命名为"排风系统"，将填充图案设置为"实体填充"、颜色设置为"橘黄色"，使模型中的排风系统管道呈现相应状态。（3分）

3. 确认模型中的碰撞点，在不同调整位置创建视图（剖面视图、局部三维视图均可），分别命名为"碰撞调整1""碰撞调整2"……"碰撞调整5"。（5分）

4. 在模型中将碰撞问题进行解决，调整模型至零碰撞。最终成果以"机电优化模型+考生姓名.rvt"保存到本题文件夹。（10分）

三、模型综合应用（40分）

有关说明和给出的图纸如下：

A. 建筑物为单层砖混结构，净高为4.0 mm，顶层楼板为现浇，厚度为150 mm；建筑物室内外高差0.3 m，地面场地已绘制，厚1 500 mm。

B. 电缆穿管埋地入户，室外管道埋深0.7 m。照明线路全部穿管暗敷BY2.5，穿线管均为PC20，其余穿线管规格及敷设方式按系统图。

C. 动力配电箱AP，为厂家非标定制成品，尺寸800（高）mm×600（宽）mm×200（深）mm，嵌入式安装，底边安装高度距地面1.5 m。

D. 轴流风机电线接墙壁安装的三相插座，电机接线盒距地2.5 m（此处风机不绘制，只要求绘制出接线用的插座）。

操作要求如下：

1. 根据以上说明和图纸图示，创建机电模型，在提供的房屋模型中绘制电气线管图形。（20分）

2. 设置照明线管为红色管线，并用红色实体填充。（5分）

3. 输出管线明细表，生成Excel文件，文件名为"管线明细表+考生姓名.xlsx"，要求字段包括类型、直径、长度，按类型排序，并按类型、直径设置成组，对长度计算总数并合计。（5分）

4. 请利用"基于线的公制常规模型"，创建"电缆沟800×500"族，然后在项目的室外相应位置绘制电缆沟，沟的截面数据为：深800 mm、宽500 mm。（5分）

5. 创建相应图纸：

A. 对配电箱和门口处的插座分别创建剖面图，比例分别为1∶50和1∶20，并调整其显示区域，要求大小适当。（2分）

B. 创建"机电平面布置（风机只绘出接线用的插座）图"，使用大小适度的图框，图框内添加项目名称，出图日期设置为"2020-12-20"，图名为"动力照明平面图"，比例1∶100。最终成果以"照明动力模型+考生姓名.rvt"保存到本题文件夹。（3分）

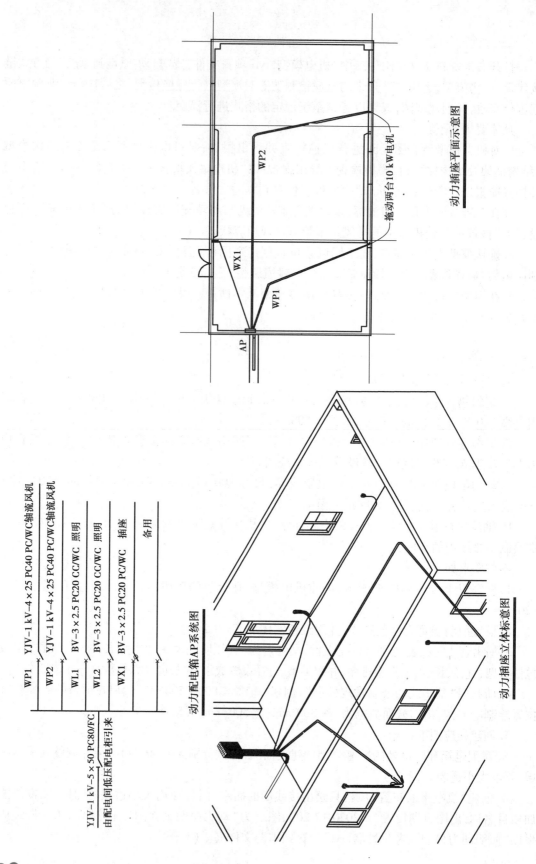

动力插座平面示意图

动力配电箱 AP 系统图

动力插座立体标意图

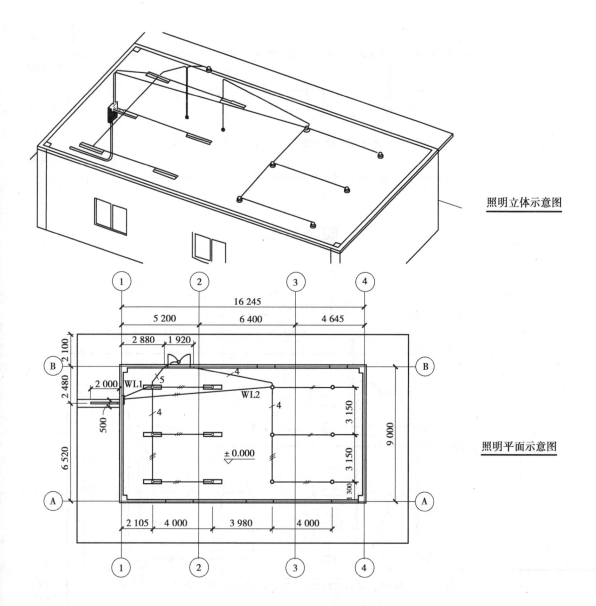

照明立体示意图

照明平面示意图

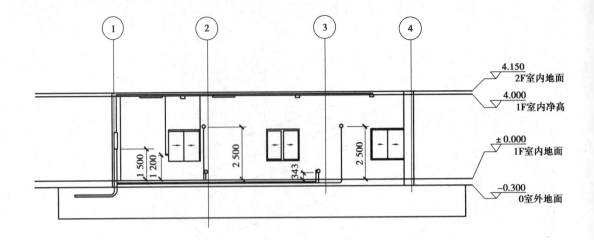

南立面示意图

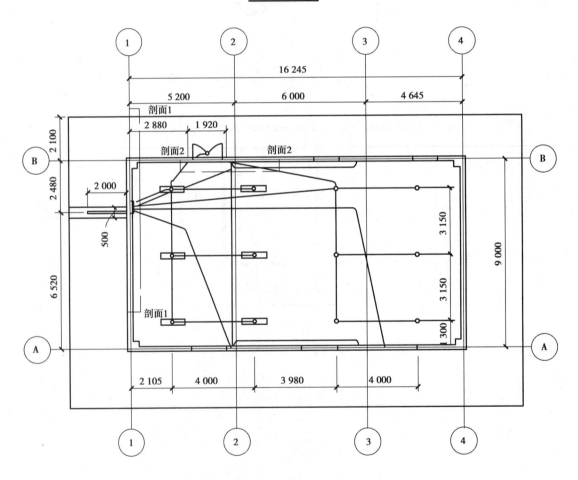

机电平面布置(风机只绘出接线用的插座)图

参考文献

[1] 郭进保,冯超. 中文版 Revit MEP 2016 管线综合设计[M]. 北京:清华大学出版社,2016.

[2] 李世忠,黄鑫. 建筑设备安装与识图[M]. 哈尔滨:哈尔滨工程大学出版社,2019.

[3] 刘春娥,邓文华,王慧. 建筑设备[M]. 哈尔滨:哈尔滨工程大学出版社,2019.

[4] 边凌涛. 安装工程识图与施工工艺[M].2 版.重庆:重庆大学出版社,2016.

[5] 本书编委会. BIM 技术知识点练习题及详解:操作实务篇[M]. 北京:中国建筑工业出版社,2017.

[6] 工业和信息化部教育与考试中心. 机电 BIM 应用工程师教程[M]. 北京:机械工业出版社,2019.